JN289133

紀北町・長島神社のクスノキ（藤井徹郎撮影「神宿す樹」．平成 20 年度熊野古道フォトコンテスト最優秀賞受賞作品．三重県立熊野古道センター提供）

勧農絵画「素戔嗚尊果樹を播殖し給ふ図（長野華渓画，神宮徴古館農業館提供）

神宮林（神路山の嵐尾）のクス林（5 月．アカクスとアオクスの違いがはっきりとわかる）

アカクスとアオクスの一刀彫（伊勢神宮の干支守り）

宮島・厳島神社の大鳥居（上）と，
その根元の部分（右）
（磯部篤撮影）

ものと人間の文化史
151

楠《くすのき》

矢野憲一
矢野高陽

法政大学出版局

はじめに　楠の木学問

私が住んでいる町には昔、大きなクスノキがあり、遠く伊勢湾に浮かぶ船からも見えて、目印にされていたという伝承がある。それは事実であったらしい。氏神の社号も橡樟尾《くすお》神社とクスに関係し、町の名も楠部《くすべ》という。

六〇年ほど昔のこと、三重県伊勢市楠部町松尾の坂本さんの田から、巨大なクスノキの根が発見された。その田は近隣の田よりも収穫が悪く、実らぬ田といわれ、栽培を半ばあきらめられていたのだが、農機具の発達によって深く耕すことができるようになり、掘り返してみると、二〇畳敷きもあろうという大きな木の根が埋まっていたのである。

どうりで稲が生育しなかったはずである。掘り起こした根はいくつにも分けて運ばれ、坂本さんは自宅隣に大きな収蔵庫を建てた。子供だった私もそれを見に行った。私が大学生であった頃まで、その根はまだ倉庫に収められていて、少しずつ切られては、ホテルのロビーの飾りなどにされたようだ。

そんなこともあり、私はクスノキにずっと関心を持っていたのだが、私の興味は植物よりも動物、それも魚類にあり、サメ・アワビ、そして魚の民俗学、文化史へと進んでいき、本シリーズにも『鮫』・『鮑』・『亀』・『杖』・『枕』と五冊を収めることができたが、なかなか『楠』にまで及ばなかった。

ところが一〇年ほど前、息子が大学の卒論に「樹木の信仰」をやると言い出し、「たくさんある木の中でもクスノキは面白い」と先を越されてしまった。そして「お父さんは魚だから口を出さないで」と、どんなものが書けたのか一切見せてくれなかった。が、卒論は書いたものの、その後は関心を持ち続けながらも調べる時間もなく、あまり勉強していないらしい。

息子は私の跡を継ぎ神主になり、鎌倉の鶴岡八幡宮、愛知県一宮の真清田神社を経て、伊勢神宮に奉職させていただいたが、神主は忙しいからそんな暇はないのだろうが、面白いテーマを見つけたなら、それをもっと続けたらよいのにもったいないことだ。私は大学生諸君にいつも言う。せっかく大学で青春時代の情熱を込めて挑戦した卒論のテーマを、学問の入口として続けてみたらいかがか、と。それを「卒業できた」とやめてしまってはもったいない。「継続は力」である。一〇年も続けたら第一人者になれるかもしれない。一生続けることができたならばすごいことになるかもしれないぞ、と言う。それが容易ではないことは承知している。

中国の諺に「樹木十年、樹人百年」という。木は生育するのに一〇年かかり、人は一人前に育つのに一〇〇年かかるというのだ。つまり、生きている限り学び続けなさいという意味である。そう励ましたら息子も再び関心を持ちはじめ、資料を集めるのに協力してくれた。あれからもう一〇年近く経つ。

私の家の近くにも一抱えほどのクスノキがあるが、私が関心を持ちはじめてからこれは、ほとんど太くなっていないような気がする。いや、ずっと以前から、こんな大木だったのかもしれない。でも徐々に成長しているのであろう。焦ることはないのだ。

日本にも「楠の木学問と梅の木学問」ということわざ的なものがある。クスノキは成長は遅いが、着実に大木になるところから、進歩は遅くても堅実に成長していく学問。それに比べてウメの木は、初め成長は早く華やかだけれども、結局は大木にはならないという意味。

この秋には名古屋市で生物多様性条約締結国会議（ＣＯＰ10）が開催される。生きものの「個性」と「つながり」を守る地球サミットである。

地球上の生きものの種数は三〇〇〇万種という。クスノキはその一つにすぎないが、クスノキという限られた樹だけを調べても、それぞれが大切な問題をかかえ危機にさらされているのが知られよう。私には手に負えぬテーマであるのはわかっているが、とにかくチャレンジしなくてはならない。今年も神宮の森の古木のクスが美しく、まぶしいほどの若葉を付けている。

くすの木千年さらに今年のわかばなり　　荻原井泉水

✲目　次✲

第五章　楠の文化史

第一章　クス・くす・楠・樟

クスノキとはどんな樹

植物図鑑によると、クスノキは別名クス。分類学上、クスノキ科クスノキ属に属し、学名を *Cinnamomum camphora* という。大きく針葉樹と広葉樹に分類すると、クスノキは広葉樹で、常緑のカシ・ヤマモモ・シイ・タブなどと同じで、葉がきらきら光って見える照葉樹である。

常緑樹というといつも緑の葉が付いていると思われるが、そうではない。四月末から五月上旬の新緑の時期にクスも落葉する。葉は日光が当たるように互生し、卵形または楕円形で長さ六〜一〇センチが多い。長い柄があり、葉の表面はやや革質《かくしつ》で深緑の艶があり、薄いが丈夫である。裏面はやや白味がかり、葉脈が根元のところで分かれて、主脈と二本の側脈のはっきりした三行脈になっていて、クスノキ科の特徴である。広葉樹の葉脈は、普通は真ん中に主脈が走り、主脈から枝分かれして魚の背骨のようになっているのがほとんどである。三行脈は異色の存在である。そして葉を裂くとショウノウの香りがするのも特徴である。

樹皮はなんと表現していいやら、暗灰褐色、部分的には淡い黄褐色で、厚く横皺が多く、縦に浅く

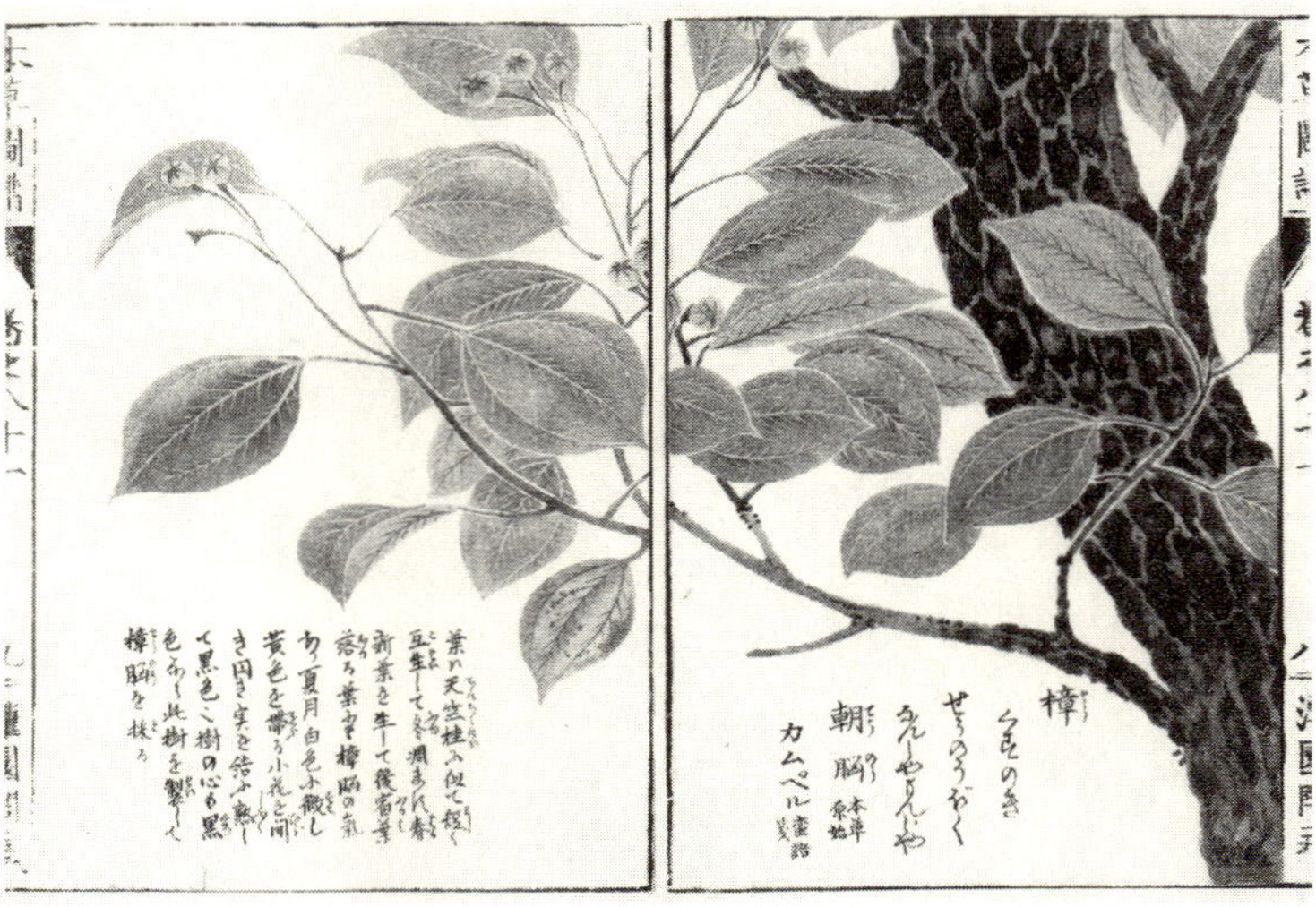

樟（『本草図譜』より）

裂ける皮もある。若木と老木では印象が異なり、若枝は緑色だ。

五～六月頃に本年枝の葉脈から伸びたところに、白く淡い黄緑色の小さい花を開く。花は六裂し、雄蕊は一二個、雌蕊は一個。果実は球形で径約八ミリ、初めは青緑で一〇～一一月頃に紫黒色に熟す。

根は太くて長く、地中深く入り込むが、髭根は少ない。

材質は硬く、耐水性に富み容易に腐朽しない。材の周辺は薄黒く、心材は褐紅色で年輪は複雑である。木の各部全体に樟脳油成分を含有するので一種独特の香気がある。

暖地に生え、関東以西、四国、九州、台湾、済州島、中国、ベトナムなどに分布する。

この木の仲間のクスノキ科（Lauraceae）にはクスノキ・ニッケイ・ゲッケイジュ・テンダイウヤク・タブノキなどある。薬用や香味

クスの葉．葉柄は長く，
三脈がめだつ．

料になるものもあり、変わったところでは熱帯果物で、独特な風味で生食されるアボカド (avocado) も含まれ、熱帯から温帯に分布する約四〇属、一二〇〇種にもなる。そのうちクスノキ属は、アジア東南部、メラネシア、オーストラリアに約二五〇種が分布するという。なお芳樟《ほうしょう》といわれる栽培品種がある。これは台湾などにあり、学名は同じで、形態にわずかな相違があるにすぎないが、この芳樟に対して本樟《ほんしょう》と俗称することがある。

なおリンネが命名した楠の学名は *Lauraus Campora* Linné であった。このLaurasu は、ケルト語で緑に由来する「月桂樹属の」という意味で、Camphora は樟脳を意味する。だがシーボルトの命名したクスの学名は *Cinnamomum camphora* Siebold であった。これはオランダ人の Biume によりラテン語で「肉桂に似た褐色の」という意味の Cinnamomum 属に変えられていたからである。さらに最近はチェコスロバキアの Presl（一七九四―一八五二）の命名による *Cinnamomum camphora* Presl とするものが多い。

なおこの本では一般的な呼称を楠とし、植物学的にはクスとかクスノキ、その土地の固有名詞や古書にもとづくものは樟と表記する。

クスの語源と字源

クスノキは楠または樟と書かれる。

楠　ダン・ナン・ゼン　くす・くすのき

楠の正しい字は枏（ナン）。声符は南《ナン》で俗字は柟であるが、わが国では俗字である楠を使う。左思の「呉都の賦」に「楠榴の木」とあり、こぶの多い木をいう（白川静『字統』）。

樟　ショウ　くすのき　樟は章に通じる。

橡樟・豫章　これも、くすのき。

なぜ第一章の「章」という字が、楠と関係あるのだろうか。「章」という漢字には大きな材木という意味がある。「豫」は「予」の本字。予言・予習・予算・予防・予感・予想外というように「予」には、あらかじめ、前もってという意味があるほか、もとの「豫」には大きい象という意味がある。それに木偏を加えて、つまりマンモス象のような大きい木という意味があったのだ。さすが漢字の国、中国である。

クスの花（5月，クスは佐賀県の県花）

クスの果実（11月，基部が杯状に包まれるのがクスノキ属の特徴）

また『本草綱目』には「其木理多文章故謂之樟」とあり、その木理《きめ》に文章、つまり文様が多いから樟というのだと解説している。

平安時代の承平年間（九三一～九三五）に撰進された、わが国最初の漢和辞書、源順著『倭名類聚抄』には「久須乃木」と記され、「くすりの木」の転訛なりという。また永久の意味だともされる。そして樟を「太布《たぶ》」と註解する。

薬の木から語源がきているというのは、利用の面から見てなるほどと思う。材はもちろん葉にも、いかにも薬を感じさせる芳香をただよわすから、古代人も直感的に奇し《くす》（あやしい、不思議な、霊妙な）木と感じたのであろう。

薬は人の肉体や健康、生命などに不思議な霊妙な作用をする物質で、その語源はクス・クシ（奇）の義とか、クスシキキ（奇木）の義とされる（『東雅』・『和訓栞』）。クは香で、香気の強いことから。クス（薫）の木の義。クサノキ（臭木）の義。クスはケス（消）の転で病気を消すことから、燻る木、くすんだ木、黒染木などとする説もあるが、薬となる奇し木の意であろうと私は思う。楠・樟という漢字は、文化の先達である大陸から借用したのだが、読み方はそれにこだわらず大和言葉をあてはめて「くすし木・くすりの木」の意味から、クスノキとしたことに感嘆させられる。

　英語では Camphor tree、フランス語は Camphrier、ドイツ語は Kampfer Baum。外国語はすべて樟脳、カンフルにかかわる。

　江戸時代の随筆集『牛馬問』に、「楠の字をくすのきと訓じるのは誤りなり、くすのきは樟の字なり」とあるが、楠と樟の区分はどうなのだろう。これは今もずいぶんと混乱して使われている。辞典で「くす」を引けば、樟・楠と両方が出ている。そして「くすのき（樟）に同じ」とある。植物学での表記は混用されているが、古くはまったく違ったものとされていたようだ。

　漢名のクスは樟であるが、これは橡または豫章で、古代中国の江西省の郡名に豫章というのがあり、そこに樟の大木があったので同じ義とされたといわれ、中国の南西部に分布するフォエベ・ナンム（Phoebe namu Gamble）のことだという。

　楠は中国では古くは杏のような実のなる楩（ベンボク）に似る木とされ、「楩楠豫章」と並べて詩文に書かれ、別の木だった。タブノキや、近縁のタイワンイヌグス属の木をいう。

　日本の近世の植物学上でも楠はクスノキと訓じているが本来はタブをいったようだ。

『大和本草』（一七〇九）では、樟と楠とは一類二物で、木心が赤黒く樟脳を煎じる香りの強いのが樟（クスノキ）、木心の色が赤黒くなく香りが弱いのが楠（イヌグス・タブ）としている。そして樟は楠より大きいものはないとする。しかし現在においては反対になっているようだ。本来は樟であるのだが訓読が同じなので楠と混同され、どうも江戸時代以前から、楠の方が一般的に今のクスノキの意味に用いられることが多くなり、楠木正成《くすのきまさしげ》も、地名、官公庁の布告などにもすべて楠の字を用い、樟を使うのは少なかった。だが江戸時代の知識人は『大和本草』にもとづいて名前をつけた場合が多かったであろうから、各地の巨木の名が、楠だったり樟だったり混乱しているのである。しかし「嗚呼忠臣楠氏之墓」が深く国民の頭脳にインプットされて、現今では楠の方が優勢となる。

『樟脳専売史』によれば、樟脳製造に利用するのは樟（クスノキ）のみで、そのうちに本樟《ほんしょう》、芳樟《ほうしょう》、油樟の三品種があり、日本で樟脳原料に供するのは本樟一種であり、芳樟と油樟はわが国には生育しない（試験的には公社試験場、関係会社の研究所で栽培している）としている。

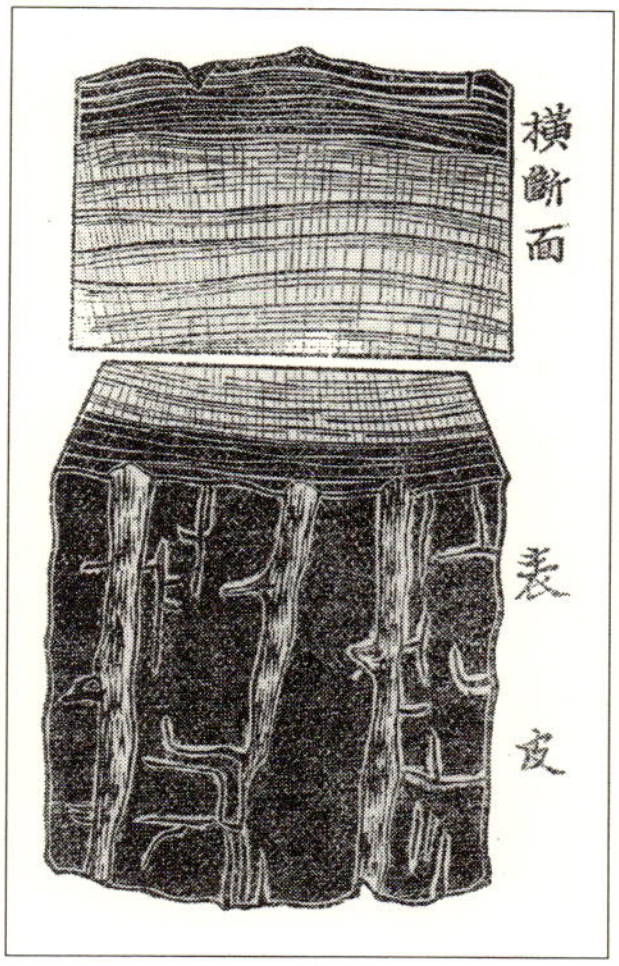

クスノキ材（『くすのき』）より

台湾では芳樟も多く、本樟と共に利用され、特に日本の領土であった昭和の初めには芳樟が多く利用されたという。台湾が日本領であった時代の専売法で、クスとして取り扱ったのは、樟《くすのき》（真樟・芳樟）、栳《くすのきだまし》（山鳥樟）、牛樟《ぎゅうしょう》（樟牛・黒樟）、右樟（あつばくすのき・おおばぐす・ぼけぐす・パアチユン）で、後の二種は樟脳または樟脳油を含有せず、芳香高い精油を含有するのみだが、樹の形がクスノキとよく似ているので同じとしていた。

日本のクスノキは、いわゆる本樟のみであるが、樟脳業者の間では赤樟、青樟という変種が区別され、赤樟は樟脳が多いと好まれた。赤樟が普通の樟で、青樟は周囲の諸条件で多少変形したらしく、含脳量の多少はその木の特性で違うという。

赤樟は普通、葉柄と芽が赤く、その芽は円くて小さい。そして樹の膚も縦に割れて粗雑で瘤状になるものが多いが、青樟は葉柄が青く、膚は滑らかで赤より寒気に耐えるようだ。

鹿児島樟脳試験場によれば、その成長は赤樟より早く、胸高周囲および樹高において一〜二倍の成長を遂げ、材積も二倍近いといわれる。両者の差異は早春の萌芽の際に遠方から樹冠の色により、はっきりと区別できるという。伊勢神宮の営林部でも赤と青は区別していて赤クスの材は赤味が強いという。

三溝謹平の『くすのき』によれば、鹿児島地方ではクスノキを三等に区分し、最良材の上等をメアサという。萌芽の葉色が赤く材質は白く、脳分多く油気は少ない。中等をドバといい、萌芽の葉色は白く、材質は紫黒で脳分も油気も多い。下等はマイロといい萌芽は赤く、材質も赤で重くて油気が多い。特に葉柄が紅色のものは製脳に適すという。これは製脳者でなく材木業者の分類であろう。

佐藤洋一郎は『クスノキと日本人』で、クスノキの葉の大きさが分布域で異なると指摘している。大きな葉を付ける株と、小さな葉を付ける株があり、もちろん同じ木でも梢近くの枝と、地面近くでは当然異なるのだが、各部のサイズを計測、コンピューター処理をして分類し、一九九四年に日本林学会で発表したそうだ。

それによれば二つのグループに分かれる、はっきりした傾向を示した。若狭湾と伊勢湾を結ぶ線を境に、西側は大小両方のタイプが分布し、東は大きな葉のタイプの個体だけが見られた。佐藤は総合地球環境学研究所教授でDNAを用いた稲や考古学の専門家である。DNAから見たクスの巨樹たちの類縁関係は非常に興味深いが、現時点では伊豆地方の巨樹群は互いに近縁な少数の株の種で、繁殖してできた可能性が高いといわれる。もう少しサンプルを集めて分析される日を期待したい。また葉の大きさのみならず、新芽の色に「赤芽」といわれる赤っぽい色をしたものと、鮮やかな緑色をした「白芽」と俗にいわれるものがある。つまり赤クスと青クスであるが、この遺伝子を調べると、赤芽は中国産に由来してくるらしい。私はDNAなどまったく門外漢でわからないが、この研究分野は急速に進歩しているから、今後が楽しみである。

クスノキの分布とその繁殖

「クスノキは外来種ですね」とよく聞かれるが、私は返答にとまどう。たしかに日本列島の誕生した大昔、日本は氷河に覆われた寒冷地帯であっただろうから、当然のこと、亜熱帯植物のクスノキは存在しなかった。

一万年以上前に地球の温度が急速に上がって、海面が上昇し日本は孤島となる。そして次第に森林に覆われてきた。縄文時代、東日本は大体においてブナの木が広がり、ナラ、クリ、クルミといった落葉広葉樹林が多くなり、縄文後期にはスギの林が拡大した。

西日本では早くからスギ林があり、カシ、シイなど常緑広葉樹林（照葉樹林）が多くなり、クスノキも南方から暖流に乗り渡ってきた人により持ち込まれたのであろう。先にも書いたように、クスノキの故郷は中国揚子江以南（江南、湖南、江蘇、福建、広東、雲南、広西、浙江の各省）で、台湾の中部以北にも多いが、現在一番の中心になっているのは九州と四国である。日本のクスノキはもともとこの国に自生する木ではなかったが、これほど大昔から存在するものを外来とするのを私の気持ちはすっきりしないのである。いかがなものだろう。

日本のクスは西日本と東日本の沿海地域に分布している。九州では内陸地域まで広がっているが、中国、四国から近畿地方は海寄りの地域に限定されていて、東日本ではよりはっきりしている。

クスノキは関東以北の東日本にはまず見られないし、深山幽谷には存在しないのである。そして沖縄諸島にはありそうなものだが、ほとんどなく、野生らしいと認められるのは徳之島だけらしい。詳しくいえば、九州、四国、山陽、山陰、近畿、東海地方の太平洋側で、北限は千葉県あたり、長野、群馬、茨城県の内陸部にはまったくといってよいほど見られないのである。ただし関東以北の地方でも、まったく育たないことはない。なるべく暖流洗う海岸に近いところで保護育成に十分な注意を払うなら、生育するだろう。群馬県でも桐生市に県指定の記念物になっているのがあり、植えられたものは大きく生育が可能である。

分布地図からわかるように、クスノキの八〇％は九州で、鹿児島、宮崎、長崎、熊本、大分、福岡、佐賀県にある。一二％が四国、残りの八％が本州南岸である。海岸に近い地域は温暖であることは間違いないが、椰子の実のように流れ着くことはないし、クスノキは自然に生えたというよりは、人間

クスの生育地帯（『樟脳専売史』より）

が意図して分布を決めたものと考えられるが、いかがなものだろうか。

その古木は神社仏閣の境内に多くが守られて育っているのである。

伝承によると神倭伊波禮毘古命《かむやまといはれひこのみこと》が、九州から東征し、熊野から那智の奥山に入ると、連山一帯には天日を覆うクスやシイの大樹が生えていて、まるでジャングル。そこに大きな熊や荒ぶる神や、尾のある国つ神など奇々怪々が出現し、皇軍は大難儀。高倉下《たかくらじ》の奉る布都御魂《ふつのみたま》の横刀《たち》や、八咫烏《やたからす》の道案内に助けられ、神武天皇が即位する話（『古事記』中巻）が思い浮かぶ。今でも熊野の奥山は鬱蒼たる森林である。三〇〇〇年近い昔はさぞかしと空想できる。きっとこの神話の昔よりもずっと太古に、南方から人間や動物、鳥によりじわじわと運ばれたのであろう。

クスノキの繁殖は種子によってなされる。春から初夏に薄黄色い小さな花を無数に咲かせ、夏にかけて種子を実らせる。受精したのち実は八ミリほどになり、秋に暗紫色に変化する。この実の中には硬い殻に覆われた種子が一個入っている。晩秋の頃には路面全体を暗紫色に染めているのを見ることがある。そして高い枝には、ヒヨドリやムクドリが群れているのも見る。ムクドリやヒヨドリはこの実が大好きである。

種子は鳥たちにより遠方まで運ばれ、消化器を通って糞といっしょに体外に出るのであろうが、そのわりには繁殖していない。ヒヨドリはスズメ・カラスなどと同じく季節によって移動しない留鳥《りゅうちょう》であるが、繁殖期の四〜七月は山にいて、クスノキの実が熟す頃に市街地にやって来る。ムクドリはムクノキの実を好むからその名があるようだが、クスの実と同じく秋に熟して、その頃に群れをなして里に来て南に移る。だから遠い奥山や東北地方にまで広がらなかったとも考えられる。

ネズミやリスやサルも食べるであろうが、ほとんど餌として食べてしまって発芽するのは少なく、そう遠方まで運ばれないのだろう。それほど広範囲に多数が生育していないから、自然界での効率は実に悪いようだ。

クスノキを繁殖させるには実生と挿し木がある。

私も小学生の頃にクスノキの種子を庭先に播いたことがある。父から「庭にクスなんか植えるもんじゃない」といわれたが、これがすくすくと育って、結婚する頃には腕ほどの太さになり、やむなく伐った思い出がある。その後もその切り株から芽が出てきて絶やすのに困った。家内もこれは覚えていて、今も笑い話にされる。

挿し木は幼齢樹の枝を用い、三月上旬から五月に行なう。三〜五葉を残し一五センチに切り、挿し木前一～三日水に浸け、一〇センチを地中に入れる。そして日覆いをする。土は粘土質がよいそうだ。移植するには四月から六月、施肥は四～五月、秋肥えは寒さで芯から枯れるので与えないこと。薬の散布は七～八月にして、剪定の手入れは二～三月と六～一〇月にするといいそうだ。落ち葉は若葉が出る四～五月が盛んだが、秋にも少し落ちる。木によって違うようだが、落葉は二度あるようだ。

静岡県熱海市の来宮《きのみや》神社では、境内にある日本で二番目に大きいとされるクスノキの実生を育てた苗を授与している。種子は簡単に発芽させることができるし、挿し木も可能である。だが、全国に昔からクスノキがどっさり群生する森などほとんど存在しないのはどうしてだろう。

それは大木になる木のおのずからなる習性にあるのかもしれない。つまり種子が母樹の近くで発芽して育ったならば、日光を受けられず不利になる。もしその子が自分より大きくなれば、なおさら大変。何百年何千年も生きるためには、子孫であろうと周りに存在させるのを歓迎しないのではないか。

草は寿命が短い。太陽から得るエネルギーのほとんどは種子として次の世代のために使おうとする。木は寿命が長い。だから太陽エネルギーの大半は自分の成長に使い、次の世代に回すことはしていない。沼田真『植物生態学』によれば、獲得したエネルギーの何パーセントを次世代に使っているのかを繁殖指数という値で表わせるという。稲や小麦など穀類では非常に高いが、大きな樹木の小さな種子では、いくら数が多いといっても繁殖指数は小さく、最小限にとどめているという。自らが作る大きい木陰は他の樹木の生育を妨げ、自分だけの永遠の生命を維持しようとしているのであろう。佐藤洋一郎『クスノキと日本人』にはいろんなことを教えられた。

クスノキの樹齢

植えられた時代がはっきりしている記念樹なら、樹齢は明確であるが、大昔から生え続けてきた木は、伐採して年輪を数えないと、正確な樹齢はわからない。「おじいさんのおじいさんが子どもだった頃もこんなに大きい木だった」という話はよく聞くが、掲示板や案内書に「樹齢八百年」とか「千年」と記されていると、長い風雪に耐え、人々の栄枯盛衰や世の移ろいを眺めてきたであろうと感動するものの、本当にそうだろうかと、疑いたくなる気がしないでもない。「隣の村のあのクスノキが八〇〇年なら、おいらの村の方が太いから一〇〇〇年だ」なんて競争したり、どうも樹の寿命は長く見やすい傾向がある。立地条件や環境により左右されやすく、巨木でも意外に短いことがあるので要注意である。

クスノキは老木になると空洞を生じ、中心部の髄である心材が腐っているのがほとんどである。したがって輪切りに切断しても正確な年輪は数えられないことが多い。神宮徴古館に展示するのは、たまたま心材が残っていて正確に五八五年と数えられた。

伐らずに樹齢を計測できる器械もある。生長錐《すい》といい、幹に差して計る。違った方向から二、三か所を計り平均値を出すのである。だがこれは木を傷めることになり、あまり使われていない。だからあくまで立木の場合は推測である。

日本の樹木の中で一番寿命が長いのはスギ。次いでクスノキ、ケヤキ、イチイ、アカマツ、クロマ

日本の巨樹・巨木十傑

順位	名前	樹種	樹高 (m)	幹周り (m)	樹齢 (年)	指定	所在地
1	蒲生のクス	クスノキ	30.0	24.2	1500	国	鹿児島県
2	来宮神社の大クス	クスノキ	20.0	23.9	2000	国	静岡県
3	本庄の大クス	クスノキ	23.0	21.0	300以上	国	福岡県
4	川古のクス	クスノキ	25.0	21.0	3000	国	佐賀県
5	奥十曾のエドヒガン	エドヒガン	28.0	21.0	600		鹿児島県
6	衣掛の森	クスノキ	20.0	20.0	300以上	国	福岡県
7	武雄の大クス	クスノキ	30.0	20.0	3000	市	佐賀県
8	柞原八幡宮のクス	クスノキ	30.0	18.5	3000	国	大分県
9	隠家の森	クスノキ	21.0	18.0	1500	国	福岡県
10	大谷のクスノキ	クスノキ	25.0	17.1	1200	国	高知県

ツ、ヒノキとされる。

屋久島のスギは樹齢二〇〇〇～三〇〇〇年、なかには縄文杉といわれ七二〇〇年というのもあるが、これは昭和四一年に発見された時の発表で、一時は世界最長寿の巨木と話題を呼んだものだが、その後修正され二五〇〇年とされた。七二〇〇年と二五〇〇年では大層な違いがある。それならクスノキの横綱、鹿児島県の蒲生《かもう》の大クスや、佐賀県の武雄や川古の大クス、それに大分県の柞原《ゆすはら》八幡宮や、熱海の来宮神社のも一〇〇〇年以上二〇〇〇年とされているから遜色はないと、どうも私はクスの応援をしてしまう。

ついでに世界一長寿の木は、カナリア諸島のリュウゼツラン科の龍血樹で推定七〇〇〇年。アフリカのバオバブの木が五〇〇〇年、アメリカのヨセミテのセコイアスギが三〇〇〇～五〇〇〇年、台湾の阿里山の紅ヒノキが三〇〇〇年。そして世界で一番高い木はアメリカのカリフォルニア州の保護区にあるセコイアで、一一一・六二メートルとギネスブックが認定している。ただしこのセコイアの樹齢は六〇〇～八〇〇年で、長くても太くても見た目だけでは樹齢に関係しないこともあるから、巨木の年齢、長生き比べの断定は難しい。なお世界で最も大きい木はメキシコのトゥーレ村にある周囲五八メートル、大人がこの木の周りを歩くと七五歩というサイプレス（現地名アウェウェテ）という樹齢二〇〇〇年のものという。

近年、「年輪年代法」といって、スギやヒノキなど規準となる針葉樹の年輪を読み取り器で調べ、年代不明の木材標本とコンピューターで照合し、どの時代に生えていた木であるか年代測定ができるようになった。ドイツでは早くからなされていたが、わが国でも最近、法隆寺の建材や、クスノキの井戸枠が出た大阪府和泉市の池上曾根遺跡でこれが適用され、話題を呼んだ。

樹木の年輪は、木の成長活動で毎年新しく形成されていくのだが、温帯や寒帯に生育する木の年輪は、年ごとの気温や降水量の影響をうけている。つまり気象条件が良い年には年輪は広く、悪い時は狭くなるのだ。これを計測して、その変化を経年的に連続して調べれば、生育した環境が似た一定の地域の中では、樹種ごとの固有の共通する変動パターンがあることが判明して「暦年標準パターン」ができ、それに調べようとする年代不明の木材の年輪の幅と照合して、合致する年代部分を求めるのである。すると用材が生えていた年代や、伐られた年がわかるとするのである。

この方法はコンピューター技術が進み、かなり正確に判定できるという。現在はまだヒノキ、スギ、コウヤマキ、ヒバの四種にしか適用されていないが、いずれクスにも適用され、自然が作る歴史年表として古代の美術品や建築の年代判定にも応用される日がくると期待する。

日本中に巨樹・巨木がどれほどあるか、環境省や全国巨樹・巨木の会、各地の役所などが協力して最近データベースの充実が図られている。そして各種の報告書が出ているし、インターネットでも公開されている。

それによると、原則として調査は地上から一・三メートルの高さでの幹周りが、三メートル以上の木を対象にしている。以前は胸高の幹周りとしたが、それぞれ身長が異なるので一・三メートルとかえた。ただ幹周り三メートル未満でもマユミやツバキなど育ちにくい樹種は例外としている。クスの場合は一〇メートルをゆうに超えねばお声がかからないだろう。ただ根元付近には瘤があったりするから計り方が難しい。計測する人により順位が入れ替わってしまう。ここでは環境省のを基準とした。これまでも調査報告はなされてきたが、本格的にされたのは平成一二年であり、約六万八〇〇〇本が調査された。それによると、全国巨木ベスト一〇の一位は鹿児島の蒲生《かもう》の大クスで、一〇のうち九本までがクスノキであり、上位六〇本のうち三三本をクスが占める。また巨木の樹種別本数から見てもスギ、ケヤキに次ぐ数である。

巻末にいろいろなデータを参照しながら、巨大クスノキの一覧を示してみた。

第二章　文学や歴史にあらわれた楠

神木としての楠

神木とは、霊木とか神依木《かみよりぎ》、勧請木ともいい、神祇に縁故のある樹木、もしくは元からその社地にある木や社名にゆかりのある木で、これを神体としたり、神符とすることもある。ほとんどは神社の境内にあり、一社一木を普通とするが、まれには長野県の諏訪大社の七木とか称木《たたえのき》ともいう一社で七種（松・檜・桜・檀・橡・柳など）の木とされたり、神社周辺の樹木を総称するものもある。その神木には注連縄を張ったり、柵を廻らすなどして崇敬の念を示し、伐採することや不浄を避けて大切にしている。

多いのは杉の木である。伊勢神宮では神宮杉・鉾杉・神杉といい、三輪大社では神杉、稲荷では験《しるし》の杉、香椎宮では綾杉などという。

梛《なぎ》の木は熊野那智大社や伊豆山神社。梅は大宰府天満宮をはじめ天満宮。松は住吉、弥彦は椎、日吉は桂、龍田は紅葉などが有名である。

榊は字のとおり神の木で、神木とされることが多いが、これは一神社の神木というよりも、ヒモロギとして神を招くシンボルとするのが一般的である。奈良の春日大社の榊のご神木は神体にもされ、中世には興福寺の衆徒が朝廷に直訴するとき、春日大明神の御正体として神木を担ぎ、横暴を極めたのはよく知られている。

神木とされている樹種は、そのほか椿・藤・橘・椋・柏・桜・公孫樹《いちょう》・榎・栗・橿・槐《えんじゅ》・槻《つき》・櫟《いちい》などが思い浮かぶが、神霊の降臨する木とする場合、杉などのようにまっすぐで高い木がふさわしい。楠は太くて貫禄は十分であるが、こんもりしていて神様は降りにくそうだ。

古代において杜・社と書いてモリと訓《よ》ませ、現代でも鎮守の森というように、こんもりとした神域の全体を指して神のいます所としたのだから、むしろクスノキは「杜」というイメージに近いのではなかろうか。

神霊の降臨、憑依するヒモロギは、神話の天岩戸のところに初見して『日本書紀』には「神籬」と書き、分註で「比莽呂岐」と記す。ヒモロギは人工的に設営された神祭の施設をいうが、なぜ神籬がヒモロギと読まれるのか、國學院大學の授業で私が最初に質問したのがこれだった。岩本徳一教授は困った顔をされ「とにかく今はそう覚えておきたまえ」といわれた。

これは難しいことだったのだ。わが国最初の文献を作る当時でも、ヒモロギの原義も、どう読むかということも明白でなかったのだ。ヒモロギという言葉を、これまで私もどれほど用いただろうか。でも恩師も困られたように、伝統的に神籬はヒモロギと言い習わしてきた。

民俗学で大活躍された先輩の故坪井洋文先生が、ヒモロギは古代中国の熊の炙肉だという説を紹介されているのを最近見た。これは谷川士清《ことすが》の説（『日本書紀通証』）だそうで、仙覚も『仙覚抄』でヒモロギは古くは肉（にくづき）に乍と書く「胙」であったという。谷川士清は江戸時代の伊勢の津出身の神学者で『和訓栞』の著者である。

ヒモロギの字義については、柴室木（ふしむろぎ）で、サカキを立てて神の室として祭りをしたからというのや、生諸木（おひもろぎ）の意で、神霊の寄りませる森の木立。また檜室籬でヒノキの葉で仮の神の籬を作る意。あるいはヒは霊、モロギは籬を意味し、神を守る所という意味などとよくわからない（『神道大辞典』）。

坪井先生が注目されたのは、垂仁天皇の御世に新羅の王子、天日鉾が持ってきたという八種の神宝の中に熊神籬《くまひもろぎ》というのがあり、これはいったい何かと、昔から学者を悩ませていたのである。そしてクマは熊野のように神聖を意味する讃えの語で、祭具の一種だとかたづけてきた。

神籬（ひもろぎ）（小学館『図説日本文化史大系』より）

先生は熊の肉の干物ではないかと考えられた。私は一度だけであるが、東京渋谷区若木町にあった神社本庁のごちゃごちゃした一室でお目にかかったとき、私がやっていた鮫の研究が面白いと語られ、サメの干物スワヤリ（楚割）と熊の肉の干物との関連をしきりに聞かれた。私は熊の掌の肉がものすごく貴重品とされたことなどを話したが、先生はそんなことはもうとっくにご承知だったのにと、今思い出すと恥ずかしい。

当時の先生は『イモと日本人』で大きな論議を呼ぶ前で、「これまで民俗学は稲作ばかり論じてきたが畑作もあったんだ、君の米と魚の文化論も面白いからしっかりやりたまえ」と激励してくださったが、しばらくして病死されたのが残念だった。

榊は栄える木の意味であるからサカキだとされ、神の木と書き、これに神鏡を掛けてヒモロギとしたから、ヒモロギは榊だと思い込んで、なんだかわかった気になっているが、干し肉を代表とする神にお供えする神饌にも、神が宿るものとされた時代があるのではなかろうか。

このことは拙著『伊勢神宮の衣食住』に「秘された神饌」として少し記したが、神饌は神が宿るものであるので非公開とされ、撮影などもつい先年まで許されなかった。のしアワビの熨斗も大陸で古代に「束脩《そくしゅう》」といわれた牛や羊や豚の干し肉が神に捧げられていたのが、やがて贈り物の代表となり、わが国では乾しアワビが使われ、熨斗となって贈り物に付けられる清らかな品物をシンボライズして、今は印刷されているが、正式には干し鮑の一片を紙に包んで付け、あのピラリとした干し鮑が、神といおうか、贈り主の魂、どうか長生きしてくださいという気持ちが宿るヒモロギの要素があったのではなかろうかと、私もこのルーツに思いが至るのだが、ちなみに今、パソコンで「ヒモロギ」と打って変換させると、「胙」という字が飛び出した。

これは横道に逸れてしまった。現代人には容易にこんなことは理解されないだろうが、ヒモロギは神を迎えるアンテナであり、発信機と受信機を兼ねたものにたとえられるであろう。

古くは山がそれであり、神奈備《かんなび》・神南備・神名火という楠の木のように、こんもりと茂った杜や、神依木としての杉や榊の神木、さらに常時、神がいます神社の施設が整い、必ず常緑樹の鎮守の森に囲まれた立派な社殿にと、発展を遂げてきたのであろう。

ここでごく簡略に私の理解する神社の発達史を書いておこう。

太古、神は天空を越えた高天原や、大海原のかなたや聖なる山や森に居られると考えられた。その山や森林を拝する原始的な形式から、神の観念の進歩にともない、祭りをすることによって神が山や森を離れて人間界に降りてこられ、特設の対象物に憑くとされ、そのヒモロギが主体になって祭られるようになる。

そのヒモロギに加えて鏡など、ご神体（霊代）となるものが添えられ、それを直接目にするのは畏れ多いと、祠《ほこら》のような社殿ができる。すると森林は次第に太古のように重要視されなくなり、背景として扱われ、さらには必ずしも山や森は必要なくなり、ヒモロギ自身が独立して、神体になるものが中心とされ、社殿に納められ崇拝され、社殿が大きく荘厳になる。このようにヒモロギに対する観念が変化したのであろう。

伊勢の場合は、このヒモロギに当たるのが心《しん》の御柱であり、社殿の床下に、飾り置かれる御榊に連なっているのではなかろうかと思う。

現代の普通のヒモロギの形式は、簡単なのは民家の地鎮祭のそれに見られるが、神社で用いる一般的なのは、荒薦《あらごも》を敷き、その上に八脚案《あん》を置き、さらに枠を組んで中央に榊の枝を立てて木綿《ゆう》と紙垂《しで》を取り付けたものである。

新潟の弥彦神社に参拝したら神木のシイの木の立て札に、

伊夜比古の神のみ前の椎の木は幾世経ぬらむ　神代より斯くもあるらし　上つ枝は照る日を隠し
中つ枝は雲をさえぎり　下つ枝は甍にかかり　久方の霜を置けども　永久に風は吹けども　永久
に神のみ世よりかくしこそありにけらしも　伊夜比古の神のみ前に立てる椎の木

という良寛作と伝わる神木賛歌が記してあった。巨大な木だったのであろう。各地には同じような賛歌をささげたいクスノキの巨木がたくさんある。

おそらく西日本での神木と称される木の多くがクスノキであろうし、とりたて神木といわれていなくても、神社や寺院のシンボルにされている木の多くがクスであり、日本の大きいクスノキの半分以上、おそらく八割は神社仏閣の域内にあるといっても過言ではなかろう。

サカキ（榊）は栄木というが、クスも弱々しい木ではない。盛んな木であり、まさに永遠に栄える巨樹である。ただし同じ常緑樹でもクスの枝をヒモロギにしたり、玉串に用いることはない。理由は記さなくてもおわかりだろうが、形が揃わないこと、葉がまっすぐでなく縮んでいたり、多くの葉に斑点が入っていたり、ダニといわれる虫が葉に瘤を作って棲んでいること、さらに香りが強すぎる、などであろう。

ただし祭具としてまったく使われないということではない。三重県尾鷲地方では昔、クスをサカキのように玉串に使用していた。また福岡県には、旧正月行事の田遊び神事に、牛の面をかぶり田をすき、お田植の模倣をして、早苗に見立てたクスの枝を早乙女が植える仕草をするのがあると聞く。

古代の楠

『魏志倭人伝』や『記紀』の楠

わが国でクスノキが出てくる最初の文献は『古事記』や『日本書紀』であるが、もっと古く『魏志倭人伝』にすでにある。

『魏志倭人伝』は「倭人は帯方の東南大海の中に在り、山島に依りて國邑を為す。舊《もと》百餘國云々」から始まり、倭の地は温暖、冬夏生菜を食すと風習など紹介し、「其の山には丹《あかつち》有り。其の木には枏《だん》・杼《ちょ》・橡樟・楺《ぼう》・櫪・投・橿《きょう》・烏號・楓香有り」と、生えている木々を紹介する。

このうち、枏と橡樟はクスノキ。杼はトチ、楺はボケ、櫪はクヌギ、橿はカシ、烏號はヤマクワ、楓香はオカツラだとされる。さて「投」は何だろう。那珂通世博士によれば、柀の誤字でスギ（杉）だとする。枏はウメだという説もあるのだが、水上静夫『中国古代の植物学の研究』によればクスであろうという。『本草綱目』にもあるように、この枏（ナン）は南方にも産するクスノキ科のナンタブで、橡樟も先に記したようにクスのことである。

『古事記』で最初に出てくるのは、神々の生成のところで、伊邪那岐、伊邪那美の二柱の神が国土や海陸山川、風の神などを生み、次に木の神を生む。名は久久野智神《くくのちのかみ》という。ついで山の神、野の神など生み、それから鳥乃石楠船《とりのいわくすふね》の神、またの名は天鳥船《あめのとりふね》を生み、やがて火の神を生み、火傷をして伊邪那美命は死んでしまうのだが、この船の神は字の示すとおりクスノキで作られたことがわかる。

『日本書紀』巻二十二の推古天皇の条には霹靂木《かむときのき》というのが出てくる。安芸国で河辺臣《かわべのおみ》を派遣して船を造らせることになり材を求めていると、大きさが一〇囲もの木がありました。人夫にこれを伐らせようとしたら、ある人が「これは霹靂木という名木です。伐れば雷電が祟りをします。伐ってはなりません」。だが河辺臣は「雷神といえども天皇の命に逆らってよいものか、伐れ」と命じて、たくさん幣帛を供えて祭りをしたのち斧を入れさせた。そのとき大雨と同時に雷が轟き、稲光し、人夫は腰を抜かしただろう。さすが河辺臣は豪胆、剣に手を置いて「雷神よ、人夫《おおみたから》に祟るな、私の身を傷つけよ」と叫んで天を仰いだ。雷鳴は十余度も轟いた。そして小さい魚と化して木の枝に挟まったので取って焚《や》いたが、彼に祟ることなくやがて止んだ。そこでその木を伐らして船を造ったというのだ。

おそらくこの木もクスであったと思う。寺島良安は『和漢三才図会』で霹靂木《へきれきぼく》というのは、形状が何も書いてないので種類はわからないけれど、船を造ったのだからクス・スギ・ヒノキの類であろうとしている。

『日本書紀』の一書でも、伊奘諾《いざなぎ》、伊奘冉《いざなみ》の二柱の神が淡路島をはじめ次々と子を生み、鳥磐櫲樟船《とりのいわくすふね》も生み、蛭児《ひるこ》を生んだので、この船に乗せて風のまにまに放ち捨てている。記紀に出てくる鳥磐櫲樟船や、鳥之石楠船神、天磐櫲樟船、天鳥船などにはクスノキが使われたのであろう。

さらに『古事記』仁徳天皇の条などにクスが登場するが、それは巨木の伝承や古代の船のところで述べることにする。

神の眉毛から生えた楠

日本の神話でクスノキは素戔嗚尊《すさのおのみこと》の眉の毛から生え出たことになっている。それは『日本書紀』巻第一神代上の一書で、出雲の国で大蛇《おろち》退治をした後、

「韓郷《からくに》の嶋には、是《これ》金銀有り、若使《たとひ》吾が児の所御《しら》す國に、浮寶《うくたから》有らずは、未だ佳《よ》からじ」とのたまいて、乃《すなは》ち鬚髯《ひげ》を抜きて散《あか》つ。即ち杉《すぎのき》に成る。又、胸の毛を抜き散つ。是、檜に成る。尻の毛は是《これ》柀《まき》に成る。眉の毛は是櫲樟《くすのき》に成る。已《すで》にして其の用ゐるべきものを定む。乃ち称《ことあげ》して曰《のたま》はく、「杉及び櫲樟、此の両の樹は、以て浮寶とすべし。檜は以て瑞宮《みづのみや》を為《つく》る材にすべし。柀《まき》は以て顕《うつ》見蒼生《しきあおひとくさ》の奥津棄戸《おきつすたへ》に将《も》ち臥《ふ》さむ具《そなへ》にすべし。夫《そ》の噉《くら》ふべき八十木種《やそこたね》、皆能《よ》く播《ほどこ》し生《う》う」とのたまふ。

そして素戔嗚尊は紀伊国（和歌山県、ここは木の繁茂する国という意で木の国と名づけられたのである）に渡り、そして根の国に入られる。

眉毛のもじゃもじゃするのから連想してこんもり茂る楠の木を、顎髭からはすくすく伸びる杉の木をイメージするなんて、古代人のおおらかで豊かな発想には驚かされる。そして樹の用途を樹木で明確にして、適材適所に使用する知識にも感心させられる。

なお『古事記』と『日本書紀』に現われる樹種は五三種、『万葉集』には五四種もあって、二七科四〇属にも及んでいるというから、古代の日本人の植物への関心度は高かったことがわかる（大野俊一「古事記及び日本書紀に現はれたる樹木に就いて」、『林學會雑誌』第六〇巻四号）。

神の名にクスノキが関係するのは、素戔嗚尊が天照大神と誓約《うけひ》して生んだ神に、熊野櫲樟日命《くまののくすびのみこと》（『古事記』では熊野久須毘命）がある。天孫瓊瓊杵尊《ににぎのみこと》の叔父にあたる神である。クスは「奇し《くす》」の義であり、「久須」は悠久を意味するから、神名には実にふさわしいお名前だ。

雄略紀には樟媛《くすひめ》が、また天武紀には樟使主磐手《くすのおみいわて》という名前が登場するのだが、吉備の国に遣わしたというだけで他に業績は出てこず、どんな方だったか不明である。仁賢紀にも樟氷皇女《くすひのひめみこ》（『古事記』では久須毘郎女）という名が見え、欽明紀にはクスノキで造った仏像が出ているが、このことは後でまた書こう。

地名としては河内の国の樟葉や樟葉宮、樟勾宮《くすのまがりのみや》などが見えている。ところでクスの表記であるが、『古事記』では「楠」、『日本書紀』では「樟」と区別され、『風土記』においては両方が用いられているのはどうしてだろう。現代でも混用されるが、もうこの時代からそうだった。

『風土記』の楠

和銅六年（七一三）に元明天皇の詔により諸国に命じて、郡郷の名の由来や、地形、産物、伝説などを記して撰進させた地誌『風土記』は、『出雲国風土記』だけが完全に残り、常陸、播磨が一部欠け、豊後、備前のものがかなり残り、後は失われて逸文が伝わるだけだが、楠に関する記載を見てみよう。

『出雲国風土記』には、楠は諸山にあるとして五か所ほどに出てくる。しかし取り立ててこの地に多いということもなく、ただこの地方にありますという報告にとどまっている。

『豊後国風土記』には、「昔者《むかし》、此の村に洪《おお》き樟の樹ありき、因《よ》りて玖珠《くす》野の郡といふ」。大分県西部、玖珠郡の玖珠町と九重町の境界の万年《はね》山の西北にある洪樟寺の遺跡がこの大樟のあった所だとされている。洪樟というのは大きいクスという意である。

『肥前国風土記』佐嘉の郡には「昔者《むかし》、樟樹一株《くすのきひともと》、此の村に生ひたりき、幹枝秀高《もとえたか》く、茎葉繁茂《くきはしげ》りて、朝日の影には、杵嶋《きしま》の郡《こほり》の蒲川《かまかわ》山を蔽《おほ》ひ、暮日《ゆうひ》の影には、養父《やぶ》の郡の草横山を蔽へりき。日本武尊《やまとたけるのみこと》、巡《めぐ》り幸《いでま》しし時、樟の茂り栄えたるを覧《み》まして勅《の》りたまひしく、『此の国は栄《さか》の国と謂《い》ふべし』とのりたまひき。因《よ》りて栄《さか》の郡といひき。後に改めて佐嘉の郡と号《なづ》く」云々。

これは『筑後国風土記』逸文の三毛郡に「昔は楝《あうち》木一株、郡家の南に生ひたりき。その高さは九百七十丈《つえ》なり。朝日の影は肥前の国、藤津の郡の多良の峯を蔽ひ、暮日の影は肥後の国山鹿の郡の荒爪の山を蔽ひき云々。因りて御木の国といいき。後の人訛りて三毛といいて今は郡の名となす」というのと同じように、朝日と夕日を受けた大木の影が遥か彼方まで蔽うという、大樹伝説の類型的な説明である。

三毛の大樹は『日本書紀』景行天皇一八年七月の条にもあり、天皇は「是何の樹ぞ」とのたまふと一人の老人が歴木《くぬぎ》と答えている。クスではなくオウチ（楝）かクヌギか別の種類と思われるが、記紀や万葉にある古代のクヌギのヌはクスキのスと相通じていて、伝承のあるこの地の地中から掘り出された埋もれ木の質がクスノキの化石であったともいう。肥前も筑後も近隣地の伝承である。この付近には今もクスの巨木があるが、大昔はさぞ大きいのが存在したのであろう。

佐賀郡大和町の伝承には、昔、鎮西八郎為朝が嘉瀬の橋から弓を引き、遥か遠い淀姫神社の樟の枝に当たって折れたという話がある。この樟の枝は大きく栄えており、川上川を横切って向こうの岸まで延びていたという。そこでかの名高い鎮西八郎為朝が……という伝説が生じるのだが、川の向こうの為朝は大蛇が川を渡ろうとするのが見えたので、弓に矢をつがえてきりりと引き絞り、ひょうと放てば大蛇の腹にぶすりと命中、動かなくなったので不審に思い川を渡って見に行けば、なんと樟の枝だったそうなという話。

この樟は、その後に大友と竜造寺軍の戦いで神社の建物もろとも焼けて、今は焼けた古株だけがあり、それを文化一三年（一八一六）に明の僧、如定が「大唐四百州広しといえどもかかる木はなし」と驚き、それを鍋島初代藩主勝茂が聞いて樟の周囲に石垣を築き霊木として保護したとか。

松浦川の西には開闢以来という大きな楠が昔あり、これが倒れた時には川を越えて東まで及び、おごそかでいかめしい木があったという意味で厳木という村の名になったなど、肥前、肥後には『風土記』にちなむ話は多い。

上総と下総の逸文にも、

総《ふさ》とは木の枝を謂《いう》とあり、昔、此国に大いなる楠を生ず。長さ数百丈に及べり。時に帝《みかど》これを怪しみ、卜占《うらない》し給ふに、大史《たいし》奏して云、天下の大凶事也、これによりてこの木を伐り捨てると、南方に倒れぬ。上の枝を上総《かずさ》と云、下の枝を下総《しもふさ》と云と国の名がクスノキにかかわることを暗示させる。

『伊豆国風土記』逸文には、熱海市の日金山の麓の奥野の楠を材にして、応神天皇五年に本朝最初の大船を造らせたと出ている。

『播磨国風土記』には、これも朝日には淡路島を隠し、夕日には大倭嶋根《やまとしまね》を隠す楠の木で「速鳥《はやとり》」という船を造った名高い伝承があることなどは次に書こう。

古代の楠の快速巨船——枯野・速鳥

古代にクスノキで作った二つの巨船が『記紀』や『風土記』に見える。

一つは枯野《からの》である。『古事記』によると、仁徳天皇の御世、兎寸河の西に一本の高い樹があった。兎の字の訓は不明でこの河の所在も不明だが、その影は朝日に当たると淡道島（ママ）に達し、夕日に当たると、その樹の影は高安山を越えた、とあるから河内国であろう。高安山は河内国高安郡の東の山である。大樹伝説の最も基本的な、影が朝日ではどこまで、夕日ではどこまでという表現でなされるこの大木を伐り、船を造ったところ、スピード出るので、枯野と号して朝夕に淡路島へ天皇の飲料水を汲みに行く専用船に用いた。やがてこの船が朽ち破れたので、塩を作るための薪にして焼き、焼け残りの木で琴を作った。その琴の音は七つの里に響き、それを奏でて歌を詠った。

枯野を塩に焼き　其《し》が余り琴に作り　かき弾くや由良の門《と》の　門中の海石《いくり》に　触れ立つ浸漬《なづ》の木の　さやさや

淡路島の由良海峡の岩礁にゆらめいている海藻のように、琴の音が、さやさやと響くという意であろうが、元の大木の葉がそよいでいるさまを偲ぶ意でもあろう。

枯野という船は『日本書紀』の応神天皇五年の条にも出てくる。

伊豆国で長さ一〇丈《つえ》の船を造らせた。海に浮かべると、軽くてスピードが出るので、枯野と名づけた（枯野ではなく軽野という注もある）。さらに同三一年秋には、伊豆から貢進した官船の枯野が朽ちたので、この名を忘れず後世に伝えたいが、どうしたらいいだろうと天皇は群卿に相談し、この船を薪として塩を焼き、諸国に賜らすことにした。塩は五〇〇籠できた。それを配ったが、その代わり五〇〇の船を貢上させたという。なんだか現在の政府のやりそうなことである。できた船は武庫水門《むこのみなと》に集合させていたが、新羅の調使《みつぎ》の船が失火して多くの船が延焼してしまった。

ここでも枯野を塩に焼き、その余りで琴を作り、同じ歌を詠っている。仁徳天皇の父は応神天皇であるから、これは父子二代の物語が混合しているのである。

この枯野や軽野、あるいは狩野といわれる船材を伐り出した地は、静岡県田方郡中狩野村松ヶ瀬、今の天城湯ヶ島町松ヶ瀬の天満天神とされる軽野神社だろうとされる。近くには船原や楠田の地名が残る。

もう一つの名船、速鳥《はやとり》の方は先に記した『播磨国風土記』にある。

明石の駅家《うまや》、駒手の御井《みい》は仁徳天皇の御料水で、その井の上にはクスノキが生えており、例によって朝日は淡路島、夕日は大倭嶋根を蔭にする巨木を伐って船を造ると、その早いこと鳥が飛ぶがごとく、一舵で七波を越えるようなスピード。そこで速鳥と号して天皇の朝夕の御饌の御料水を運んでいたが、ある日、お食事の時間に間に合わなかった。そこで詠われた。

住吉《すみのえ》の　大倉向きて　飛ばばこそ　速鳥と云はめ　何か速鳥

御井のある住吉の大倉、今の明石市大蔵谷に向かって飛ぶがごとくに進んでこそ速鳥といわれようが、そんなにのろくては失格と、この船を使うことをやめられた。その後どうなったかの伝承はないが、虎は死んで皮を残し、二つの船はみごとに古典に名を残したのである。

平安〜中世の文学にあらわれる楠

『枕草子』の楠の木

清少納言は『枕草子』四十段の「花の木ならぬは」と、楓、桂、五葉、檜などと共にクスノキについて論じている。

楠の木は、木立おほかる所にも、ことにまじらひたてらず、おどろおどろしき思ひやりなどうとましきを、千枝にわかれて恋する人のためしにいはれたるこそ、たれかは数を知りていひはじめけんと思ふにをかしけれと、『古今和歌集』にある「和泉なるしのだの森の楠の木の千枝にわかれて物をこそ思へ」という歌を引いているが、このように彼女はクスノキには不気味で嫌な、なじめない木だとして、あまり良い印象を持っていなかったようだ。

そして平安から中世に至る和歌や謡曲など文芸にはクスノキはほとんど登場してこないのである。瀬田勝哉は『木の語る中世』で、クスノキが登場するのは南北朝の頃の「大江山絵詞」が数少ない文献だと教えてくれた。

丹波と丹後の国境の大江山にいたとする怪物の酒呑童子を退治する話は、絵巻や御伽草子などになっている。鬼退治の宣旨が下り、源頼光一行は大江山に向かう。手ごわい相手、謀《はかりごと》をもって好物の酒をたんまり飲ますと、酒呑童子は自分の来歴を語りだす。

自分は比叡の山に住んでいたが、伝教大師という坊主が山に根本中堂など七つもの大きい建物を造るので追い出され、住む処がなくなった。口惜しいので楠の木に変じて妨害してやったが、大師はこの木も伐って平地にしようとする。そこで夜のうちに先のよりもっと大きな楠に変身したら、大師は結界封じという唱えごとをしたので、たまらない。仕方なく自分は姿を現わして訴え、代替地に大師の所領を貰うことで話をつけたところ、また桓武天皇の勅命で追い出され、住む処なく怨念つのり、悪心を生じ、国土に災いをなしているのだと語る。

瀬田は、酒呑童子が一度ならず二度も楠に変身するのは、障碍《しょうげ》をなさんとする山の先住者が、寺院建立のため追い立てられ抵抗するのを、クスノキが開発により伐採される姿に象徴的に表現されている、つまり反体制の拠点として造形されているのだと見る。中世においてクスノキは中央の文化・文明とは懸離れた遠い存在であり、クスは文明側のものでなかったとする。

『前太平記』巻二十に、酒呑童子は越後の産で、奇怪なる行ない多くて六歳にして谷底に捨てられた「捨て童子」とあるように、クスノキもまた何やら怪しげな危険なイメージの木だと思われていたようである。

『太平記』の楠の夢

中世文学にクスノキが華々しく登場するのは、南北朝時代の軍記物語『太平記』の有名な話「主上御夢事付楠事」である。

後醍醐天皇が夢を見られた。紫宸殿の庭前らしい所に大きな常盤木があり、緑の陰が茂り、南に指

『御夢』(湊川神社蔵)

した枝がことのほか栄えている。その下に三公百官が位に依って列座している。南に向いた上座には御坐畳を高く敷いてあるが、誰も座っていない。誰のための座席かと天皇は夢で怪しく思っていると、鬢《びんづら》を結んだ童子二人が忽然と現われ、主上の御前に跪《ひざまず》き、泪を袖に掛けて「一天下の間に暫くも御身を隠さるべき所なし、ただしあの樹の陰に南へ向へる座席あり、これ御為に設けたる玉扆《ぎょくい》にて候へば、暫くここに御座候へ」と告げて、童子は遥か天上に去り、夢は覚めた。

天皇はこれは天が朕に告げる夢だといろいろお考えになられた。木に南と書くと楠という字となり、その陰に南に向かって坐せよと童子が教えたのは、朕再び南面の徳を治めよと日光・月光が示されたのだと、象形・表意の夢解きをされた。夜が明けると、このあたりに楠という名の武士はいないかと尋ねられた。さような者は近くにいないが、河内国金剛山の西に楠多聞兵衛正成という弓矢を取りては名を得たる者がいるとのこと。それではと藤原藤房卿を勅使として派遣されたという。楠木正成（一二九四?～一三三六）のデビューの物語である。

『守武千句』の楠

中世の文学といえば、伊勢神宮の神主で俳諧の祖とされる荒木田守武（一四七三～一五四九）の『守武千句』にもクスノキに関係ある龍脳が出ている。

子ども皆かたびらきるとおもはばや　冷々として群立にけり　龍脳や興《おき》の鷗《かもめ》のさしつらん　潮の上ひかるはそこひか

子供たちが皆、帷子を着ていかにも冷え冷えと寒そうに群れ立っている。それは沖のカモメが龍脳をさしたからであろう、というのだ。龍脳樹から採る樟脳によく似る芳香がある龍脳は、服すると身体が冷えるとされたようだが、当時は目薬にされていたようで、外障眼《うわひ》・内障眼《そこひ》という眼球内の疾病、今でいう白内障や緑内障の治療に用いられた。そこで守武は上と底にウワヒとソコヒをかけていろいろ連想し、俳諧の連歌として楽しんでいるのである。

江戸時代の楠

『和漢三才図会』の楠

『和漢三才図会』は江戸時代の正徳二年（一七一二）頃に、大坂の医者、寺島良安が著した一〇五巻からなる図解入り百科事典である。原文は日本漢文であるが、平凡社の東洋文庫版の口語訳により引用する。この本は明治時代まで約二〇〇年の間、広く学者から庶民に至るまでに信頼されていた。現代の植物学の知識ではかなり間違いもあるが、それを了承の上で参考にしていただきたい。

楠　くすのき　音は南《なん》。枏《だん》〔柟も同じ〕和名は久須乃木。

『本草綱目』に次のようにいう。楠《なん》（クスノキ科、ナンタブ）は南方に産する。樹は真直ぐに上へ伸び、こんもりと繁茂して幢蓋《はたほこかさ》の状《さま》のようで、枝葉は互いにさまたげ合うことはない。葉は予・章に似ていて大きく、牛の耳のようで一頭は尖っている。歳を経ても凋《しぼ》まず、旧葉は新葉と交代する。花は赤黄色、実は丁香に似ていて色は青い。食べてはいけない。幹は大へん端正で偉大、高いもので十余丈、巨きなものは太さ十囲、気《におい》は甚だかんばしく香る。

梁・棟や器物にするがどちらにしてもみな佳い。まことに良材である。色の赤いものは堅く、白いものは脆《もろ》い。船を造るにはみなこれを用いる。その性は堅くて水に強いからであるが、長年月を経たものの中には、中空になって白蛾のために穴をあけられているのがある。その根に近いところが、何年もの長い間、陽の方に向かっていると結して草木山水の状を形成する。俗にこれを骰柏楠《とうはくなん》と呼ぶ。器に作るとよい。

良安が思うに、楠葉はカシの葉に似ていて光沢があり、背面は淡白、辺《まわ》りはやや反り巻き、茎は微赤である。五月に細かな白花を開き黄色を帯びる。その子《み》は豆ぐらいの大きさで青色。本《もと》は細く細口梨の形に似ている。木は堅実で水に強く、これで船を造る。根株の歳を経たのは化して石となる。

和泉なるしのだの森の楠の木の千枝に分かれて物をこそ思へ　無名

樟《たぶ》（チャン）　俗に太布《たぶ》という。

『本草綱目』に、樟《しょう》の木は高さ一丈余。小葉は楠に似ているが尖っていて長く、背《うら》に黄赤の茸毛《むくげ》があって枇杷の葉の上の毛のようである。一年中凋まない。夏に細かい花を開き小子を結ぶ。大きな木は数抱えある。肌理《きめ》は細かくて縦まじりの文章《もよう》が多いので樟という。彫刻の用材にするとよい。気《におい》はたいへん香りがきつい。ただし樟に大小があり、小さいものを予という。樟と予の二本は生え出て七年経つと分別される。船舶には多く樟を用いる。

寺島良安が思うに、樟木は楠に似ていて木理《きめ》はやや粗《あら》く、水土に堪える度合いは楠ほど強くない。葉は楠に似ていて狭く長く厚い。背に微毛がある。赤樟《あかたぶ》・烏樟《くろたぶ》の二種がある。烏樟とはつまり釣樟である（赤いものは実もまた赤く、黒いものは実も黒い）。ただし烏樟の葉には毛がない。

注　現在では中国でいう楠は日本のクスノキ科ナンタブ。中国でいう樟が日本のクスノキに当るとされている。

樟（たぶ／チャン）

楠（くすのき／ナン）

釣樟（くろたぶ／チャウチャン）

烏薬（うやく／ウウヨツ）

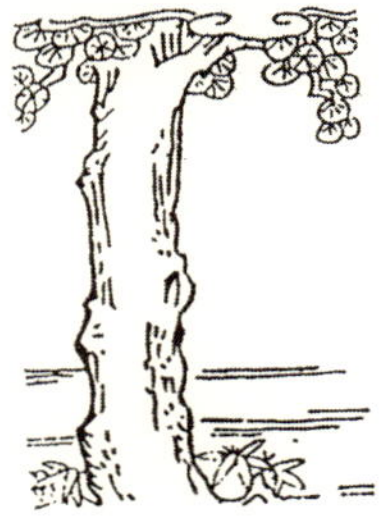
龍脳香（りゅうのう）

『和漢三才図会』のクスノキ科

釣樟《くろたぶ》（チャウチャン）　烏樟　棆（音は綸《りん》）　枕（音は沈《ちん》）　予樟に大小の二種がある。小を予といい、大を章という。『本草綱目』に次のようにいう。これもまた樟の類で小さいものである。高さ一丈余。葉は楠の葉に似ていて尖って長く背に赤毛があり枇杷の葉の上の毛のようである。根は烏薬に似て香ばしい。

根の皮をこそぎ削ると切り傷の血を止め、甚だ効験がある。茎葉を門上に置いておくと天行時気《はやりやまい》を避けられるという。その材で船舶を造るが、樟の木に次ぐものである。

寺島良安が思うに、クスノキは成長しにくい。一年でわずかに一寸しか伸びないが、しかし数抱えの大木が存在する。桐や梓は成長し易く、一年で数尺も伸びるが大木はない。これをもって商人の戒めとする。

すなわち「多利を貪り贅沢を好むものは富久しからず。小利を得て倹約を実行するものは福が尽きない」。さすが大阪人である。「楠木分限」という諺を熟知していなさる。

徳川幕府のクスノキ保護政策

中世から近世にかけて、各地に城や楼閣の建造や、朝鮮出兵の軍船の造船にと大きいクスノキの伐採がはなはだしくなり、急激に用材が少なくなって、木材資源の大切さが認識され始めた。そこで植林育成や保護に関心が高まり、四国の長宗我部元親が山林政策をなし、スギ、ヒノキ、マツ、クスなど公儀用木に印をつけて伐採を禁じ、保護育成に当たらせたのをはじめ、幕府も積極的な対策をする

ようになった。各藩の政策の概要を記すと、

●鹿児島藩　最も力を入れたのは鹿児島藩であった。山奉行所を設置し林業の指導監督に当たらせ、承応元年（一六五二）の令達には楠の盗伐者は罰金を科し発見者には賞を与え、樟苗の育成事業を定め、天保から安政年間には民間に苗木を配布して植林を奨励した。だから現在も多いのである。

●熊本藩　熊本藩も毎年クスを植林し、一本伐れば必ず三〇本植えつけることとし、官用以外は伐採を許さなかった。

●平戸藩　楠・杉・松を三木といい、盗伐すれば流罪、失火で官林を焼けば跡に植え付けさせた。

●延岡藩　用材に課税。楠は一肩につき一匁三分。

●高知藩　杉・檜（皮共）・榧《かや》・槇《まき》・楠・桐を六木として留木《とめき》に定める。民林、宅地に限らず、造船や軍事の需要に備え保管するものとし、これを帳付木といい、使用する場合は代価をもって払い下げる。五台山や真如寺など一二の寺付林はかまわぬが、楠を本伐りするときは届けること。御留木のうち楠を伐るときは寸尺を届け、木質によっては御用あるときは見分を仰せ付けられる。

●徳島藩　楼殿の造営や修繕をはじめ、造船その他の用に充てるのを手林という。槻・楠・栂・樅・杉・檜・松・樫の八種を良材と称し、藩用のほか一切伐採を禁ず。これを鎌入れずという。

●福岡藩　楠は檜、銀杏などと共に伐木を禁制する。

●広島藩　御用木一三の中に楠あり、折伐を許さず。

●五島藩（長崎県南松浦郡）　天和元年（一六八一）、家老名をもって御山奉行へ達し、楠を伐採禁止木となし、一枝を伐るものは一指を切り、一木を伐るものは頭体二つになすとある。

●紀州藩　木の国である三重県尾鷲市の熊野の山林は、近世の初めから各地の築城や、大寺院の建立や船材に盛んに伐り出されていた。江戸城の増築、松島瑞巌寺、京都の本国寺山門、方広寺の大仏殿などに大量に用いられた。これではたまらぬと、紀州藩は江戸初期に山林保護のため松・杉・檜・槻《つき》・楠・栢《かや》の六種類を留木と定め、自由伐木を禁止し、この留木制度を犯した者は軽くて過料、重いと入牢、犯人不明の場合は村より過料を取り、村役人は押込の刑に処すとした。しかしあまりに厳しすぎ、村人の生活が成り立たなくなり、寛永一三年（一六三六）「奥熊野山林御定書」を公布し、少し緩和して、杉・松・檜の三木の大木以外は伐採が許された。しかし楠・槻・栢の三木は付木《つけぎ》といって公簿に記載され、成育の状態を報告しなければならなかった。

一例を示せば紀州須賀利浦の文書には、「村の宮の内の一番楠、二又になり片方の長さ二間、廻一尺七寸、末口三寸。もう一片は長さ二間、廻一尺二寸、末口二寸。二番楠は、長さ五尺、大風で顚倒、御切払に相成候」とある。この村には付木が二九二本、うち楠は八九本あった。この制度は農民を苦しめた。大風雨のたびに損傷の模様を逐一報告し、伐採には藩庁の許可がいった。

文政六年（一八二三）六月、尾鷲の須賀利浦で百姓の焚火が元で山火事が起こり、御制木のクス一二本を焼いてしまった。そこで農民全体の責任として五〇〇文、庄屋に三〇〇文、肝煎にも三〇〇文の過料が科せられている（『尾鷲市史』）。

だが、それは大きい建物や船艦材の保持のためであった。やがて樟脳の生産が進むとクスノキの消尽がますます激しくなり、明治維新後には主産地の鹿児島県をはじめ九州各県でクスノキの伐採取締りの令達が布告され、今日の専売法に似た県令が見られるようになる。明治二五年に熊本県で出された「樟脳及樟脳油製造取締規則」などは一五条からなり、製造の鑑札を得るのも取り締まりもかなり厳しかったことがわかる。

シーボルトたちが見た楠

江戸時代に日本を訪れた外国人にもクスノキに興味を持ち観察した記録がある。

延宝二年（一六七四）長崎に来たオランダの医師ウイレム・テン・ライネがクスノキの枝と果実や樟脳や茶の説明を欧州の商人で植物学者のブライエンに知らせたりしているが、ドイツ人の博物学者、エンゲルベルト・ケンペル（一六五一～一七一六）は元禄三年（一六九〇）に来日し同五年に帰国する間、長崎から江戸に二回往復の旅をしている。彼の『江戸参府旅行日記』には道中で見たクスを記録している（上野益三『日本博物学史』などによる）。

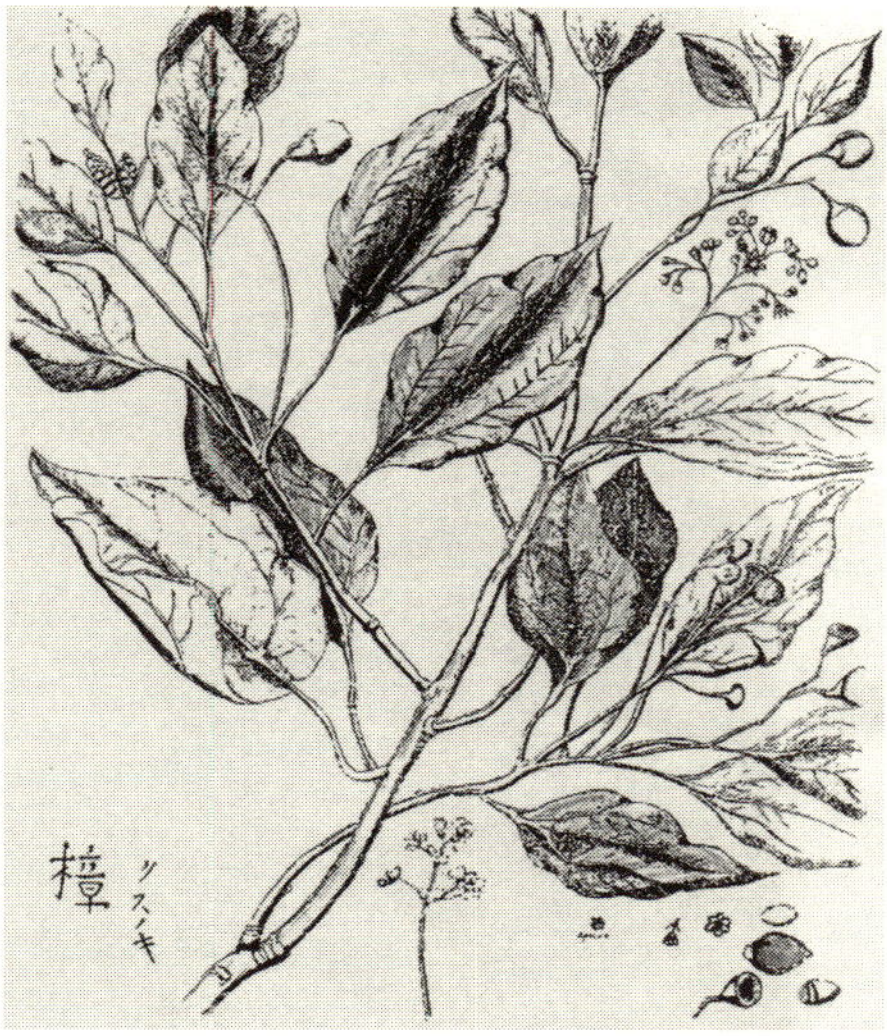

ケンペルが紹介した日本のクス
（『廻国奇観』1712 年）

長崎県東彼杵《そのぎ》町の二ノ瀬の大クスと佐賀県嬉野町の温泉場の大クス、同県江北町小田の馬頭観音の大クス、福岡県筑紫野市山家《やまえ》の大クスなどである。そして帰国後の一七一二年にラテン語の本『廻国奇観《かいこくきかん》』（異国の魅力）を出し、日本の植物五二五種類を紹介した。その中にクスノキの説明と図がある。おそらくこれが西洋に紹介された初めてのクスノキであろう。

ケンペルの本の図は精細で、ローマ字でSHO・KUSUNOKI・NAMBOKUとあり、漢字「樟」が添えられている。この漢字はケンペルが来日する三六年前の一六六六年に京都の儒者、中村惕斎《てきさい》の出した『訓蒙図彙《きんもうずい》』の木版文字がそのまま使われている。『訓蒙図彙』は全巻の半分以上が動植物の解説で日本の博物学の萌芽がこの本にあるとされているのだが、挿絵も当時としては科学的であった。しかしケンペルの図はさらに進んでいるし、種名にすでに*Lauraus Camphorifera*と二名法が使われている。これは植物の命名にリンネの二名法が採用される（一七五一年）前であるから驚きである。

動植物名を属名と種名の二つの名称で固定したのはスウェーデンの博物学者、リンネ（一七〇七～七八）であるが、リンネは日本の植物にケンペルの本の図を基に二名法でラテン名を与えている。クスノキ、チャ、カヤ、ツバキ、カキ、カジノキ、サネカズラなどであった。

リンネは日本に来なかったが、リンネの高弟のツェンベルクが一七七五年に二年足らずであったが日本に滞在し、『日本植物誌』（一七八四年）で日本の植物七六八種を世界に紹介した。しかしなんといっても本格的に紹介して名高いのはドイツの医者で博物学者、シーボルト（一七九六～一八六六）である。

シーボルトは文政六年（一八二三）に来日、文政一二年（一八二九）にいわゆるシーボルト事件で追放されたが、『江戸参府紀行』で、長崎から小倉への旅でケンペルも見た二ノ瀬の巨大なクスを元気な門人たちの助けを借りて正確に測り観察している。根回り一六・八八四メートル。東南側はまったくの洞で日本の畳八枚が敷けるほど、面積は一四・五七七平方メートル、一五人がその中に立てるとあり、それでも幹は非常に丈夫で強い枝を広げている。そして日本の南方地域ではこの木から樟脳をとると記す。

シーボルトは、近くに小屋を立て、この驚嘆すべき巨木の話を聞かせて布施を受けている貧しい老人の話を聞いた。老人が物語るには、この木は弘法大師が杖を立てたことから生じたという。自分（シーボルト）はこの伝説を全面的に信じてはいないが、ケンペルが一三五年前に見た時もすでに今日と同様に空洞になっていたそうだから、それを考えるとその古さは認めてもよいだろうという。その幹には名前や格言などを書いた紙片がいっぱい貼ってあったので、われわれもそれにならってオランダ語で書いた一枚を加えた。門人の一人は計った大きさを日本語で書き加え、この木は計ることができないという噂に終止符を打った。計ることができないというのは、その太さのためでなく、北と東北の側が斜面で、接近を拒んでいるためなのである。そんな記録を残してから嬉野温泉に行き塚崎（武雄）の大クスを見ている。

シーボルトはこんなクスを見たのだろうか（福岡県にて）

このシーボルトを驚嘆させた長崎の二

ノ瀬の大クスは明治二〇年頃に伐り倒されたという。たぶん樟脳を採るためだったのだろう。現在この地方に生育する巨木は、当然、ケンペルやシーボルトの時代にも大木であっただろうが、実際に彼らが見た当時の樹はおそらく、枯れたり伐られたりしたと思われる。

巨樹は環境のセンサーともいわれる。タフに見えてもデリケートであり、環境変化に敏感に反応する。本多静六博士が大正二年（一九一三）に全国の一五〇〇件に及ぶ巨樹・名木を集計して現況調査をしているが、それが今どうなっているか、農林水産省森林総合研究所で調査したところ、その三九％が今も生存し、五二％が枯死・消失し、不明が九％という。

平成二二年三月一〇日早朝、神奈川県鎌倉市の鶴岡八幡宮で神木の大銀杏《いちょう》が強風で倒れたニュースを聞いた。これはショックだった。源実朝がこの木に隠れていた公暁《くぎょう》に襲われて殺されたという歴史を変えた一〇〇〇年の樹齢を持つ大木は、見た目には健康で、永久の寿命を保つかに思えた。それが突然に倒れたのである。内部に空洞があったのだろうか。根が腐っていたのだろうか。

木は生き物である。生命には限りがある。そして自然は過酷なものである。台風や落雷、山火事。さらに最近でこそ盛んに自然保護が叫ばれているが、過去にはどれほど人間から被害を与えられたことだろうか。

第三章　民話や昔話の楠の木

楠の木の秘密

　瘤取り爺さんが山の中に迷い込み、大きい楠の洞穴で鬼が酒盛りをしているところを見てしまい、長年苦にしていた顔の瘤を取ってもらうという話は誰もが知っているが、かちかち山や花咲爺、聞き耳頭巾、狐のお産、産神問答、運定め、クスノキの宿といった昔話も楠の木とかかわっている（『日本昔話通観』などによる）。

　その一つに高知県安芸郡北川村に伝わる「大木の秘密」（高法寺の楠）という話。

　昔々、江戸時代か、もっと昔のこと。土佐の国主が御座船を造るのに村の高法寺の大きな楠を伐ることになった。杣人《そまびと》（樵）が一日中、根元を斧で伐り回し、もう倒れるだろうと思っても、翌朝見ると元のようになっていて、木っ端の一つも見えない。伐った切り口がふさがっているのだ。そうすること数日、すっかり疲れ果てて眠っていると、小僧が現われて木っ端を切り口に合わせながら、「杣人は馬鹿だなあ、いくら伐っても木っ端さえあれば元どおりにできるのに」と独り言をいった。これは天狗の仕業だと思い、それからは毎日伐った木っ端を燃やすことにした。そしてとうとう伐り倒せた。ところが、この木で造った船に国主が乗り込み航海中に室戸岬で大時化にあい、どうしても進まず引き返したそうな。これはどうも神木を伐った祟りだと、三石三斗三合三勺の供養米を毎年寺へ届けたという。

同様の話はあちこちにある。

南方熊楠は「巨樹の翁の話」(『南方熊楠全集』2)にも、紀州日高郡上山路村大字丹生川の人より聞いた話として、ここでは数千年を経た大ケヤキであるが、どうしても伐らなければならず、八人の樵と一人の炊夫《かしき》と合計九人で、その辺りに小屋掛けして伐っていると、木が倒れる前に一同が空腹で疲れを感じ伐り果たせずに、また明日と帰り、翌日に来て見れば、なんと伐り口が元のごとくになっている。次の日も同様で、不思議なことだと深夜にこっそり見に行くと、坊主が一人来ていて木の切り屑を一つ一つ拾い、これはここ、それはそこととジグソーパズルのように継ぎ合わせていた。そこでこりゃたまらんと屑片《こっぱ》を焼いてしまう。パーツがなければ坊主もなんともならず、ついに木は倒れた。その夜、山小屋で酒宴をして酔って寝ていると、夜中に坊主がやってきて蒲団をめくり、こいつが組頭か、こいつは次の奴かと殺してしまった。しかし、「こいつは炊夫か置いとこう」といって失せ去った。翌朝、炊夫は起きてびっくり。

こんな話は日高郡串本の阿田木神社のクスノキにもあったと、樹木の霊がその木を伐り終わる前に弱みを漏れ聞かれて自滅する話を中国の例もあげて述べている。

私も『捜神記』に、どうしても伐れなくて手こずる木を三〇〇人の人夫が赤い着物を着て赤い糸を木に巻きつけて、木の切り口に灰を塗りつけて、やっと伐った話を以前読んだ覚えがある。やはり熊楠先生すでにこれも書いておられた。

考えてみると、木の霊は一片の木っ端にまで宿るとする信仰があったのである。

そこで思うのだが、伊勢神宮の遷宮諸祭の御杣始祭で、斧で伐り倒されたとき人々が、われ先にと木っ端を拾い合った光景が目に浮かぶ。ご神木の一片をお守りにするためだ。わが家の神棚にも前回は私が拾い、今回は息子がいただいてきた木っ端が納めてある。五〇年近くたつのにヒノキの香りがする。

ついでのことだが、材木を斧で削った木の細片を柿《こけら》（木屑）という。鱗のことをコケラともいうが、これも魚や蛇の鱗が木の切り屑に似ているからである。柿葺はこの材木の薄く削ったコケラ板で葺いた屋根で、劇場の新築や改築した最初のお祝い興行を柿落としというのは、工事の最後に木っ端を払い落として清め、木の霊に感謝し、木っ端の始末まできちんとする心くばりが伝わってきたのだと思う。

子安の杜・福岡県宇美八幡宮境内のクスノキ（神功皇后が応神天皇を生んだと伝えられ，周辺には一本で森といわれるクスノキがある）

熊本県阿蘇郡小国町に伝わる話として、隣の大分県玖珠郡玖珠町（旧森町）に生えていた楠の大木は、朝日が昇ると福岡県や佐賀県までも、夕日の時は宮崎県まで陰を射し、作物が実らないので朝廷に木を伐ることを嘆願したが、根元をいくら伐り回しても、次の日には一晩で元に戻ってしまい、伐ることができない。困っていると、夢にヘクソカズラが出てきて、伐ったコケラを燃やしてしまうとよいと教えた。そこで朝廷から派遣されてきた大男の木伐り太夫は、毎日伐ったコケラを燃やしながら倒した。倒れる時に木は、日田の方にヒタ－、福岡の志波の方にシワーッとこけたので、今も地名となり、切株山や木伐り太夫の足跡という二〇アールほどの田や、大夫が尻を拭いたという地名が残るという笑い話。

『豊後の伝説』では、切り倒した際にその樵は跳ね飛ばされて川に落ちて死に、下流の人が大男の死体が流れてきたので神として祀ったという。

秋田や新潟では杉の木になっているが、岩手県和賀郡の話には、楠の木が伐られているのを夜中に大杉をはじめ、山の草木がこぞって見舞いに来てくれたが、楠が萩を見て、草でもない木でもないお前さんに見舞いなど来てもらいたくないというと、萩がお前こそ山の大木だといばるなよ、胡麻味噌つけて伐られてしまえと捨て台詞。うとうとしていた樵がそれを聞いて楠をやすやす伐り倒してしまったというお話である。

中国の『神異経』に、東方未開の地に予章樹（クス）があり、この樹の九本の枝は一本ずつ州を代表していて、九人の力士が斧をふるい、枝を伐り、九つの州の吉凶を占う話がある。枝を切り落としてもまた生えてくればその州は福あり、創《きず》つけば州の領主が病気になる。まったく枯れれば州はやがて滅びると占った。これも『南方熊楠全集２』にある。

化ける楠の木

静岡市足久保の法明寺の伝説に、あるとき夜になると怪しく光る楠の木が生じた。そのとき都では聖武天皇が病気になられ、陰陽博士が占いをすると、千年を経る楠の木が寿命が尽きようとしていて、仏像に彫ってほしいと願っているという。そこで行基が派遣される。村人が命令されて楠の木を伐ると、木から血が出てきて村人は恐れ、躊躇する。しかし行基は励まして伐らせる。その木でもって仏像を彫り寺に納めると、めでたや天皇の病気は治ったという。

鹿児島県大島郡大和村津名久の「聞き耳頭巾」では、分限者の家主が病気になる。易者に占ってもらうと、床下に「くすぬきい」の株がある。枯れてはいるが芽を出していて、枯れきっていない。夜になると山から「くすぬきいぬ神さん」が通ってきて主人を病気にさせているのだ。床下の楠の根を掘り起こし庭に植えたらたちまち治った。同様の話は岩手県遠野市にもある。

楠の古木は洞になっているのが多いし、瘤が付くのも多い。そこで洞で雨宿りをしてとか、山道に迷い、たまたま見つけた洞の中で休んでいて眠ってしまい、夜になって鬼に会うという瘤取り爺さんのような話ができた。

鹿児島県出水《いずみ》市に伝わる「狐にだまされた医者」は、大楠の洞《ほた》の中にすむ狐が、難産に苦しみ、村の医者をだまして連れてきてお産をさせ、木の葉のお金を御礼にした話。

狐や狸が洞にすむことが多いだろうが、狸の話は徳島県に多い。その一つに、庭の楠を切り倒そうとした時、夜の夢の中に狸が現われ、あの楠は自分たち代々の棲家にしているので伐らないでと嘆願するが、伐ってしまうと、その後は悪いことばかり続くというお話。

大分県東国東郡国東《くにさき》町に伝わる「猿の報恩」には、深夜に山で迷い、小屋だと思った大きな楠の木の下で寝ていたら、大きな蛇が出てきた。驚いて逃げようとすると、冷たいものが手に当たったので摑んで投げつけた。翌朝見たら大蛇は溶けていた。投げたのはナメクジだったという。楠の根を大蛇と見間違えた、ありそうな話だ。

こうした話で共通するのは、楠の木は奇《くす》しき木であり、化けるので家に使ってはならないとする教えであったようだ。

楠の木の精霊

新潟県長岡市宮本町の「木魂婿入り」は、千年たった楠の木が若い男になって毎夜、茶屋の娘の所へ遊びに来る。ある晩、男は「もう今夜限りだ」といって帰った。次の日に楠の木は殿様の御殿の材木に伐られた。木が倒れる時に娘の家だけ地震のように揺れたので、あの若者が楠の精であったと気づく。その建材を運ぼうとしても誰も動かせなかったのに、娘が赤襷を掛けてしごくとたやすく御殿まで動き、殿さんから娘は褒美をもらったというお話。

新潟県北蒲原郡豊浦町にも同じように、八幡さんの前の茶屋に毎日訪れる翁が元気がないので、わ

台湾新高山山麓の大クス（中央の人物は本多静六博士．
明治 37 年撮影．『くすのき』より）

けを聴くと、自分は楠の木の精だが、もうここに来るのも今日限り、明日は城を作る材に伐られるとさびしそう。そして樵に斧で伐られるが、一日では伐れず翌日にはまた切り口が元に戻ってしまう。樵の夢にサルスベリの精が出てきていうには、倒れても若芽が出てきて大きくなるからご安心と唱えて伐れと言い聞かす。やがてまた若い男が茶店にやってくるようになったという話。

奈良県天理市櫟本《いちいもと》町に伝わる話には、三重の伊賀の方から男が来て、京都で楠の一枚板のすごい天井を見たが、わしもあのような木でお堂を建てたいと、大和の国中を捜してここの堂ヶ谷に大きな楠を見つけて伐りはじめたところ、不思議なことに伐り口から血が出る。無理やり伐ると枝が目に当たって盲になってしまった。その後、伐ったはずの木が元通りになっているので、どうして復元するのか見極めようと夜さり、木の葉をかき集めて蒲団にして木のそばで寝ていたら、天狗がやって来て木と会話をする。「なんぼ伐っても倒れはしないさ、ただ一つ弱いものがある。メイの炊き汁を根元にかけられたら、わしゃいちころさ。恐ろしいことだが、知らんだろうから大丈夫」。こりゃいいこと聞いたとメイの汁をたっぷり振りかけた。すると見る間に葉がチチチとなり血も出なくなり、伐ることができたそうな。メイというのはこの地方の方言で海藻のアラメのことだそうだ。アラメと楠の相性が悪いというのは他では聞かず根拠のないことであるが、海から遠く離れた地であるから海産物が珍しく、アラメの煮汁にも何か霊力を信じたのであろう。そして伐られた楠の根は千年経っても腐らない石に化したという話。

富山県射水郡大島町に伝わる「花咲ヵ爺」の話では、ここ掘れワンワンと犬を無理やり鳴かせ、犬の死体を山畑に埋め墓を作りクスノキを植えると、木はすくすくと大きくなり、それで臼を作り、餅を搗くと大判小判がザクザク。隣の爺さんそのクスの臼を借り、餅を搗くと茶碗のかけらや塵がでる。怒った隣の爺さん、臼を割って燃やしてしまう。その灰で「枯れ木に花を咲かせましょう」。

かちかち山では、爺さんの舟はクスノキで、狸の舟は泥の舟。大昔の刳り舟のほとんどにクスが使われていた。

楠の船の奇譚

長崎県諫早市（旧北高来郡江の浦村）の話。

唐比《からこ》（旧森山村）の長者の家に女の子が生まれた。乳母がその子に小便をさせるのに、庭のクスノキの根元で、いつも「早く太うなれ、太うなれ」といってさせていた。その子はそれが癖になり、クスノキの下に行かなくてはおしっこが出なくなった。その後、クスは大木になり、長者は伐って舟遊びをする舟を造った。出来上がった舟を池に降ろそうとしても、重くてなかなか降ろせない、ところが娘を乗せると軽がると動き、池を一回りしたあと沈没。数日すると池の中から機織りをする音が聞こえ、両親に宛てた巻物の手紙と袈裟が浮かんできた。坊さんの勧めで池を干すと、水晶の観音像が出てきた。今もそれは唐比の寺にある、という話。

ところで先年、この伝承がある地からクスノキの丸木船が出土して、伝説は本当であったと話題を呼んだ。この楠と娘の伝説に似た話が伊勢志摩にもある（一二四頁）。

静岡県伊東市宇佐美の春日神社には、秀吉の朝鮮出兵当時、安宅丸《あたけまる》を造った木が生えていたという伝承がある。そして造船は伊東市湯川でなされ、踏鞴沢というところで造船に必要な釘を打ったと伝える。この安宅丸が竣工して江戸深川の船倉へ納められたが、毎夜人がいなくなると舟の霊か、楠の木の精霊か、「伊豆へ行こう」と叫ぶことしきり。気味悪がられて解体され、その倉庫は長く安宅庫といわれていて東都奇談の一つにされていたという。安宅丸と呼ばれた舟は何艘もあったようで、室町時代後期から江戸時代初期にかけて用いられた軍船の形式の名で、安宅船と総称されて、伊勢でも作られた。そのことはまた後で書くことにする。

長崎県の対馬に伝わる楠の船の民謡にこんなのがある。

きさらぎ山の楠の木の
背板五枚を板にぬく
竜骨《かわら》は春日の大明神
船首は熊野の権現に
船をつくりて今朝おろし
沖のかもめの浮き姿

いざなぎ山の楠の木を
背板五枚に割りおろし
船につくりて今おろす
艫《とも》に大黒　舳《へさき》に恵比須
中に十二の船玉様よ
金のせびをばふくませて
白銀柱を揺り起こす
綾や錦を帆に巻いて
こなはみなはは金の糸
これのお宮に走り込む

「大きな木」（矢野高陽画，小学校５年生）

同じような唄は伊勢志摩にもあったそうだ。岩田準一『志摩の海女』によると、旧六月一日に伊勢神宮の神饌として鳥羽の国崎《くざき》の浜でアワビを採る儀式の「みかづき神事」というのがあり、そのときに唄う舟歌が、

やんら　正月の春の初夢に
きさらぎ山の楠の木を
船につくりて今おろす　エーイ

きさらぎ山の楠の木を
船につくりて今おろし
舵や艪へ黄金《こがね》ふくませて
宝の山へ乗り込んで……

山々の楠の木を船につくりて……

すでに戦前に歌える人も無くなっていたそうだが、対馬で歌われている民謡が、マスコミがまったく発達していない時代にこんなところまで伝わっているのに驚かされる。海の信仰や伝承は海で直結されているから伝わりやすかったのであろうか。

巨大な楠のほら吹き話

九州男子は大きな話がお好きである。私が知るあの人も、あのお方も、豪快な話の花を咲かせてくださった。それはきっと幼い頃に「ほら吹き話」をたっぷりと聞かされて育ったからに違いない。

佐賀県唐津地方に伝わる話である。佐賀には昔、太かなんの、とても太か楠の木があったちゅう。その影法師は、お天とうさま出らすときにゃ、武雄の先の有田まで延び、夕日は鳥栖《とす》まで延びたちゅう。こんな太か楠の木は日本中探しても無かばい。

こんなのはまだ序の口。長崎県壱岐郡や熊本県天草地方の「ほらくらべ」話では、肥後と薩摩と美濃の殿様が伊勢参りをして、座席を決めるのに太か話をして決めようとなった。

下女に籤を作らせて引いたところ一番が薩摩。わしの国には大楠があり、中は洞《ぼけ》て百畳敷きもある。つぎの美濃の殿様は、わしの国には大牛がいて琵琶湖の水を一吸いに飲む。そりゃいいことを聞いた。それじゃ、大きい太鼓を作ろう。肥後には二本の大杉がある。薩摩の楠を胴にして、美濃の牛の皮を太鼓に張って肥後の杉を撥にして叩こう。肥後が上座に座った。

宮崎県清武町加納にも類話がある。おらの国の田野にある楠の木は、七日七夜かからぬと回りきれぬ楠で、その胴で太鼓を作ることにした。いったい誰がそれを叩くのと聞かれて、雷様に頼んで叩いてもらいます。宮崎県出身の私の友人は、まじめな顔をして、僕の国の神社には日本中を見渡せる巨大な楠があるといった。

第四章　クスノキの利用

樟脳と龍脳

樟脳とは

楠の利用といえば、なんといっても樟脳からはじめなくてはならない。

樟脳とはどんなものかという化学的な説明を私はできないから、百科事典から引用させていただこう。

樟脳　英＝Camphor　仏＝Camphare　独＝campher, Kampfer
多環状モノテルペンケトンの一つで、分子式$C_{10}H_{16}O$。医学分野ではカンフルともいう。特有の香気をもつ半透明白色で、光沢あるきわめて蒸発しやすい粒状結晶。水には溶解せずアルコール・エーテルなどに溶解する。

その原料は、中国の揚子江以南、海南島、台湾および日本が主産地であるクスノキ科のクスノキであるが、樟脳を生産する本樟と、リナロールを主成分とする芳樟とがある。クスノキの幹・根・葉を蒸留し、その液を冷却すると結晶ができ、再び昇華して精製する。

樟脳と樟脳油（平凡社『大百科事典』より）

- 樟樹
  - 粗製樟脳
    - 乙種樟脳 ── 精製樟脳
    - 改良乙種樟脳
      - 精製樟脳
      - セルロイド
        - セルロイド
        - 医薬用
        - 焼香用
        - 防虫用
        - 化粧用
        - 香料用
      - 龍脳
      - 火薬
      - 防虫および防臭剤
  - 樟脳油
    - 再製樟脳
      - 乙種樟脳
      - 改良乙種樟脳
      - （乙種樟脳・改良乙種樟脳）── 精製樟脳
    - 白油
      - 再製樟脳
        - 乙種樟脳
        - 改良乙種樟脳
        - （乙種樟脳・改良乙種樟脳）── 精製樟脳
      - 合成樟脳
      - アルボース石鹸
      - シネオール（医薬および香料）
      - 片脳油
      - 防臭防腐剤
    - パラサイメン
      - パラサイメンスルフォン酸
        - チモール
        - 人造薄荷
      - ニトロパラサイメン ── チミジン ── ダアミゾアミノ体色素
    - ガソリン
    - 人造石油
    - 抱水テルピン
      - テルピネオール
      - 人造蜜柑油
    - サフロール ── イソサフロール ── ヘリオトロピン

- 赤油
  - オイゲノール——イソオイゲノール——バニリン
  - 防臭防虫剤
- 藍色油
  - クスノール（白檀油代用）
  - セスキテルペン
  - 選鉱油
  - デシンフェクトル（防虫・防臭剤）
  - インセクトール（防虫剤）
  - テルモール、フォルモール（防臭剤）
- ピッチ
  - 電気絶縁体塗料
  - 黒色仮漆およびマッチ製造用
  - 煉瓦屋根フェルト、鉄管鉄器具類錆止塗料
  - 道路修築用
  - 艦船の甲板面充填用

化学構造から右旋性（d体）、左旋性（l体）、ラセミ体（dl体）の三種の光学異性体がある。本樟または芳樟の根、幹、小枝の切片《チップ》、葉を水蒸気蒸留すると、樟脳原油とともに泥状結晶が留出し、これを濾取すると粗製樟脳が得られる。

原木よりの収率は粗製樟脳〇・八〜一・〇％、樟脳原油一・六〜二・〇％である。樟脳原油を分留すると再生樟脳が得られる。粗製樟脳とともに昇華法により精製して精製樟脳とする。それは精製度によって甲種樟脳（A）、改良乙種樟脳（純度九八％以上）、乙種樟脳（B）（純度九五％以上）などの区分がある。精製樟脳は粉末状または粒状として製品化する。

精製樟脳

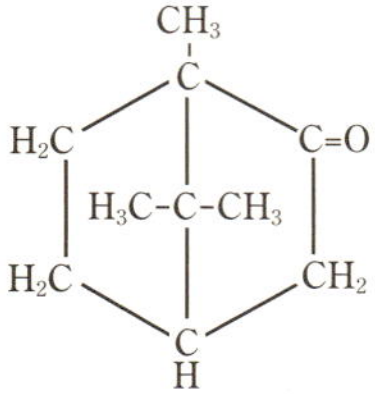

樟脳の化学構造

第二次世界大戦後、台湾が中華民国として独立したため天然樟脳が著しく減少した。

日本における樟脳の生産量は昭和二六年（一九五一）の四二〇〇トンが最高であり、昭和三七年（一九六二）に樟脳専売制度が廃止されたために、その生産量は急激に減少した。

樟脳油とは樟脳を蒸留して得る液体成分で、固体成分が樟脳である。

最近は天然樟脳が少ないので、a-ピネンを出発原料としたdl体（光学不活性）の合成樟脳が主流を占めている。すなわちd-ピネンを酸化チタンなどの触媒により異性化させカンフェンとし、これを氷酢酸-硫酸によって酢酸イソボルニルとし、さらにアルカリ水溶液でけん化してイソボルネオールとする。最後に、イソボルネオールを銅触媒によって接触的脱水素し、dl-樟脳を合成する。

なおこの合成は、一九〇三年にラセミ体の樟脳酸の全合成がなされることにより構造が確実になり、研究が進められていたが、第一次世界大戦の最中にセルロイドや火薬の原料として需要が増し、品不足に悩んだドイツが工業的な合成化に成功し、ドイツは

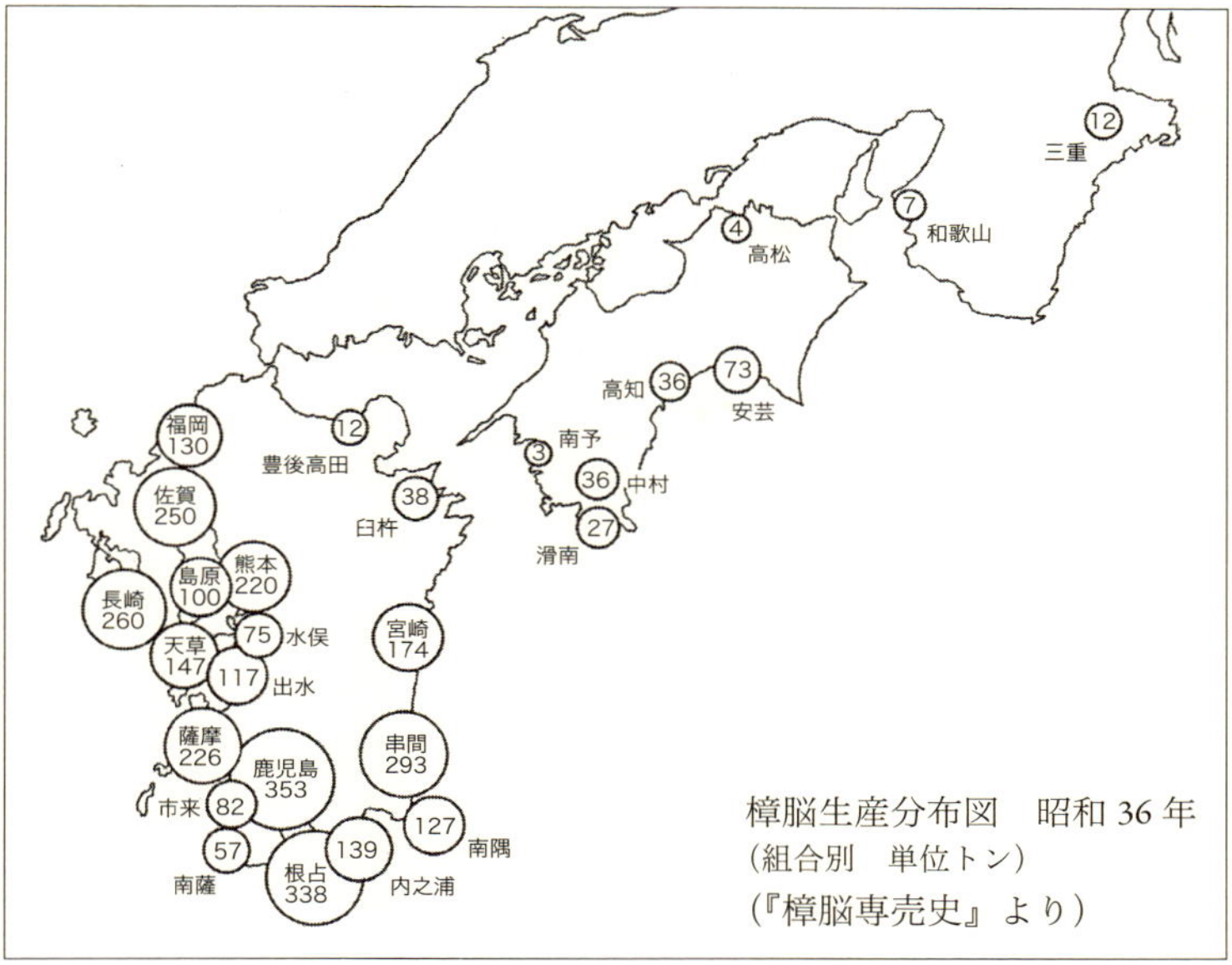

樟脳生産分布図　昭和 36 年
（組合別　単位トン）
（『樟脳専売史』より）

樟脳輸出国になる。この合成品は工業的用途はもちろん生理作用もほとんど変わらず、セルロイドの可塑剤やニトロセルロースを原料とした無煙火薬に用いるほか、ヒンドゥー教徒の焼香用香料や、防虫剤、医薬品、ボルネオール製造原料として現在も重要である。以上は佐藤菊正氏の解説する小学館『日本大百科全書』などによる。

樟脳の歴史

樟脳という文字が文献上に現われるのは、ドイツ人のリップマンによれば二千数百年前だと『樟脳専売史』にある。

聖書やコーランにも樟脳のような香料のことが記され、かなり古くからこれが利用されていたことがうかがわれる。

西暦六〇〇年頃にはアラビアでカフール（kaful）と称し、貴重薬として盛んに使用され、次いでギリシア、エジプト地方でも人や物を清める霊薬として神殿での祭礼に用いられていたという。

やがて近東地方に至る海上を往来する帆船には、樟脳が他の熱帯産物と同様に、主要な貨物として積み込まれていたと伝えられている。このころ、その使用はこの一帯に及び、樟脳を利用する地域は東欧からアジア地区にわたる広範囲になっていた。ヨーロッパでも聖母マリアの持ち物とされ、貞節を表わし、色欲を抑える効能を持つなどとされ、病気をもたらす悪霊を追い払う作用があるともした。しかしこれらで使用された樟脳がその地方で製造されたかどうかはまったくわからない。おそらくアジアの生産品が貿易ルートで輸入されたものと思われる。

アジアでも近東地方と同じく、六世紀頃からジャワ、スマトラ付近で製造されていた。当時は南洋地方には相当広範囲にクスノキが生育していたようで、今でもセイロン島、インド、ビルマ、タイ、インドシナなどの各地には天然性と思われるクスノキがよく生育して、みごとな大樹を見かけることがある。

一三〇〇年頃には南洋で生産が多くなり、貿易商品として重要な地位を占め、南洋諸島からインド洋を越えて、近東方面から西欧地域に運ばれた。だがそれが樟脳なのか龍脳なのかはわからない。当時の南洋、ことにスマトラ、ジャワ、ボルネオなどにはいたるところに龍脳樹が生育していて、この木の心材部の割れ目に凝結した純白の結晶が採取され、これが真の天然の龍脳である。

龍脳と樟脳とは、色などが似ているので混同され、同一物として取り扱われていたようである。一三世紀のマルコポーロの東洋旅行記『東方見聞録』中にも、フアンフル（現在のスマトラ島バロス地方）

には、世界に比類ないほどの樟脳を産し、「ファンフル樟脳」と名づけ、黄金と同じ価格で販売せられる云々とあるので、文献上は樟脳と書かれていても、龍脳であった場合もかなり多いのではないかと『樟脳専売史』には記されている。この本の学恩に感謝しつつ、樟脳のあれこれを書いてみたい。

樟脳は六世紀頃に南洋方面において、老樹の割れ目などに自然に結晶したものを採取したのがおそらく始まりであろうが、中国では湯で煎じるきわめて簡単な方法があった。これが日本に伝わったのであろう。

日本の樟脳業がいつ始まったのか正確にはわからないが、『和漢薬考』には、天正年間（一五七三～一五九二）にオランダ人が長崎で樟脳を購入して帰航せりとある。だが、これはどこで作られたものかわからない。しかし『通航一覧』に寛永一二年（一六三五）一一月一二日に平戸出港のオランダ船ワッセナール号に銅、米、漆器などと共に樟脳が積まれていた記録がある。また寛永一四、五年頃に薩摩からオランダに輸出されたという文書があるそうだから、それ以前だろう。

朝鮮の役後に、島津義弘が朝鮮から連れてきた陶工鄭宗官らが薩摩伊集院郷苗代川で樟脳製造をはじめたともいうから、中国から朝鮮を経て伝来したのであろう。伝承では五島列島や薩摩に起こり、元禄年間（一六八八～一七〇三）に高麗か琉球の人が伝えて土佐に移り、土佐で技術を発展させ、再び薩摩に導入され、徳川末期に九州北部で開始されたともいう。また正徳年間（一七一一～一六）に高麗から薩摩に技術が伝来したとする説もある。近年、鹿児島県日置市東市来町美山には「樟脳製造創業之地」の石碑が建てられた。ただし国内でこれが売れるのは虫除け用のみであったから、初めはそれほど力を入れるほどでもなかったのだろう。ところがヨーロッパにおいて日本産の樟脳が知られるようになり、急速に各藩の関心が強まったようだ。その当時は唯一の輸出入港である長崎に、ポルトガル船やオランダ船が入港し、特産の珍物として買い取られ、やがて銅と共に重要輸出品になる。さらにオランダから「らんびき」が伝わったことでも製造法が促進されたのだろう。

種々の旧記には、寛永一七年（一六四〇）、オランダ人との貿易額は輸出二〇〇万ドル、輸入三二〇万ドルにのぼり、その輸出中に樟脳があり、寛永一八年には樟脳輸出三万五八三六斤にのぼり、同二〇年には一万斤にくだり、正保二年（一六四五）は九万斤にもなるというように高低定まらずとあるものの、樽詰にされて、外貨獲得の重要輸出物とされていたのである。

龍脳とは

龍脳とはまたすごい名前である。あのドラゴンの頭脳というから、サメの脳みそとは格段の差がある。でも恐れることはない、龍胆といえば、あのかわいい草花、リンドウの名でもある。

龍脳はラベンダー油などに含まれ、ボルネオ、スマトラなどの山の中に野生する龍脳樹（学名 *dryobalanops aromatic*）というマレーシア原産のフタバガキ科の常緑大高木の中に結晶状に多く存在するので、その名が付けられたのであるが、その存在は古くから知られ、わが国でも『菅家文草』や『宇津保物語』など一〇〇〇年も昔の文献にもすでに登場している。

龍脳樹は高さ五〇メートルにもなり、材は堅く、マホガニーの代用にもされるそうだが、その心材部の割れ目に結晶を含み、それが天然のものであるが、もう今では人工的に合成されたものばかりになっている。合成品はボルネオールといい、龍脳はボルネオ樟脳ともいう。

さて龍脳の方は、これも百科事典の助けをかりる。

ボルネオール borneol　モノテルペンアルコールの一つ。分子式 $C_{10}H_{17}OH$ である。d体およびl体の光学活性体と、光学不活性体のdl体の三種がある。樟脳を第二級または第三級アルコール中で金属ナトリウムを用いて還元することによって製造される。従来は天然樟脳を原料としたのでd－ボルネオールが得られたが、最近では合成樟脳（dl体）に原料が転換したため、dl－ボルネオールが得られる。これは白色板状結晶で、樟脳に似た芳香があるので、古くから薫香、香料の調合原料、墨の香料、香粧品、口腔清涼剤、湿布など貼り薬、殺菌剤などに広く用いられている（小学館『日本大百科全書』）。

日本での龍脳の製造は、明治三六年（一九〇三）、大阪で藤沢友吉が樟脳を原料に、化学的工程により製造したのが始まりである。それ以前にはキク科の植物より製造されたものを輸入していた。当初の製品は純度も香気も劣っていたが、技術を向上させ良質なものができるようになり、中国に輸出するまでになった。当時の主な用途は白粉、洗粉、歯磨、石鹸などの化粧品と清涼剤、興奮剤、製墨の重要原料であり、この商品の輸出も相当な量になっていた。

樟脳が専売となって二年後の明治三八年度に、藤沢友吉は龍脳製造原料として専売樟脳を買っている。

藤沢と聞けば、鍾馗さんがトレードマークの藤沢樟脳を思い出すお方も多いだろう。唐の時代に玄宗皇帝の夢に現われた魔を祓い病を癒したという、髭を生やして強そうな鍾馗印の藤沢樟脳の後進、藤沢薬品工業株式会社（いまは山之内製薬と合併しアステラス製薬）は現在までずっと続いている。

薫風や鍾馗が睨む道修町《どしょうまち》

樟脳の鍾馗看板　神農祭　　五斗子

龍脳の製造はその後も数社でなされたようだが、藤沢薬品工業株式会社と、双子美人マークでお馴染みの、これも老舗の中山太陽堂（現在クラブコスメチックス）が主になり、戦後は大正九年（一九二〇）に設立した高砂香料工業株式会社が頑張っておられる。

国文学者で、歌人でもあり、民俗学者の折口信夫（釈迢空）は、樟脳の香りがとても好きだったそうだ。どこかでそれを書いておられたが見つからない。確か読書や思索に疲れた頭を活性化させるために、樟脳を指につまんで擦って鼻に当てるというのが癖になったというような随想を昔に読んだ記憶がある。お弟子さんである恩師の岡野弘彦先生にお聞きしたら、「そうだったねえ。折口先生、樟脳のあの清潔感がお好きだったようだねぇ」といわれた。独特の清涼感をもつ樟脳の匂いは私も好きだ。

日本は湿度が高く、虫害が多いにもかかわらず、外国に比べ、昔の衣装の虫食いが少なく、現在までよく残っている。それは日本人が龍脳や樟脳を衣装の虫除けに使っていたためだろう。だが、龍脳や樟脳が初めから防虫や保存を目的に使われたのではないだろう。やはり好ましい匂いとして受け入れられたのが先だと思う。

日本人の香料の好みは清涼感で、麝香などのくどい匂いは一般には用いられなかった。江戸時代には香道が発達して、源氏香というたくさんの香をかぎ分ける遊びもある。現代人はお香といえばジャスミンとか麝香のきつい匂いを思い浮かべるが、源氏香の中に麝香は入っていなかった。すべて沈香《じんこう》系の淡いものだった。

ジャコウジカの性腺からとれて中国から輸入されていた麝香は、強心剤や遊女の使う香料で、ほのかな柑橘類の香りの方を人々は愛した。だが柑橘系には防虫効果はなく、むしろ虫は好むだろう。

貴族たちは香をいぶして、その煙を繊維に吸収させ、そこはかとした匂いを好むと同時に虫除けともした。龍脳や樟脳を箪笥に入れておけば衣類に虫がつかないから、香料としての意識はそれほどしていなかったのだろうが、その清涼感を好んだであろう。しかし、いかんせん防虫効果の方が先んじて、樟脳の香が漂う箪笥から取り出したばかりの衣類では、虫も食わない男や女と思われるとあって、ついつい香料としての認識は、清涼感のある化粧品や書道の墨の香りとして用いられるにとどまったと思われる。

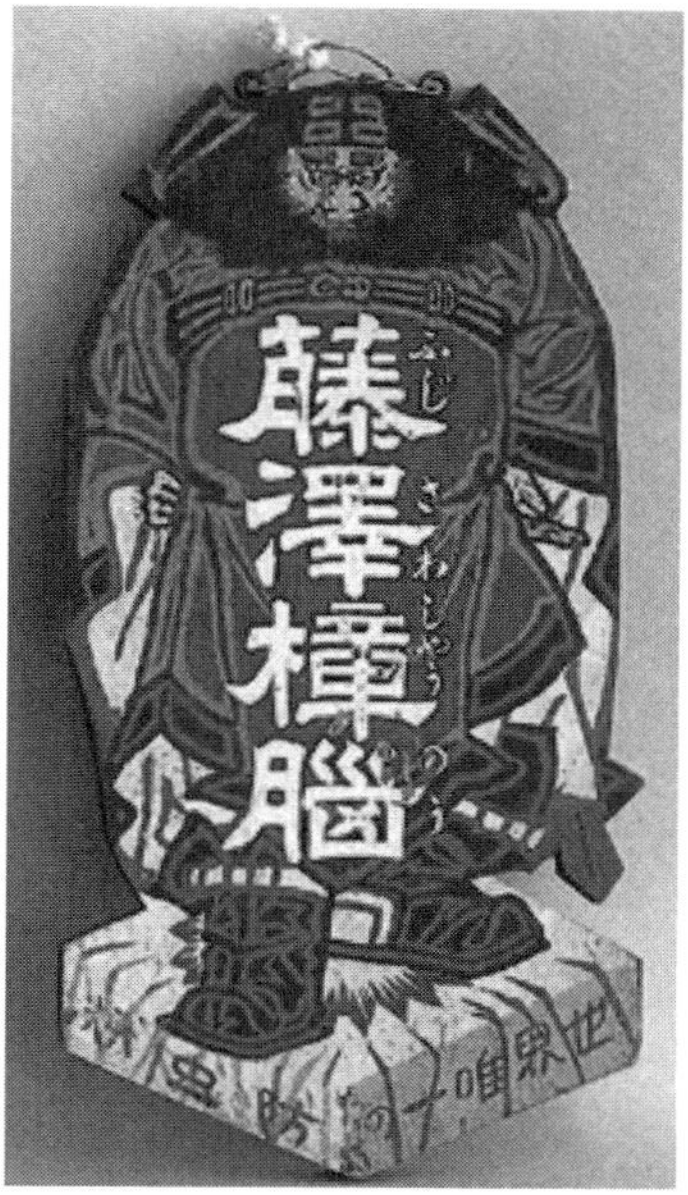

鍾馗で有名な藤沢樟脳の看板

樟脳は薄荷や肉桂、生姜など食欲増進になる香辛料とは違う芳香で、心身を浄め爽快にしてくれる。ヒンズー教でこの香煙で神域を浄め神に捧げるのもなるほどだと思う。白油から製するシネオールは、樟脳に似る香気ある液体で、ユーカリ油の主成分である。これを香料、口腔剤、含嗽水、薬用にする。人工ユーカリ油と称するのがこれである。

クスノキの樟脳含有量

私の通勤する道にも何本ものクスノキがある。まだ若い小さな木だが、手を伸ばして取れる葉を一枚抓《つま》んで、匂いを嗅いでみる。ツーンと樟脳の香りがする。確かに樟脳を含んでいるのがわかる。クスノキはその樹齢のいかんを問わず樟脳、樟脳油を含んでいる。だがその量は樹齢、個体、品種、生育地域、樹体の部位、さらに立地条件により著しく異なるのである。

立地条件とは、生育の場所、気候、土壌、風当たりの強弱、日当たりが良いか蔭地か、また土地の傾斜度によっても違うのである。『樟脳専売史』によれば、立地の関係からの含有率は、

① 山地にあるものは畑地生育のものより多い。
② 冬に温暖な所にあるものは寒い所のものより多い。
③ 地味が豊沃な土地のものは痩せ地にあるものより多い。
④ 風が少ない地のものは強風が多い所のものより多い。
⑤ 日当りの良い所にあれば蔭で生育したものより多い。
⑥ 山の麓にあるものは高山頂部にあるものより多い。

分布地域からいえば、暖帯の南部に生育するものが含有量が最も多く、それより北上しても南下しても脳量は減少する。すなわち九州一円、特に鹿児島地方が最高で、四国、紀伊半島と東に至ると減少する。伊豆、静岡産は九州産と比べると少ないそうである。

では、熱帯産ならもっと多いのか。台湾産は日本内地産に比べて、成長はきわめて早いのだが樟脳の歩合は低く、台湾の一〇〇年生と内地産の三〇年生とがほぼ同じ含脳率だそうだ。樹齢による含脳量はもちろん差違がある。樹齢二〇年ぐらいまではきわめて少ないが、三〇年頃から急激に増加する。おおまかにいえば、若木は老木より樟脳分が少ないが、樟脳油が多く、樹齢を重ねると油分は減じ、樟脳を増し、一〇〇年以上の老木には樟脳含有量四％以上というものもある。ただし立地条件などで著しい差違があり一様に論ずることはできないそうである。いずれにせよ、幼い木を伐採してしまうのは樟脳原料とする場合には大損といえるのだ。

一本のクスノキでもその部位により脳分量を異にする。一番多いのが根株のところ。先端に行くに従い減少し、小枝はほとんど油のみとなる。しかし葉にはまた増加して、若木の枝より多いほどだ。後に触れるが、葉を原料にする「枝葉製脳法」というのもあった。

樟脳油は樟脳と違い、根の先端部分が最も多く、根株、幹、枝と段々に減少する。そして樟脳油の比重は小枝から根の先端になるほど大きくなり、重油分は根に多いという。ち

樹齢によるクスノキの樟脳
および樟脳油の含有量

樹齢（年）	材積（㎥）	含有量（g）		
		樟脳	油	計
10	0.0095	0.129	1.076	1.205
20	0.1170	0.407	1.211	1.618
30	0.3473	0.798	1.435	2.143
40	0.7255	0.963	1.480	2.443
50	1.2760	1.241	1.614	2.855

樹齢 30〜40 年生のクスノキ
についての分析結果（%）

	葉	枝	幹	株	根
材積の割合	5.0	13.0	48.0	14.0	20.0
樟脳含有率	1.0	0.3	0.8	1.3	0.8
油含有率	0.3	0.6	104	1.8	2.5

出典：『世界大百科事典』平凡社

なみに樟脳油というのは樟脳を蒸留してできた残りの液体で、その固形物が樟脳である。樟脳油は黄色ないし褐色をしていて、これをさらに分溜して白油、赤油、藍油を製し、白油は防臭、殺虫用。赤油は石鹼香料や匂いの検査などに用いるサフロール製造の原料。藍油は防臭、殺虫などに使う。

樟脳の製造方法

『本草綱目』にある方法

樟脳の作り方を記す最古の文献は、中国の明の時代の李時珍が編纂した『本草綱目』とされる。これはごく初歩的な方法で、歩留まりは非常に悪かったであろう。そして一八〇〇年頃に、やや進歩したホーロク式（焙烙・小灶法）が行なわれるようになる。

長方形の土竈を築き、上に二列に鍋を載せ、鍋一〇個に焚夫（脳丁という）一人の受け持ちとする。鍋は直径一尺二～三寸、上に孔が多く明いた蓋を置き、その上に甑《こしき》（蒸桶）を載せ、その中に樟の木片一五～二〇斤を入れ、甑の上に口径一尺内外、高さ一尺二～三寸の素焼きの甕を逆さにかぶせ蓋をする。そして鍋の中の水を沸騰させ、樟脳分を水蒸気と共に蒸発させ、甕の内面で外気によって冷却されて付着結晶するのを待つ。この方法では冷却が不十分で、蒸気が多量に空中に逃げていき、一〇日間焚き続けて出来上がるのは、鍋一〇個で二〇～三〇斤が得られるだけだったようである。

これは中国では広く応用され、台湾でも日本が領土とするまでは、全島でこの方式が行なわれていた。日本の製脳法も初めはこのホーロク式で、焚夫一人が二竈を受け持って作業していた。

『和漢三才図会』などの樟脳の作り方

正徳三年（一七一三）の『和漢三才図会』には、樟脳の製法が次のようにある。

新しい樟を切片にし、井戸水に三日三夜浸す。これを鍋に入れて煎じ、柳の木で頻りに攪拌し、汁が半分に減じ柳の上に白霜がつくようになると、濾して滓を取り去り、汁を傾けて瓦盆の内に入れる。一夜経つと自然に凝結して塊となる。

他所にも樟の木はあるが脳を取ることは知らない。また樟脳を練る法は、銅盆に粉にした古壁土をぬる。それからこの上に樟脳を一重塗る。これを四、五回繰り返す。そして薄荷《はっか》を一番上の土に置き、別の一盆でこれを覆い、黄泥で固く封じ、火の上で穏やかに炙る。

炙り過ぎぬよう、炙り足らぬよう加減して冷えるのを待ち、取り出すと脳はみな上の盆に上っている。これを二、三回繰り返すと片脳《へんのう》が出来上がる（片脳とは龍脳のこと、今多くの樟脳を製して片脳と偽る。よくよく弁別しなければいけない）と、実に素朴な製法である。昔はこれでよかったのだろう。

樟脳の製法
（『和漢三才図会』）

気味（辛、熱）関竅《かんきょう》（身体各部の器官と孔穴）や滞った気の通りをよくし、霍乱・心腹痛・寒湿による脚気を治し、虫を殺す。焔硝《えんしょう》と性を同じくし水中で火を発し、焔はますますさかんとなる。またこれを焼いた煙で衣類箱・蓆《むしろ》・莫蓙を燻すと、よく虱《しらみ》や虫を避けられる。また疥癬・虫歯を治す（およそ用いるには一両（約三七・五グラム）ごとに二盌できっちり合わせて蓋をし、湿紙で合

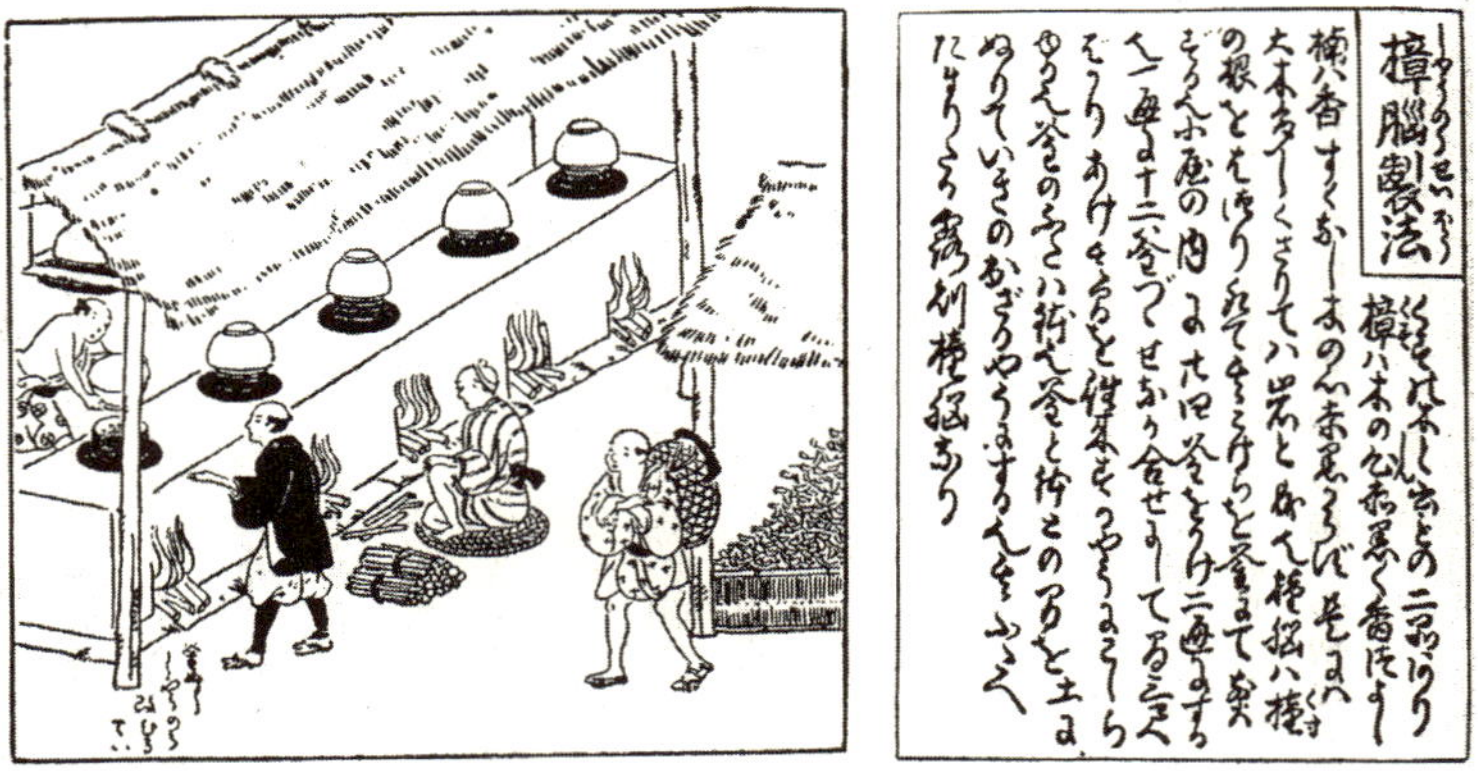

樟脳の製法（『日本山海名物図会』）

わせ目を封じ、文火《よわび》・武火《つよび》でこれを炙る。半日ばかりして取り出し、冷やしてから用いる）。

寺島良安が思うには、樟脳は日向・薩摩・大隅から出る。山中の老楠の木を採って円刃の鉞《まさかり》ではつり取り、土鍋に盛り、上からも鍋で蓋をしてこれを蒸し炙る。脳はのぼって上の鍋に霜のように着く。これが樟脳である。よく虫を殺す。そもそも虫の食いやすい薬種は、四月に晒し乾してから紙に包んだ樟脳をその薬種箱の中に入れる。箱の口を封じておくと極暑でも虫は食わない。薬を使う時は紙を隔てて火に焙《あぶ》れば樟脳の気《におい》は去る。火を忌む薬なら紙に包んで湿地に置いても樟脳の気は去る。臭香の気がなくなればそれでよいのである、と現在のナフタリンの使い方と同じである。

宝暦四年（一七五四）の『日本山海名物図会』の樟脳製法は、

くすの木と云もの二品あり、樟は木の心赤黒く香りよし。楠は香り少なく木の心赤黒からず、これには

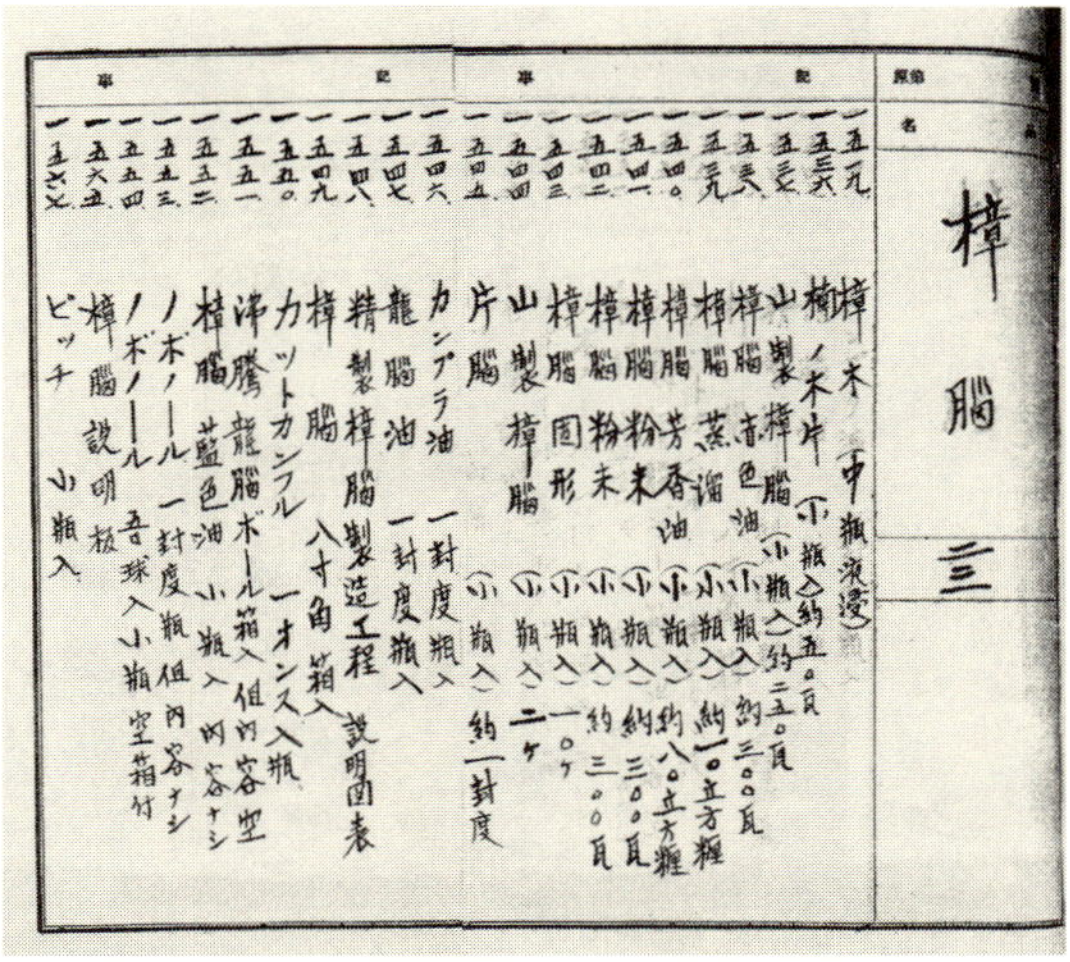
番号	品名	記事
一五三五	樟木	中瓶浸漬
一五三六	楠ノ木片	小瓶入約五〇瓦
一五三七	山製樟脳	小瓶入約二五〇瓦
一五三八	樟脳赤色油	小瓶入約三〇〇瓦
一五三九	樟脳蒸溜	小瓶入約一〇立方糎
一五四〇	樟脳芳香油	小瓶入約八〇立方糎
一五四一	樟脳粉末	小瓶入約三〇〇瓦
一五四二	樟脳粉末	小瓶入約三〇〇瓦
一五四三	樟脳円形	小瓶入一〇ケ
一五四四	山製樟脳	小瓶入二ケ
一五四五	片脳	小瓶入約一封度
一五四六	カンプラ油	一封度瓶入
一五四七	龍脳油	一封度瓶入
一五四八	精製樟脳	樟脳製造工程説明図表
一五四九	樟脳	八寸角箱入
一五五〇	カツトカンフル	一オンス入瓶
一五五一	沸騰龍脳	ボール箱入 但内容空
一五五二	樟脳藍色油	小瓶入 内容ナシ
一五五三	ノボノール	一封度瓶 但内容ナシ
一五五四	ノボノール	吾球入小瓶 空箱付
一五六五	樟脳説明板	
一五六七	ピッチ	小瓶入

神宮農業館の目録に記載された樟脳（旧富民協会農業館台帳）

大木多し、腐りて岩と成るなり。樟脳は樟の根を取り、そのコケラを釜にて蒸するなり、小屋の内に二十四釜をかけ二遍にするなり、一遍に十二釜づつ背中合わせにして、間三尺ばかりあけその間を往来する様にこしらえるなり。釜の蓋は鉢なり。釜と鉢との間を土に塗りて、いきの出ざる様にするなり。その蓋へ溜まりたる露すなわち樟脳なり。

ここでは楠と樟をはっきり区別している。そしてこの方法が土佐や薩摩から伝わって進歩したことが伺われる。

樟脳の作り方は『日本農書全集53　農産加工４』に『樟脳製造法』（時代・著者未詳）が現代語に訳されて載っている。この底本は二つ折に綴じられた、和紙一〇枚に墨書された明治期の写本で、博物学者の白井光太郎の旧蔵本で、現在は国立国会図書館蔵である。図もあり、これが一般にはよく伝わっていて、ここで紹介するのとほぼ同じ内容である。よりくわしく知りたい方は参照されたい。

明治時代には樟脳の作り方を解説する手引きがいろいろあったらしい。伊勢の神宮農業館にも『樟脳製法図解　五枚』（明治二七年、田中芳男校閲・片山直人編・川村富彦画）や「樟樹栽培法略説額　一面」（明治二四年、尾鷲町土井幹夫贈）という資料や、樟脳各種のサンプルもたくさんあったが、伊勢湾台風での雨漏りや、長い年月で残念ながら失われてしまった。台帳に記載されているのは、「三重県度会郡製　樟脳一壜」「伊豆若沢郡土肥村藤井安太郎製　葉製樟脳　一斤（第四回内国博覧会出品）」「伊勢製　樟脳油　一瓶」などがある。他に昭和初年に富民協会より引き継いだ樟脳資料二三点も見える。

土佐や薩摩の樟脳の歴史

薩摩藩の「樟脳沿革」によると、

焚子一人前小竈十八枚から二十枚ぐらい受け持ちにて、毎日楠木片二荷宛、本木を削り背負い届け、その木片を蒸籠に詰め込め、水を差し入れ土器の鉢を伏せ、口木二本焚き、沸騰せしめ、口木よく燃え切りたる時、蒸し抜きたる木片を竈いっぱいに煙らせ裏口に口木を覆い置き、翌朝は水を差し火を焚くこと前の如く、その晩、木片を詰め替え焚方前の如くして五日目に至り鉢に付着せる樟脳を払い落とし、斤目掛改め樽に収むるを一払と唱へ、この樟脳二十五斤位より、上等山にては六十斤余を得るものなり。

右の仕方にて従前より焚来たり候ところ、十年以前より土佐伝法の大竈一枚を一人焼きとして製造の方が開け、この方が樟脳も能く抜け、油もとりやすく格別軽便にて利方につき、従前の製法は当今すべて廃物にて、土佐より伝う大竃焚一方に相成居候

とある。これで当時の様子は大体わかるだろう。

土佐は九州に次ぐ樟脳の大産地であった。「土佐遺聞録」などによれば、宝暦二年(一七五二)高知の細工町の商人、黒金屋久右衛門が鹿児島の人を雇い入れ、中国式でもって初めて樟脳業を起こしたという。そしていろいろ工夫をこらし、先に記したようなホーロク式で採取したが、あまり生産は上がらなかったようだ。安政頃より高岡郡の海岸に近い山で作り、高知で売買したのは種崎町三島屋半衛門らで、三島屋の手代、安芸村の文次が長崎往来のついでに販売していたという。

しかしすでにその数年前の万延元年(一八六〇)に、高知中村の飴屋与平が改善研究に没頭して、土佐式樟脳の基を発明していて、土佐ではその地元の方法を優先させた。そして旧式法は慶応年間にまったく影を潜めたそうだ.

土佐式樟脳製造法

この新方法は現在と同様の水仕掛けによるものだが、設備が大仕掛けになり、これまでの平鍋が口径一尺八〜九寸だったのが、三尺から三尺五寸になり、甑《こしき》もこれに相応する大きなものになり、甑の上にかぶせるホーロクをやめて、別に深さ七〜八寸、長さ五〜六尺、幅三〜四尺の底なしの冷却槽を造り、これを水溜めに据え付け、常に水を注ぎ冷却するようにし、甑から蒸発した樟脳と樟脳油は水

蒸気といっしょにこの槽に導いて冷やす方式である。

この土佐式は、四、五年後には薩摩に移入され、薩摩中に広まり、明治一〇年頃には全国に普及した。その後部分的な改良はなされたものの、それは専売実施後も、昭和八、九年にいたるまでも長く行なわれていた。

台湾でもほとんどがこの方法であり、ことに九州南部のように副業的に行なう地方では、設備が簡単で作業が容易な土佐式は大いに利用されていた。

『樟脳専売史』には、当時の高知県黒尊山官林の様子を『大日本山林会報』が伝える記事があるので、要約させていただく。


次の朝、微雨をついて出発し渓にそって上ると、五十町ほどしてまた二十戸ほどの家があった。住む人は樟脳を製し業となすものが多い。霧の中幾筋の模糊とした煙を見る。近寄れば小屋で一、二人が仕事をしている。これを樟脳山という。

その方法は、樟樹の根に近い部分を厚さ二、三分に掻き削り（大きな鑿の如く内に勾った道具を使う）その木片（煎餅のような一、二寸の大きさ）を竹籠（径一尺余、深さ二尺ほど）に盛り搬送する。蒸桶（高さ四尺、頂の径一尺五寸、脚の径二尺八寸）を据え、その中に樟の削片を盛り蓋をして全体を粘土で目塗りし、あらかじめ桶の上辺より竹樋を地平線に出し、上船の内部に通じておき、竈を焚き、これを蒸せば木片の油質は蒸発して竹樋の中に入り、蒸留水となりて上槽内に滴り、水に浮かぶ

土佐式製脳法（『くすのき』より）

明治一六年の記録である。

作業方法はたいてい夕方の四時〜六時頃、樟の木片を甑につめ、足で十分踏み込んで蒸留中に膨大しないようによく詰めて、薪は雑木や樟の小枝を用い、十分に燃え水蒸気の発生がよくなれば弱火とし、一夜を支えるだけの薪を入れ、蒸留滓の樟の木片や木灰でその上を覆い、火炎の強く燃え上がらないようにし、焚口を塞いで空気の流通を少なくする。

この間に焚夫は就寝する。木片を継ぎ足すのを埋木といい、夜半と明け方の二度行なう。日中は山中に入り、根の掘り取り、木片削りを行なう。昼食に帰り、また山に行き、夕方に下山して詰め替え作業をする。このサイクルが二四時間である。樟脳業が商況のいかんにかかわらず継続できた理由は、少人数の家族だけで、近くの山で毎日決まった作業ができるという事業形態があったからである。

蒸留滓は主要な燃料とされ、煙突から出る煤煙の余熱で乾燥させる。毎日一回焚いて一〇日ないし一四日間続けて採取する。これを「脳揚げ」という。脳揚げするには、焚き火を止めて十分冷やしてから、冷却船の上槽の一方の端を持ち上げ、下槽の水面上に浮かぶ樟脳および油をいっしょに竹笊で掬い取り、これを樟脳桶という桶に布を敷いた竹笊をのせ、その上に掬い取った脳油を入れる。これにはまだ水がだいぶ含まれている。油は笊の目から下の樟脳桶に滴下し、樟脳は笊の上に残る。

脳油の分離ができれば、脳は桶に入れ逆さにしておくと、自然に水分と油は滴下する。この滴しの作業は土佐式が盛んな頃は一週間も行なったそうだが、圧搾器を使うようになり一、二昼夜行なった。これを代納人といわれた樟脳圧搾業者へ送り、水圧器または油力圧搾器などで、十分に油水分を除いてから樽に入れなおし政府に納めていたという。専門業者の手に渡す前には、まだ二〇%もの油水分が抜けていなかったそうだ。この最後の始末が大変なので、樟脳組合が結成されてからは、組合が代納の世話をしたそうだ。

この土佐式には欠点も多く、改良式製脳器が守屋物四郎や神戸樟脳事務局技師の河合勇らの研究実験により、明治三八年から大正の終わりまで、各部分の改良が考案なされた。詳しくは『樟脳専売史』を見ていただきたい。

火力を強大にし、木片滓が使用でき、釜を鉄製にするなどなるべく安い改良を樟脳事務局では進め、大正一二年には専売局中央研究所の矢作富蔵が、より能率よい「回収式製脳法」を工夫し指導した。これには奨励金も交付したが、携わる人はひじょうに零細であったので、当局の熱心な指導にもかかわらず、改良製脳器の普及は進まなかった。

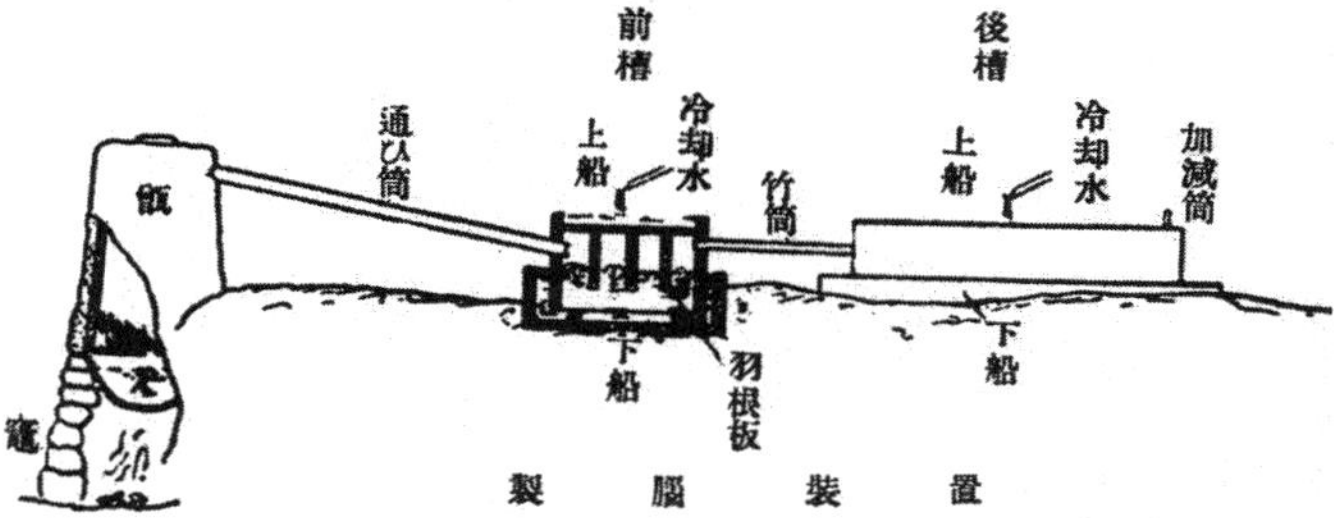

① 土佐式

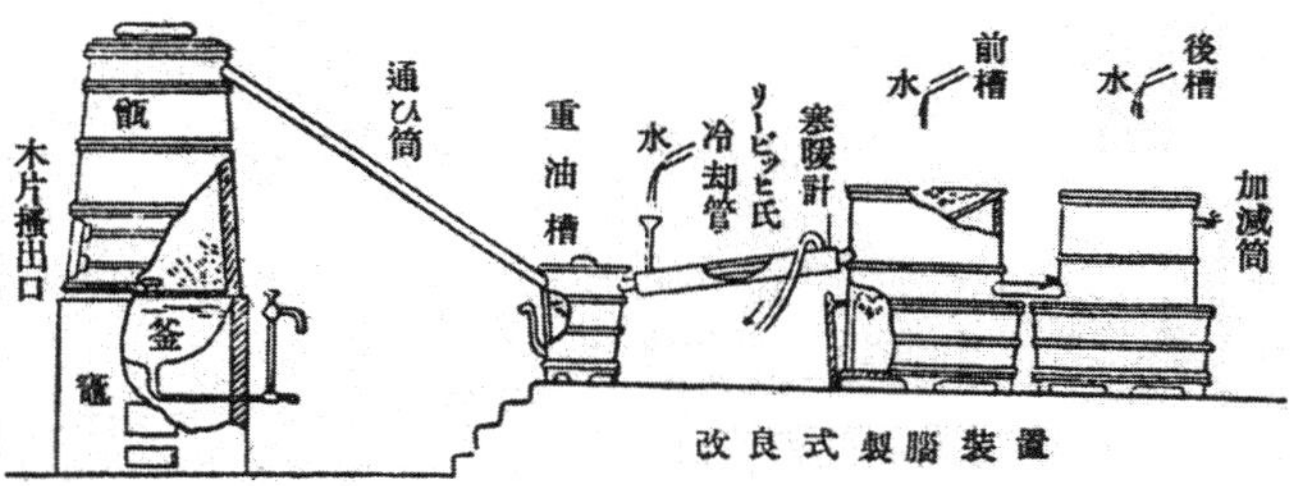

② 改良式

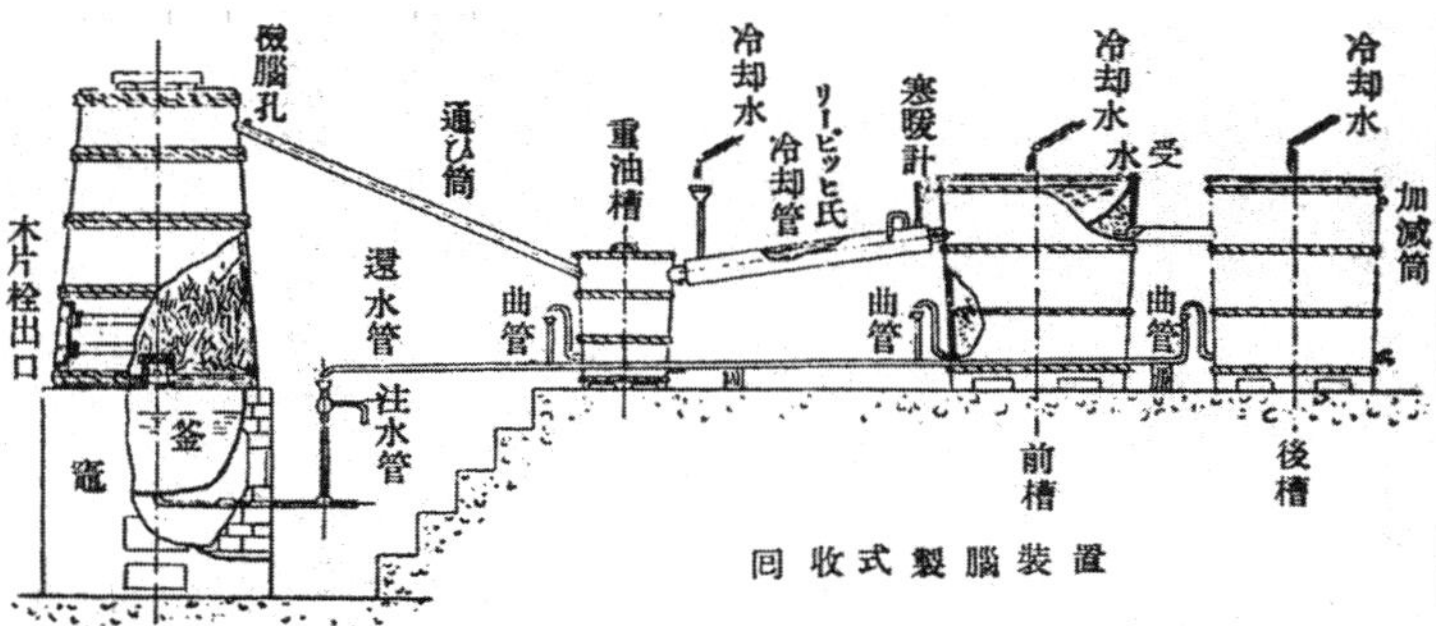

③ 回収式

製脳装置の改良（近代のほとんどはこの方式だった）
（平凡社『大百科事典』より）

昭和になり、原料のクスから樟脳分の完全採取と生産費の低下がますます急務となり、全製脳者に回収式を実行させることになり、各地方局の樟脳関係の課長以下技術官全員を動員して特別指導を行ない、昭和三年には、土佐式を回収式に改良すれば一組につき一五円、新調すれば一〇〇円という奨励金を交付した。

またこれまで主に根株と幹が利用されていたが、含脳量が多い老樹が今後少なくなるのは目に見えているから、含脳量が一％以下である二〇～三〇年生の幼樹の木片も利用しなければならなくなり、それなら枝や葉も利用すれば、ということとなった。調べてみると、枝葉の含脳量は、大木の老樹と若木とに大差がない。生の葉は老木も幼い木も樟脳を一％、油を〇・三％含み、なんと枯葉にはその二倍が含まれ、クスの葉の含脳歩合は、樹齢五〇年くらいのクスノキの木片に匹敵することがわかった。こうして「枝葉製脳法」ができた。

明治三六年に専売制が実施されると、原料確保のため葉の利用の必要性が認められ、枝葉の採取方法や、保管方法などが調査研究され、各地で枝葉製脳試験やその有利なことの説明会を政府が行なったが、その普及は難しかった。なぜなら、一か所において枝葉を一〇万キロなんて採取できない。いくら神社やお寺で落ち葉の処置に困るといえども、どうして運ぶのか。かりに枝葉を刈り取っても、採取後の萌芽状態はどうか。毎年か、隔年か、それとも数年間隔か。採取する費用は……と、これはどう考えても困難である。ただ土佐では、海岸に生育するクスの枝葉を刈り取り、製脳所に売り込む習慣があり、ここでは枝葉製脳も毎年多少は行なわれていたが、それは一一月ないし三月頃、樹の生長を害さない程度に採取して束にしたという。だが、いつのまにか消えていったという。

樟脳製造の苦心談

樟脳業を営むのは、たいてい人里遠く離れた山村の川沿いである。原料のクスノキが尽きれば、また他の地に移転するのだから、工場といっても一時的使用に耐えればよい、きわめて粗末な掘立小屋のようなものがほとんどであった。川沿いというのは原料運搬と、冷却用の水を引き込める便があるところを選んだからだ。

南方熊楠の明治一九年春の和歌山県の「日高郡紀行」にも、この村の神社のそばに老樟樹が三、四株あって、長い鑿のようなもので、その根皮を削る者が三、四人いる。樟脳を製するには根の際が最もよいとスケッチしているし、夏目漱石も『我輩は猫である』において「庚申山の池のまわりには三抱へもあろうという樟ばかりだ。山の中だから人の住んでいる所は樟脳を採る小屋が一軒あるばかり、池の近辺は昼でもあまり心地いい場所じゃない」と書く。そんな環境の仕事場ではとても近代化学工業のような機械や設備にすることはできなかったし、人材不足でなるべく労力を省くことを考えねばならなかった。

樟脳を作るためには、原料の樹皮を剝《は》ぎ、小木片に切断しなければならない。そのための専用の手斧があった。その手斧を使って長さ六〜一〇センチ、厚さ一センチ以下の木片を削る。この作業は最も技量を要し重労働だった。ベテランでも一日一八〇キロを削るのは容易でなかった。普通は一日一釜分、一二〇キロ作ればよしとされていた。元気で若くて能率よく仕事をする若者を雇いたいが、熟練工は労賃が高く集まらない。手切り法でなく、機械作業でできないだろうかと研究がなされ、鹿児島地方専売局玉里分工場の技手、寺内善太郎が考案して、昭和二年に特許を取った。わが国初めての機械削片、玉里式である。これは鉋のような二枚の刃をモーターで回転させるもので、一時間に七〜八キロも削れた。さらに福岡の鉄工所などで改良され、九州一円に普及した。また燃料の自給装置や、木炭ガスや石油を利用するものへと発展した。

昭和一二年、日中戦争にはじまり太平洋戦争に入ってからは、労働者は応召で不足し、軍需向け資材は戦争目的に集中され、石油や灯油も足りなくなり、木炭ガスにたよっていた。もう忘れられているが、木炭ガスは自動車にも使われていた。貨物自動車もバスも木炭で走っていたのを覚えているのは私の世代が最後であろう。

昭和一六年に木材統制がなされ、製脳用に必要なクスノキも配給割り当てを受けなければなくなり、業者が個々に官庁と折衝してもなんともならず、資材確保のために昭和一八年、離島を除く全国の製脳者が日本樟脳製造株式会社に統合された。

戦争中はどの業界も苦労があっただろうが、樟脳は軍需資材ではないから、重要視されなかった。ところが戦争末期にガソリン代用のため陸海軍は松根油の大量生産をはかった。私も先輩から山で松の根を掘る奉仕作業に汗を流した思い出を聞いている。昭和二〇年春まだ浅き頃、専売局中央研究所の矢作富蔵博士が、クスの根から取る樟脳なら、もっと高オクタン価の航空燃料ができると研究し、成功を見たという。喜んだ陸海軍、さっそく閣議をもって昭和二〇年三月三〇日、「樟脳樟脳油緊急増産対策処置要綱」を決定した。

思えばサメを調べていたときも、成層圏を飛行雲を曳いて悠々と飛ぶB29を追撃するために、スクワレンという深海鮫の肝油が必要だと、軍の命令でサメ漁をした話を聞きに静岡県焼津市に取材に行

樟脳製造工場（『樟脳専売史』より）

った思い出がある。グラマン戦闘機の機銃掃射で、漁民一三五名が鹿島灘で亡くなる悲しい歴史もあった（詳しくは『ものと人間の文化史35 鮫』一九五頁）。

鮫やら松やら、楠、向日葵の種まで戦争に用いなければならぬほどであり、クスノキにも陸海軍が奪い合いをしたという知られないエピソードがあったのだ。

政府はこの年の生産設備七九〇釜のほか、急ぎ三一〇釜を追加することにし、国有林と郡有林など原木のある所在地に新しい釜を造り、四四〇釜に増設し、年産、樟脳三一〇〇トン、樟脳油四八〇〇トン、合計七九〇〇トンの計画を立てた。しかし本土空襲が激しくなり、主産地の九州、四国は毎日、空襲警報発令。夜間は灯火管制で作業が不可能だし、生産量は一割少しの、樟脳三四九トン、樟脳油四二七トンにしかあがらなかった。

②

①

④

③

⑥

⑤

⑦

樟脳の製造工程
(『樟脳専売史』より)

①原木掘取
②原木搬送
③手斧による切削作業
④原木切削作業
⑤こしきと冷却槽
⑥こしきにチップ詰め
⑦蒸留
⑧脳揚
⑨収納作業
⑩圧搾作業

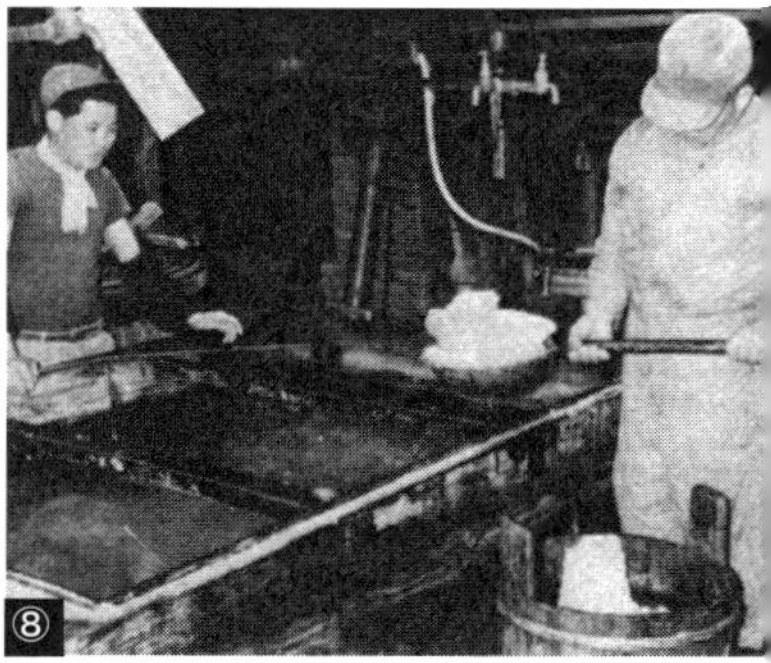
⑧

⑩

⑨

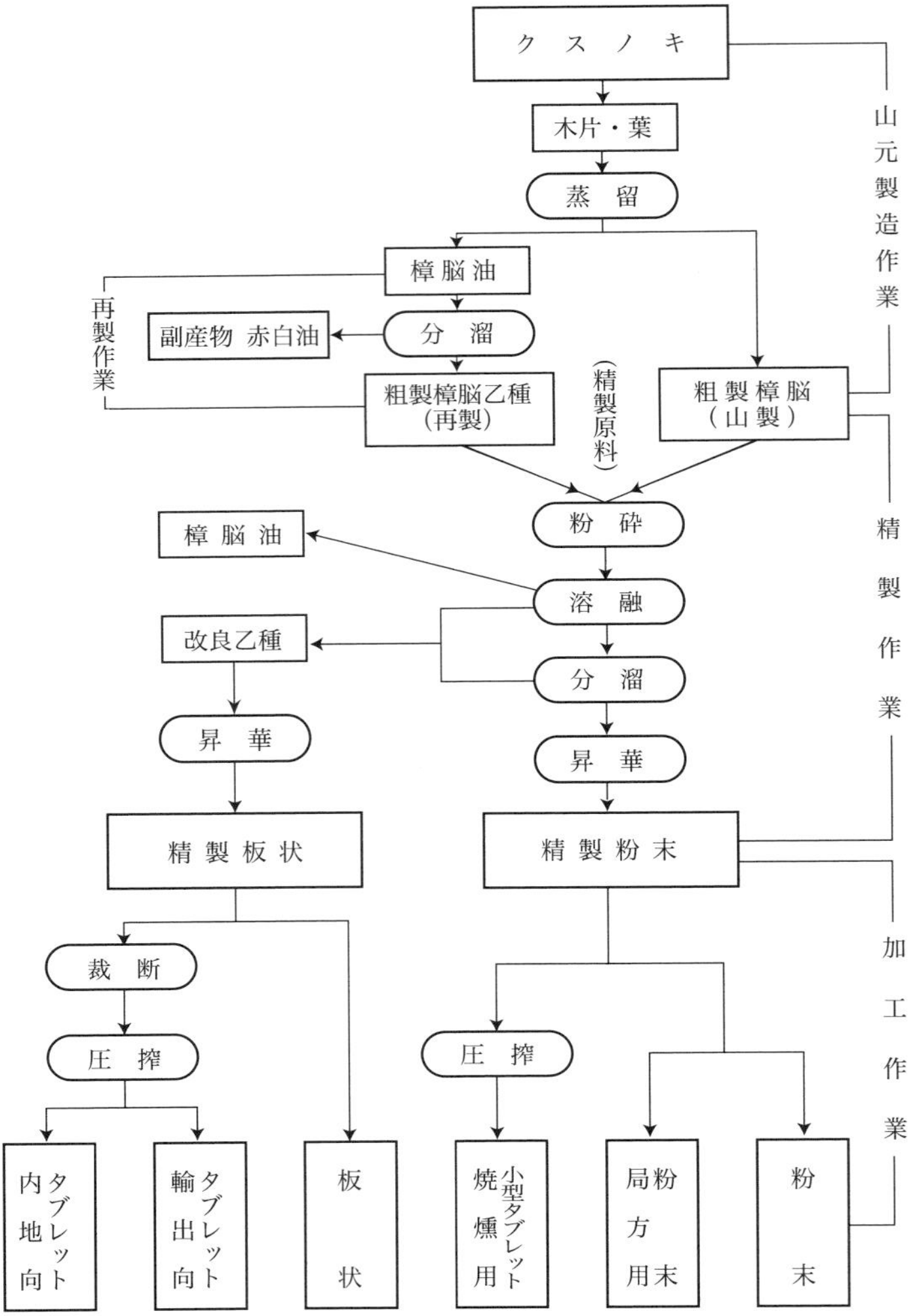

樟脳製造工程（『樟脳専売史』より）

台湾を失った戦後は、いかに効率よくクスノキを使い、樟脳を採るかを研究した。パルプ製脳といって樟脳をとった後のクスノキの木片《チップ》を製紙用のパルプとして使うことにしたり、高周波製脳といって、原木をチップにすることなく、板材のままで樟脳を抽出し、その板材を家具用に利用することもした。これはクスの七分板を蒸気で保湿加熱して、高周波をかけて、樟脳を含む蒸気を冷却槽に導いて冷却し、樟脳を採るのである。この板材は脱脳しない板に比べ、ひずみ、伸縮がなく、高級塗装ができ、接着強度も増して、材として上質になることがわかった。これは木目美しい楠材を利用するにも、理論的には一石二鳥と思えるが、経済的には如何だろう。

樟脳焚かねば租税がたたぬ　明日は処分じゃと触れ回る
楠がたゆれば樟脳焚きやまる　後のひよこ木早よふとれ

種子島に伝わる歌という。

樟脳専売の歴史

樟脳の専売

専売とは、他の自由競争を差し止め、特定者だけがその利益を独占すること。煙草や塩など特定の物品の生産・販売を独占することで、国家が収益を目的とするものと、火薬や阿片や劇薬など公益を目的にするものがある。それは通常より高い値で国民に強制するのだから、徴税と同じ性質を持つ。樟脳も昭和二八年（一九五三）まで専売品であった。

江戸時代、海外の門戸が少し開けてきて、外国貿易に樟脳が大切とわかると、薩摩藩ではクスノキを伐ることを取り締まり、製造は許可制、製造者には資金助成し、製品はすべて藩で買収する政策をとった。それは正徳年代（一七一一〜一五年）だというから、世界最古の樟脳専売制である。

『樟脳専売史』による鹿児島藩の旧記によれば、元禄一二年（一六九九）に鹿児島藩の山奉行から大坂詰役に出した文書に「杣山仕出御物樟脳一箇年に一万七、八千斤づつ毎年五箇年大坂仕上口塩屋三郎右衛門申受ニ被仰付置候云々　元禄十二年卯十一月十三日」とあり、明治五年編纂の「鹿児島藩樟脳山沿革」に載る概説では、その製法は高麗人より伝わると伝えられ、鹿児島藩は年産額を一二万斤と定め、長崎へ輸送し、そのうち四万斤は唐、つまり中国に、八万斤はオランダに売り渡した。勝手な売り買いは厳禁。正徳年中に定めた樟脳山には一年金一〇〇〇両余の委託金を出し、限られた人が作業したとある。

担当する役所は、初め二の丸御続料と唱えていたが、唐物方となり、後に琉球産物方、海軍方などと改名され、そこで取り扱い、長崎の蔵屋敷に運送された。

樟脳山は株組織になっていて、大頭や小頭が定まっていたが鑑札などなく、小頭が引き受けて、焚子を郷々に居させて混乱しないように話し合いができていたが、廃藩後は乱れ、軍役費の補助とか学校の補いとか、勝手に役所へ願い出て許可を受け、乱伐するようになり、株主所有の場所も他人の持物になり廃業者が多くなった。

五、六〇年以前はどの郷にも二〇〇～三〇〇本、大木も一〇〇本もあり、四人も六人もが四、五年居候して焚き続けていたが、次第に木は少なくなり、一山に四～五本から二〇～三〇本、しかも小ぶりになり、二、三人が焚いてわずか一年半くらいで小屋をたたむようになる。

樟脳山の取り締まりとして、山方役所行司と竹木見廻の両名が、三里以内は日戻り、三里以上は泊まりで、一カ月に一度登山した。その俸給は日戻り一回につき米七合五勺、泊まりは一升六合が産物方役所より出ていた。山でできた樟脳は役人立会いのもとに樽に入れて封印、送り状をつけて人馬の賃銭を払って鹿児島御役所へ届け、そこで三〇日間よく水気を抜き乾燥させ、二〇樽のうち一樽を抜き取り、その風袋《ふうたい》を改め正味を確かめ斤目を計り、よくよく調べて封紙を貼り精算する。

天保一五年（一八四四）より、クスを伐った後始末や焚き終わった小屋へ、小頭二人を差し向け、検分のうえ証書を出していた。樟脳一斤の買い上げ値段は、文政・天保年中は一匁八分より二匁。嘉永二年に二匁六分、その後値上がりが続き、廃藩の時は三匁五分にもなった。

これを中国人に四万斤、オランダ人に八万斤を売り渡し純益一〇〇〇両の収益があったようである。外国船の来航も多くなり、幕府が警戒を強めると外国貿易は衰える一方であったが、樟脳の輸出だけは減少せず、明和二年（一七六五）が最高で一六万一五〇〇斤、このうち一五万九五〇〇斤は薩摩産だったという。その後少し減り、享和元年（一八〇一）には四万八〇〇〇斤をオランダ商館により輸出。その後また増加して文化三年（一八〇六）には九万四〇〇〇斤となり、安政の開国で外国貿易が自由となって長崎会所での一手取引はなくなる。鹿児島藩では長崎に蔵屋敷を置き、貿易事務の役人を常駐させた。土佐でも慶応になると藩の長崎役場がサラバ商会と直接取引きし、なんとその売掛金で軍艦を数艘買い入れたのである。

土佐での専売の歴史

樟脳の利益で買った土佐の海軍（官軍）の軍艦は「夕顔」であった。この藩船は坂本龍馬が上京の途中に後藤象二郎に示したといわれる「船中八策」に名を残している。それは、幕政返上、議会開設、官制改革、外交刷新、法典制定、海軍拡張、親兵設置、幣制整備の八カ条で、これにもとづいて大政奉還論を示し、土佐藩の独自性を確保しようとした。

維新前までは、オランダ商人が「タブカムポール」と称して樽に詰めた樟脳を、長崎からオランダのアムステルダム市に運び、加工精製して、「オランダ樟脳」として全欧州に売り捌き、巨利を博していた。ところが日本が開国して英米商人が入り乱れ、次第にイギリスのホームリンゲル商会に独占され、中国の商人も手が出なくなり、上海市場に出すだけとなり、貿易の中心も神戸に移ってしまった。そして外商の購買力が旺盛になり、市価も高くなり、輸出高は約五〇〇万斤（三〇〇万キロ）、やがて倍増し、一〇〇〇万斤（六〇〇万キロ）以上の盛況となる。

ところが新しい政府になると、藩政時代の林木に関する制限がまったく廃止され、乱伐した上、売買が自由となり、樟脳製造がやりやすくなった。

高知地方では、藩直営の御手先仕事として製脳していたが、実際は個人の自由に任せられ、国益第一主義で極力製造を奨励したため、国中一円に製脳場ができ、岩崎弥太郎まで登場することになる。

高知出身の岩崎弥太郎は、三菱会社というのを起こし、幕府が留木にしていたのを願い下げ、大々的に製脳事業に従事した。のち事業は授産会に譲り、明治六、七年には転々とした後、寺田某に継承されたが、この時の釜の数はなんと二五〇〇以上もあり、一か月の生産高は二四万キロに達したという。その結果、大きな木はほとんど伐り尽くされて原料不足。苦慮した末に枝葉製脳をすることになる。主に葉を刈り集めて作るこの製法は、明治二二年に、高知県長岡郡国府村の前田喜平という人が、瓶岩村の亀岩に自生するクスの林、五〇町歩を買い入れてはじめた。これは海岸地方の各地に行なわれたが、あまり刈り込みすぎて立ち木の生長が阻害されると、枝葉製脳排斥の声が上がった。

当時の土佐地方の樟脳の価格は、一〇〇斤が二四円程度で、その一〇〇斤にかかる生産費は約六円というから、非常に儲かる事業であった。明治初年に全国の樟脳生産額は、六〇万キロ（一〇〇万斤）に達したが、盛んな輸出で明治二〇年前後にはそれが二五〇万キロ（四〇〇余万斤）にもなり、そのため原料不足、乱伐に乱伐を重ね、官有林に頼らねばならなくなった。

鹿児島県では、屋久島、種子島で製造者三二〇〇名という盛況で、国有林の盗伐も県下各地で盛んになされたという。できた製品は一部を長崎に直送したが、大部分は鹿児島市の仲買人が買いつけ、神戸に六〇〇〜七〇〇トンの汽船で送り、長崎には二〇〇〜三〇〇トンの専用の汽船で運び大繁盛していた。

明治二四年、生産量はピークに達した。三〇〇万キロ（五〇〇万斤）となる。売れ行きも順調、値段は五年前の二倍以上になる。あまりにも売れるので、油水分が十分に抜けてないものまで引き渡し、粗製品との非難を受ける。ニューヨーク駐在日本領事が「製造・包装共にはなはだ粗雑で、重量を増すため水増し、またはなはだしいのは砂を混ぜたものもありと非難されておる」と報告している。

原料不足は深刻となり、もう民有では伐りつくし、官木の払い下げを嘆願、神社の木まで狙われるありさまとなった。

明治二〇年（一八八七）、清国（中国）政府は、台湾に樟脳専売制を施行した。台湾産の樟脳は品質が日本国産より劣るとされ、東洋の市場香港でも安く取引されていたが、常にライバルであった。ところがこの廉価な台湾産を輸入して国産に混ぜ、日本産として輸出するものが出てきた。そこで明治二七年に神戸の販売業者が協議して、台湾産樟脳を輸入したり、購入する同業者と取引を拒絶、情報を強化し、外商にも通知をして品質低下を防いだ。

台湾の樟脳とその専売

台湾はクスノキが豊富で、日本より早く製脳業が起こっていたが、その正確なことはわからない。対岸の福建省は中国最大の産地であった。一七二五年に造船所が台湾にできて、船材に使用したクスノキの余りで製脳が許可され、一八二五年には専売事業とされ、密造が取り締まられた。だが奥地まで政令は行き渡らず、原料の豊富な奥地では密造されて、一八〇〇年代には台湾の重要産業の一つとして密輸出されていた。

これを米英の外商が目をつけ、清国官憲と契約し、樟脳輸出権を得、その代わり外商の船舶が航海するたびにわずかな税金を官に納めて、莫大な利益を得た。一八五〇年代には産額は一〇〇万斤（六〇万キロ）に達したという。一八六三年、台湾の行政長官はこのままでは弊害多く、外商の利益になるだけだと痛感し、クス材はすべて官用として自由な製脳・販売を禁止し、樟脳専売事務の役所「脳

明治時代の国産樟脳および樟脳油輸出額

年度	樟脳			樟脳油		
	数量（斤）	単価（円）	価格（円）	数量（斤）	単価（円）	価格（円）
明治 7 年	1,123,000	0.138	155.000	–	–	–
11	2,004,000	0.161	323.000	–	–	–
15	5,008,000	0.174	869.000	–	–	–
19	5,450,000	0.170	928.000	886,149	0.041	36,088
23	4,463,000	0.433	1,931.000	778,901	0.050	38,721
27	2,071,000	0.494	1,023.000	427,249	0.054	23,016
31	2,434,000	0.482	1,174.000	648,037	0.318	206,186
35	3,953,000	0.861	3,404.000	630,985	0.147	92,488

出典：『くすのき』

館」を設け、その分館を各所に置き、一応専売制度を確立したのだが、不完全で徹底しなかった。

この頃、台湾は米英独国と外交上の交渉紛争があり、明治初年には樟脳条約を締結し、やむなく専売制度を廃止、外国人が勝手に購買・輸出できることになった。これは大変なことであった。後に触れるが、明治二年という年はセルロイドが発明され、樟脳の消費に革命的ショックが起こる年である。

そして一八八七年、台湾の行政長官、劉銘伝は再び専売制を復活させるが、外商の猛烈な抗議があり、また廃止。そして日清戦争の賠償として台湾は日本の領土に譲り渡されるのである。

このように最初から台湾では専売制、または課税保護政策がとられて政府の強い保護を受けていたが、日本領土となるとその製脳業の処置はどうなるのかと、日本政府はもちろん、台湾統治の責任者、台湾総督府の関心はただごとではなかっただろう。

『樟脳専売史』の巻末にある年表によると、

明治二八年（一八九五）、日清戦役の結果、台湾島日本の領土となる

明治二九年四月一日、台湾総督府樟脳税制（一〇〇斤当たり一〇円）を施行
明治三〇年九月一日、台湾総督府樟脳油税制施行す（一〇〇斤当たり三円）
明治三一年九月、松田茂太郎氏、台湾樟脳専売制施行方につき児玉総督に意見書提出
明治三二年（一八九九）六月一〇日、台湾樟脳局官制発布、六月二二日、台湾樟脳および樟脳油専売規則発布、八月五日、台湾樟脳専売制施行
明治三三年（一九〇〇）、台湾専売局樟脳工場竣工、英商サミュル商会が台湾産粗製樟脳の一手販売人に指名される

云々と目まぐるしい。こうした動きに刺激され、内地の製脳業も活発になり、やがて内地と台湾共通の専売法が明治三六年に施行されるのである。

樟脳専売法とその制定の概要

明治三六年（一九〇三）に施行された「粗製樟脳、樟脳油専売法」は二九条からなる。その概要は、

● 政府は粗製樟脳、樟脳油の専売権を有す、からはじまり、それを製造または精製しようとする者は、製造場、釜数、一年の生産見込み量および着手する時期を定め、政府の許可を受くるを要し、許可を受けた事項を変更したり、製造を廃止するときは政府の許可を受けねばならない。許可の効力は相続による場合のほかは、製造の継承者に及ばないから、これを継承するものは、さらに政府の許可を受けねばならない。

● 政府は樟脳、樟脳油の需要供給の状況により製造を制限でき、また命令に違反し、既定の条件を

履行しない時は、製造許可を取り消すことができる。
●製造者は製造する粗製樟脳、樟脳油を政府に納付すべく、これに対しては保証金を交付する。政府より売り渡した粗製樟脳、樟脳油でなければ所有、譲り渡し、質入、消費または輸出することができない。粗製樟脳、樟脳油の製造者は粗製樟脳の精製者と相兼することができない。

専売監視は製造に関する一切の帳簿を検査し、または製造場、貯蔵場その他の場所を検査し、監督上必要の処分をなすことができるとして、もし違反した場合の罰則をいろいろとあげる。

なぜ専売制を制定したのだろうか。専売の目的は、国産保護と国庫の収入増加のためであるのははっきりしているが、裏には複雑な理由があったのだろう。

政府が独占する専売は、煙草や塩などは租税の形式を代えて国庫の収入を得る目的であるから、専売の利益は一般国民に帰すものであろうが、樟脳の場合は業者の製造したすべてを政府に収納させて、予定した賠償価格に照らして賠償金を交付し、その買い上げた粗製樟脳および樟脳油に多少調理を加えて、その大部分を外国に輸出し、残りを国内の製業者に販売するのであるから、利益の多くは国外需要者に帰し、一般国民に帰すことははなはだ少なかった。

そもそも、この専売制が明治三二年（一八九九）に台湾で施行されたとき、内地でも専売にしようという意図は全然なく、第一六回帝国議会に提案されたときの説明や、法律案の質疑応答も台湾総督府官吏が主として当たるというありさまだったという。とにかく三年前に台湾で施行され、これに刺激され、にわかにブームとなり、外国業者から日本国内産の方が品質が良いとますます高値に取引され、台湾でも予想外に売れるので、これ以上の産出が今後もできるのかと不安になり、台湾総督府から日本政府に強い働きかけがあり、急に施行となったようだ。もちろん新領土となった台湾の財源を保護し、わが国の樟樹林を保護し、特産物の維持を計るためであったのだが、当時の政府が海軍強化の財源にしたいという思惑もおそらくあったであろう。しかしその裏には大きな世界の出来事があった。

それは明治二年、アメリカのジョン・ウエスレト・ハイアットがセルロイド製造を発明したことによる。このセルロイドには樟脳が必需であった。世界の工業市場が樟脳に注目し始め、その主な生産国が当時の大日本帝国であったというわけである。

樟脳専売法が帝国議会で可決され、実施される経緯は『樟脳専売史』に詳しいが、いつの世も利害が絡む事業の政治対応はむずかしい。内閣総理大臣桂太郎、主税局国税課長大蔵書記官若槻礼次郎(後の首相)、台湾総督府民政長官後藤新平、児玉源太郎男爵、農商務大臣平田東助、吉井伯爵、岩倉男爵、谷干城子爵その他多数の名高い方が喧々諤々している。

この法案は総理と内務大臣のみの署名で、樟脳の製造は農商務省所管であり、租税には大蔵大臣が関係すべきだが、両大臣の署名がないのは違法である。まったく台湾総督府の歳入を計るためだけであり、内地の樟脳関係者の自由を不当に束縛するものだと議員に追及され、農商務大臣平田東助は、「それは物によって定まり、煙草は大蔵省、森林保護繁殖はもとより農商務省所管で、樟脳専売は専売品の取り締まりをすることが多いから内務省所管の警察上の取り締まりを主とするのが便宜だ」と苦しい答弁をしたそうだ。

莫大な利害が絡んでいたのであろう。輸出業者は神戸や大阪に店を構える、鈴木商店の鈴木岩次郎、神戸の大輸出業者の池田貫兵衛、窪田平吉、三井、住友、イギリス、インド、ハンブルグなどの外商、もちろん中国大陸のブローカーも取引先の薬種屋、製薬会社と駆け引きして反対するが、当時の政府は強かった。この専売法は明治三六年以来、一度の修正もなく昭和二四年六月、公共企業体として日本専売公社が発足して全文の改正が行なわれるまで、細則の一部改正はなされたものの、四五年間も続けられたのであった。

この専売法の意義は内地と台湾の樟脳を互いに競争させずに、一糸乱れぬ体制のもとで日本独特の輸出産業に発展させたいと、主管が内地は大蔵大臣、台湾は台湾総督になり、実務はそれぞれの管下の専売官庁でなされたのである。

旧五千円札の肖像になった新渡戸稲造は、台湾総督府の技師でもあり、宴席で自作の小唄を芸者に唄わせ、盛んにＰＲさせたそうである。

台湾名物何々ぞ　砂糖に樟脳　ウーロン茶　それでお米が二度取れる

クスノキは乱伐された。もう原料となるのは神社や寺にある木と、官有林以外にほとんど見いだせなくなった。そこで古損木を伐り集め、根株を探した。木の価格は暴騰し、目通り六〇センチほどの若木まで伐られるありさま。当然造林に関する世人の関心は高まり、官有林はもちろん、民有林も村落の森にも率先してクスノキが植えられた。

樟脳製造業者は山間僻地の掘立小屋に起居する賃金労務者が多く、ほとんど字も読めず、専売法の規則にもとづく官庁の手続きも書類の作製や記入も実行困難で、人里遠く離れて散在するから、役人が把握するにも大変だったそうだ。ただその人たちは熟練と体力が必要な特殊な技術労働者だから、他所からにわかに転職してくることはなく、その製品も神戸に送る以外は販路がなく、高価であるから大切に扱われ、納付するにも、仲買人に代納を依頼しなければどうしようもならず、横流しもできず、したがって製造許可から収納まで業務が大した混乱もなく進められたという。

この法が執行されて一〇年目の大正二年に、執行当初の保障価格が市価より低かったから製品価格が暴落し、既製品や原料を持ち越したものが多大の損害を受けているから、煙草の専売をはじめたときのように関係業者に救済せよと請願があったり、翌年には台湾だけにして、内地は廃止して民間に戻せという提案が議会に出されたが、否決され、以後は廃止論が出なかった。

昭和二〇年（一九四五）、日本は敗戦のため台湾を喪失した。台湾は日本とほぼ同量の樟脳を生産していたのであるから、これを失うことの打撃は大きかった。そして、明治三六年以来かつて一回の修正も施されなかった樟脳専売法も、連合軍総司令部（ＧＨＱ）の指示により日本専売公社法が制定され、改正しなければならなくなった。

当時、樟脳に関係する会社は四社あった。日本樟脳製造株式会社、日本樟脳株式会社、再製樟脳株式会社、日本香料薬品株式会社である。

昭和二二年に「過度経済力集中排除法」が公布され、これをどうするか議論を呼んだが、新しい法律施行により、これは自然に独占的状態を解決するであろうし、業界を混乱させるとそのままにされ、昭和二五年三月に「しょう脳専売法」として公布された。旧法では樟脳と表記していたのを、新法では「しょう脳」と仮名書きになった。「しょう脳専売法」は第一章の総則から始まり、製造、輸入、販売の四章と附則からなる一六条からなる。

改正の要点は、山でなされる製脳が割り当て制になったことや、専売とされていた改乙樟脳と再製樟脳が自由商品になり、これまで政府で直営されていた煙草、塩、樟脳の三専売品の運営が公共企業体に移され、専売公社が発足（昭和二四年六月一日）して、それぞれ独立採算とされるようになったことなどであろう。

公社から原料の粗製樟脳を買いうけ、商品の樟脳製造に着手したのは、日本樟脳会社と再製樟脳会社、日本香料薬品会社、旭化成工業会社の四社であった。だがそのほとんどはセルロイド工業用か輸出販売を目的にしていた。しかし為替レート三六〇円やポンド切り下げなどの影響で輸出高は激減。おりからアメリカやドイツで合成樟脳が進出して、期待していたインドからの引き合いはまったくなく著しく停滞した。

国内では、すべて日本樟脳会社に一手買取され、一番大きいメーカーである藤沢薬品工業により、鐘馗印藤沢樟脳の商標で、またニッポン樟脳の商号で日本樟脳油販売会社で、防虫剤として販売され、薬局方による薬剤や、製薬用の「カンフル」は全国の薬店などに供給された。だが戦後の化学の発展はめざましく、化学製品から生まれた防虫剤、ナフタリン、パラジクロールベンゾールなどに販路を侵されているのはご承知のとおりである。ついに昭和三七年（一九六二）三月三一日、五八年に及んだ専売の歴史は閉ざされた。

日本専売公社の歌（昭和二八年制定）

南風《みなみかぜ》ふくみどりの谷間
ひびく歌声　斧ふる谺《こだま》
山の恵の　山の恵の樟脳《くすだま》に
国の栄もまた薫る
たのし公社　たのしトリオ
われらの公社の伸びゆくトリオ

（本項を記すにあたり『樟脳専売史』を大いに参考にさせていただいた。これは樟脳専売事業の生き字引といわれた酒井茂雄・郷野不二男・樋口芳治の三氏が中心になり編纂されたものである）

セルロイドと楠

セルロイドの発明と発展

楠の文化を語ろうとすれば、樟脳を語らなければならず、樟脳を語ればセルロイドやフィルムに触れねばならない。樟脳の最大の用途はセルロイドなのである。これは私の関心分野とはかけ離れているのでうまく解説できないだろうが、どうか寛恕願いたい。

セルロイドとは、硝化綿（ニトロセルロース）に二五〜三五％の樟脳を混ぜて練って作った半透明のプラスチックの商品名である。クスノキから製した樟脳は可塑剤の役割を果たし、絶対に必要なのである。

セルロイドは常温では強い弾力があるが、摂氏八五度以上で軟化し、九〇度以上に加熱すると急速に燃焼する。印刷、転写が容易であることが特徴で、玩具、学用品、装身具、日用品などに広く用いられる。近年はアセチルセルロース系の不燃セルロイドが多く用いられた新製品が多い。

これが発明されたのは一八六九年(明治二)、アメリカ、ニュージャージー州アルバニーの印刷屋、ジョン・ウエスレト・ハイアット兄弟による。まさに野口雨情の民謡「青い眼の人形」のアメリカ生まれのセルロイドである。

ハイアット兄弟は印刷用のローラーを何か人造品でできないかと考えていたところ、たまたま象牙製のビリヤードボールの代替品の懸賞募集があったそうだ。当時アメリカでは玉突きゲームが流行していたのである。硝化綿(ニトロセルロース)に樟脳とアルコールを混合溶解させ、アルコールを蒸発させるときれいな弾力ある固形体ができることを発見。セルロイドと命名。兄弟はアメリカ・セルロイド製造会社を創立した。

これより少し先、一八六五年(慶応元)にイギリスのアレクサンダー・パークスが、ハイアット兄弟とはまったく別に、同じく硝化繊維素と樟脳を混合させた溶液からできるプラスチックを発明し、パークシンと名づけ、またイギリス人スピルも同様のものを発明しザイロナイトと命名、ブリティッシュ・ザイロナイト会社を一八七七年に創立しているが、アメリカで先に工業的に成功させたので、今ではハイアット兄弟の発明とされている。アメリカではその後に多数のセルロイド会社ができ、フランスやドイツでもこの工業は盛んになるが、セルロイドという名は製品名で他社は使えないとされたが、どこの商品もセルロイドで通用した。

日本で初めてセルロイドを見たのは明治一〇年、ドイツから神戸に送られてきたセルロイド赤色生地見本であった。これまで見たこともない鮮やかな色と透明さに見た人は驚いた。翌年にもまた送られてきて神戸と横浜と東京などで加工して、擬似珊瑚玉といわれた。これがいろいろ研究され、三井物産会社が明治一八年に色物と象牙色の生地を輸入して、東京、大阪の加工業者に大量に売り渡し、珊瑚や象牙や鼈甲の代用品の美しい色の製品として売られるようになった。

なんといってもこれに一番驚いたのは、鼈甲細工の関係者だった。「こりゃまいった、鼈甲そっくりじゃないか」とびっくりした話はこのシリーズの『亀』に書いた。

セルロイドは成形が容易な上に、どんな色にも着色できるので、鼈甲の斑なども思いのままに作れる。櫛、簪、帯止など、最初は物珍しさと舶来品を尊重する風潮からアクセサリーなど高価な商品が作られ、世の好評を得た。外国では最初に原料と共に加工品も輸入されたが、日本には原料生地がまず輸入されたことが幸いしたのであろう、どんなものに加工しようかと自由な発想で考えられた。加えて原料には台湾を中心とするわが国の特産物、樟脳が絶対に必要とあり、これこそ日本に最適の製品。日本でもこれを作ろうと研究されたのである。

まず商品の意匠考案に力を注ぎながら、いかに使いやすいセルロイド生地を生産できるか、日本人の得意とする模倣性と器用な技術で試みて、明治三一年にはミツワ石鹸で有名になる丸見屋の三輪善兵衛が透明セルロイドを作った。

三輪善兵衛は、愛知県出身の進取の気性に富む、幕末から明治の舶来品輸入販売業者。その二代目が試みて、全国品評会や共進会に出品したのが、日本最初の国産セルロイド生地であった。さらに三六年にも内国博覧会に出品しているが、この工業的生産には大資金が必要で、とても個人の会社では無理だと断念、以後は石鹼事業に乗り出すのである。

セルロイドの加工は明治二〇年頃からあちこちでなされたが、生地から加工した屑にアルコールを加えて練り直す再生品加工の小規模業者で、化学工業といえる工場の最初は、明治三八年の田中敬信であろうという。

明治政府はいち早く欧米文化を吸収させたいと、多くの工業や産業を官営で始めた。製鉄、製紙、印刷、アルカリ、セメントなどがそうであった。これは日本の産業、ことに化学工業を発展させる基礎となり、後年これらの官営工場が民間に払い下げられ、経済発展に貢献するのであるが、樟脳もセルロイドもそうであった。それは大資本が必要だから個人ではとうてい無理である。どうしても政府と結びつく財閥が手がけなければできない。セルロイドは三井財閥がかかわった。

明治四〇年のこと、日露戦争の勝利に陶酔する三井家において、最高幹部の益田孝をはじめ重役たちは、日本にセルロイド工業を興す必要があると、田中敬信の経験を踏まえ会社設立を相談した。海外の工業を輸入して工業立国を推進しよう。台湾がわが国の領土となり樟脳が手に入る。もし有事の際はセルロイド工業は火薬工業に転換できるのだから、ぜひやるべきだと全員一致した。明治四一年七月、大阪府堺市に堺セルロイド株式会社を資本金二〇〇万円で創立。生産能力は一日二トン。経営の首脳はすべて三井の重役ばかりであった。

またこれとは別に鈴木商店の松田茂太郎が、外国資本を集めて世界的なセルロイド工場を内地に作ろうと計画していたが、外資の見込みがないとわかると、三井以外の財閥に働きかけ、三菱と岩井商店、鈴木商店の協力を得て、同じく明治四一年三月、兵庫県網干町に、日本セルロイド人造絹絲株式会社を創立させた。資本金は一二〇万円であった。

こうして二つのセルロイドの会社ができた。三井系の技術指導者はアメリカ人、片や三菱系はドイツ人。ところが両社とも外人技師が技術上の急所を秘密にしたためか、技術の稚拙か、できたセルロイド生地は品質不良。加工業者からの注文は多かったが売り物にならず、経営はいずれも非常に困難。外人を排除し日本人技術者の俊英をもって、経営陣を刷新し再起を計ったところ、営業休止の一歩手前までになっていたのが、大正時代に入ると品質も向上、そこへ第一次世界大戦が勃発。これはチャンスだった。世界の産業は戦争に動員され、セルロイド工業は軍需工業に転じ、アメリカ、ドイツ、イギリス、イタリアなどいずれもセルロイドなど作る余裕がなくなり、わが国に注文が殺到し、にわかに生気を取り戻した。

三菱系の網干の方では、工場設備がドイツ式だったので直ちに火薬の製造に切り替えることができ、大戦が勃発するとロシア、ルーマニアから火薬の大量注文があり、セルロイドは休んで、こちらで儲けることにした。

三井の堺の方は、海外からの注文激増を見越して工場を拡張、生産能力は倍増した。この大会社の盛況につられ、大日本セルロイド株式会社東京工場の前身、東京セルロイド株式会社が板橋にでき、次々十指に余る中小工業が創設された。だがセルロイドを作るには樟脳の確保が必要であり、それを

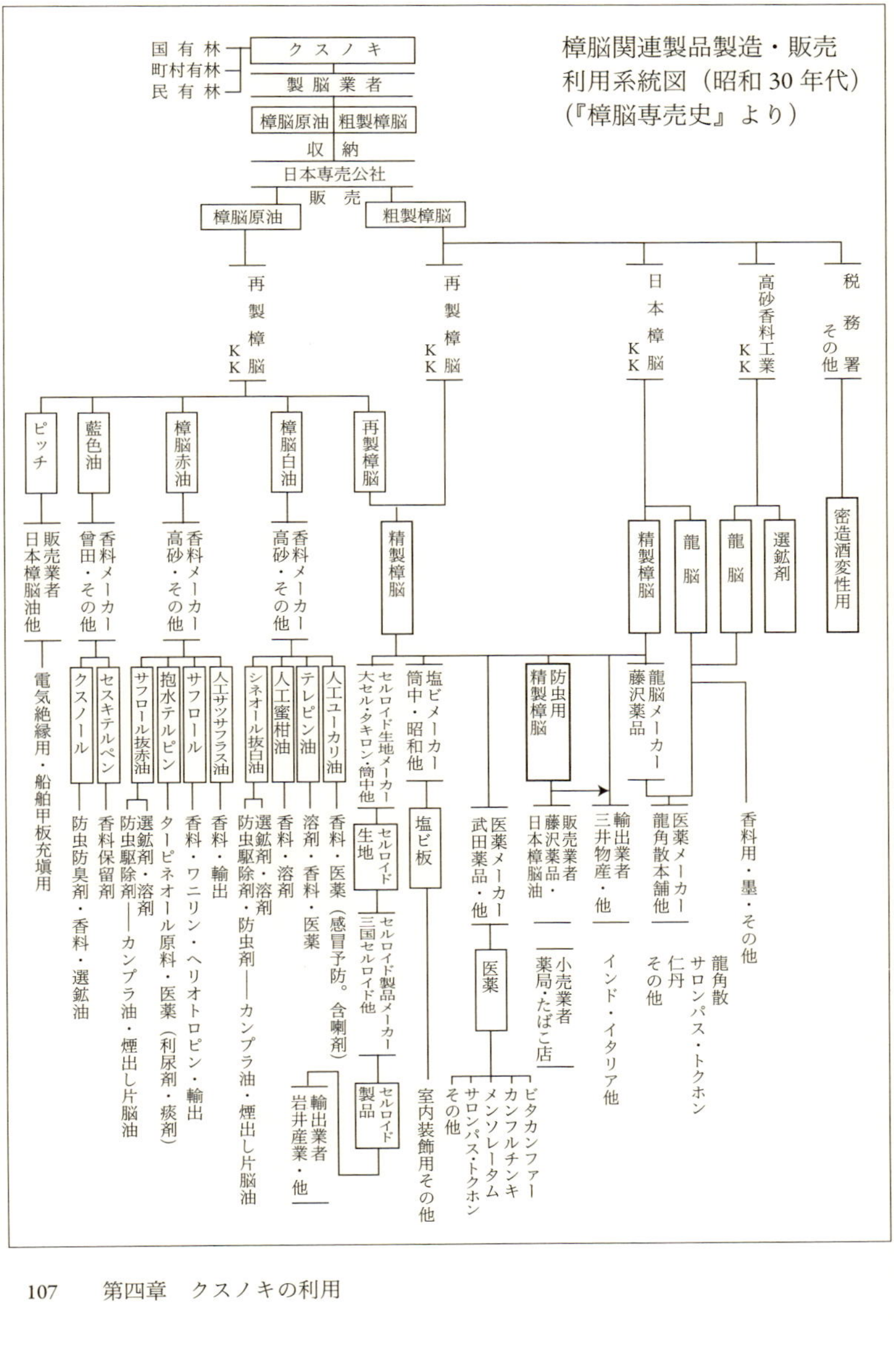
国有林
町村有林
民有林
クスノキ
製脳業者
樟脳原油
粗製樟脳
収納
日本専売公社
販売
樟脳原油
粗製樟脳
再製樟脳KK
再製樟脳KK
日本樟脳KK
高砂香料工業KK
税務署その他
ピッチ
藍色油
樟脳赤油
樟脳白油
再製樟脳
精製樟脳
精製樟脳
龍脳
龍脳
選鉱剤
密造酒変性用
販売業者日本樟脳油他
香料メーカー曾田・その他
香料メーカー高砂・その他
香料メーカー高砂・その他
電気絶縁用・船舶甲板充塡用
セスキテルペン
クスノール
サフロール抜赤油
抱水テルピン
サフロール
人工サッサフラス油
シネオール抜白油
人工蜜柑油
テレピン油
人工ユーカリ油
セルロイド生地メーカー大セル・タキロン・筒中他
塩ビメーカー筒中・昭和他
防虫用精製樟脳
龍脳メーカー藤沢薬品
香料保留剤
防虫防臭剤・香料・選鉱油
選鉱剤・溶剤
防虫駆除剤——カンプラ油・煙出し片脳油
ターピネオール原料・医薬（利尿剤・痰剤）
香料・ワニリン・ヘリオトロピン・輸出
香料・輸出
選鉱剤・溶剤
防虫駆除剤・防虫剤——カンプラ油・煙出し片脳油
香料・溶剤
溶剤・香料・医薬
香料・医薬（感冒予防。含嗽剤）
セルロイド生地
塩ビ板
医薬メーカー武田薬品・他
販売業者藤沢薬品・日本樟脳油
輸出業者三井物産・他
医薬メーカー龍角散本舗他
香料用・墨・その他
セルロイド製品メーカー三国セルロイド他
医薬
小売業者薬局・たばこ店
インド・イタリア他
龍角散
サロンパス・トクホン
仁丹
その他
セルロイド製品
輸出業者岩井産業・他
室内装飾用その他
ビタカンファー
カンフルチンキ
メンソレータム
サロンパス・トクホン
その他

樟脳関連製品製造・販売利用系統図（昭和30年代）
（『樟脳専売史』より）

得るにも販売にも無用の競争を引き起こし、戦争が終わると急速に悪くなり、世界恐慌の波を受け、また火が消えた状態になった。こうした現状を打破するために大正八年（一九一九）、八大有力会社が合同して、大日本セルロイド株式会社を設立させた。昭和一二年（一九三七）には、生産能力二万一〇〇〇トンと、世界の四二％を占め、世界一のセルロイド工業国となり、発明国アメリカを遥かにしのぐ盛況だった。これは日本が世界一の樟脳生産国だったからこそである。なお鈴木商店は日本の樟脳事業の殊勲者で、番頭の金子直吉を中心として、三井・三菱とならぶ総合商社となったが、昭和二年の金融恐慌で破綻した。当時の人々は、破綻原因を同店創始の基礎を築いた樟脳と砂糖の歴史的因縁と台湾銀行との癒着とみたが、すでに樟脳事業などはまったく小さな存在となっていた。しかし今日の日商岩井の前身が鈴木商店の樟脳にはじまることは記憶に留めておきたい。

このように日本の化学工業のうちで、セルロイドは最も発達し成功したものであったが、戦後はプラスチックの発展によって衰退した。だがセルロイドには、他のプラスチックの及ばない特色、すなわち非常に加工しやすく、色彩が鮮やかで清潔感の強いことなどを生かして、まだ少しは用途がある。これが樟脳なくしてはできず、クスノキと密接なかかわりを持ってきたことを忘れてはならない。

セルロイドのキューピーさん

私はセルロイドと聞けば、人形のキューピーさんを思い出す。

ローマ神話の恋愛の神でビーナスの子供、キューピッドを戯画化した、裸で、頭が大きく、頭のてっぺんにとがった髪の毛があり、大きな眼をしておどけているマスコット人形。明治中期にアメリカでセルロイドを用いて初めて作られ、大正から昭和一〇年に全盛期を迎えている。男の私はこれを抱いて遊んだことはないが、一つ違いの妹は大事にしていた。なぜか私も、プラスチックとは違う独特のしっとりとした手触りには温かみがあって懐かしい気がする。

さらにセルロイドはピンポン玉にも必要である。セルロイド製のピンポン玉は明治三一年（一八九八）にイギリスのジェームズ・ギブが考案したという。それまではメリヤスで包んだボールやコルクやゴムの玉を打ち、フリム・フラムとかゴシマなどと呼ばれていたのが、中空セルロイドを打つ音からピンポンと親しまれた。考案の七年ほど前に人造樟脳はすでに発明されていたのだが、セルロイドはまだ天然の樟脳に依存しており、その頃日本から輸出される樟脳が急減したので、ロンドンやベルリンのピンポン玉を作る職工が困惑したというエピソードが、明治三八年に発行された三溝謹平『くすのき』に載っている。

万年筆の軸も戦前はエボナイトが多かったが、戦後はセルロイドが旺盛になる。思い出すと筆箱も下敷きも三角定規も物差もセルロイドだった。私たちの身のまわりにはセルロイド製品があふれていた。

戦前は、東京都葛飾区や足立区にこの文具や玩具産業が盛んで、海外にも輸出されて、戦後も人形やお面、鯛や恵比寿など正月飾りや縁起物など細々と作られていたが、セルロイドの可燃性が問題になり、アメリカ向け輸出が止まり、塩化ビニールに代えられてしまった。硝化綿に樟脳を混ぜて作ったセルロイド板を熱した金型にはさみ、プレス機にかけながら空気を送り込んでセルロイド板を膨らませ、水で冷却する。それをラッカーなどで彩色する手作業である。今この職人は『日経新聞』（二〇〇七年一一月二九日）によれば、東京都足立区で三代にわたり玩具製造業を営む平井英一さんだけというから淋しいかぎりである。

樟脳船で遊んだ思い出

セルロイド製の小さな舟の後に樟脳の小片を載せて水の上に置くと、水上をスーッと走り、生き物のようにくるくると回る子供のおもちゃがあった。夏に盥に浮かべて遊んだのが懐かしい。誰が発明したのか、『神仏秘事睫《まつげ》』という本に出てくるそうで、江戸時代にはすでにあったらしい。縁日の露天で売られていたが、大正時代にはアメリカへ玩具セットが輸出されていたという。

昭和初めの夏の夕涼み、絣の浴衣を着てポンプで盥に水を張る。そこに四センチほどの青と赤と黄色のセルロイドの薄い板で組み立てた、底が平坦な素朴なボートを浮かべ、尻尾に白い小さなマッチの軸の頭ほどの塊を載せるとすいすいくるりと走り回る。今の子供だったらなんとも感じないのかもしれないが、動く玩具のなかった時代。これは貴重なお宝、魔法のボートだった。この動く原理は水の表面張力と、樟脳に含まれる油が水面上に作る膜との張力の差で進むのだ。

屋形船や帆掛け舟、汽船、軍艦などあった。今は売られてないが、紙を舟形に切り防虫剤に使われる樟脳を舟の後ろに乗せれば孫たちに見せることはできる。だが簞笥の樟脳を使ったらまったく動かない、それはナフタリンだったという笑い話も聞いた。

また樟脳玉とか樟脳火という子供の玩具もあった。樟脳を丸く固めたものを水に浮かべて点火すると、消えずに物も焼けず熱くもならない。この遊びは明治頃まであったという。またこの樟脳を燃や

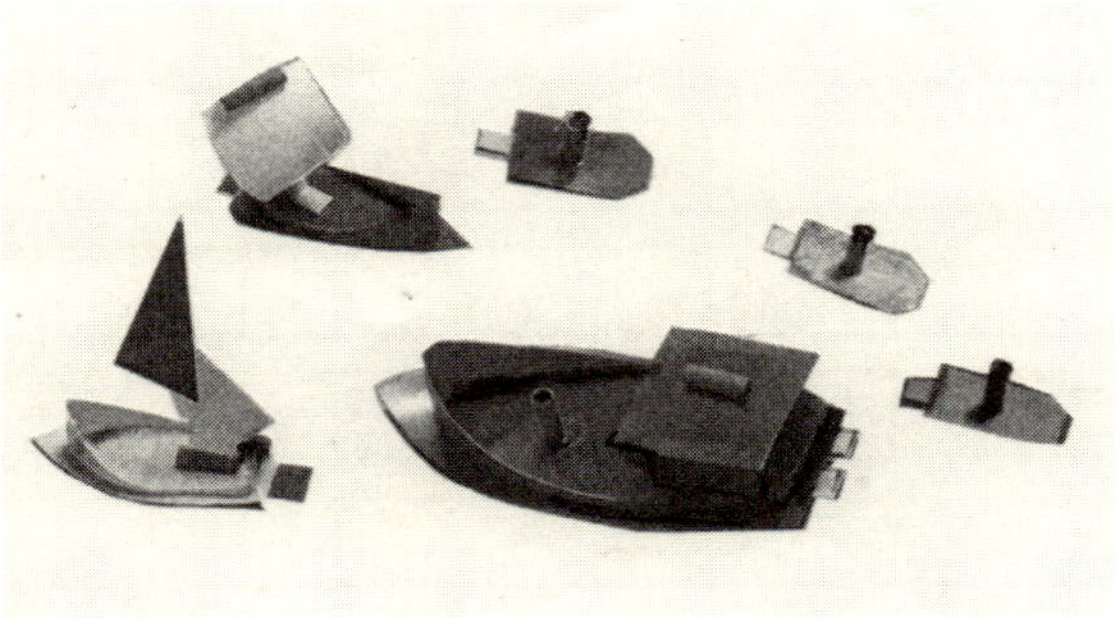

樟脳船

した青い火は、近世の劇場の舞台で、狐火、人魂などに用いられた。

昭和の初年頃、天気予報をする計器に天気管とかストームグラス、あるいはウエザーグラスというのがあり、船舶などで使われていた。それは硝酸カリウムや塩化アンモニウムなどを混ぜ合わせた液に樟脳をいれて、ガラス管に密封したもので、樟脳の結晶が少ないと晴れ、多いと雨になると判定したそうだ。

子供の遊びのついでに、クスノキの草笛にも触れておこう。一枚の葉っぱを唇に当ててメロディーを奏でる草笛は、最も素朴な自然の楽器で太古からあったであろう。中国では嘯葉《しょうよう》という。今も中国西南部の少数民族に伝わり、その伝承地域は照葉樹林地帯である。子供の頃に吹いたことがある方も多いだろう。あの草笛に最適なのがカシやクスノキだった。

クスノキと写真のフィルム

クスノキとカメラのフィルムが関係するといえば不思議に思われる方が多いと思う。なんだか三題話のようだが、フィルム工業の親工業はセルロイド工業であり、そのセルロイドの一番重要な原料は樟脳であり、その樟脳はクスノキからできる、というわけだ。

日本に写真の技術が渡来したのは明治初年だろうか、乾板の前身の湿板というのが輸入され、研究を重ね、明治二一年に小規模ながら日本乾板製造所が設立、しばらくして小西六の杉浦六右衛門が新宿区淀橋十二荘に六桜社を作り、フランス人技術者を招いて乾板や印画紙の製造を始めたが、乾板は外国品と対抗できず印画紙に力を入れた。ずっと遅れてオリエンタル印画紙が好評になるが、乾板は外国製に遠く及ばず、明治三七年に日本写真乾板会社、大正八年には東洋乾板会社ができたものの、前者は経営難で解散、後者は昭和九年に富士フイルムに併合され、先年までフジ、さくら、オリエンタルがカメラ材料店に並んでいた。

セルロイドのロールフィルムは、一八九三年、エジソンのキネトスコープ発明当初から使用されていて、アメリカのイーストマン・コダック社やドイツのアグファ社などは専売の改乙樟脳を毎年欠かさず大量に買い付けてくれる大得意であり、日本でもフィルム工業が興ればと、当局も考えてはいたらしいが、舶来品が失敗が少なく安心して使えると信じられて、写真機を輸入すると付随してフィルムなども専用品のごとく輸入され、当然のようにそれをみんな購入していた。

昭和四年頃、アメリカからフィルムベースを輸入して、これに感光乳剤を塗った外国品と同じような包装のものも売り出されたそうだが、六桜社（小西六）の「さくらフヰルム」が昭和四年に発売、昭和七年には「オリエンタルフィルム」も出たが、当時の世界二大メーカーであるコダックとアグファ社に太刀打ちすることはできなかった。政府も映画用の生フィルムだけでも国産にしたいと、大日本セルロイドに助成金を出し、製造には良質の大量の水と塵の少ない清浄な空気が必要と、立地条件の適う神奈川県足柄の山中に、大日本セルロイド株式会社が全額出資して、昭和九年に富士写真フィルム株式会社が設立された。

こうして富士とさくらが頑張っていたが、セルロイドの難点は発火しやすいことにあり、よく火災を起こして危険なので、フィルム保険という特殊な保険までできた。安全なフィルムをめざして研究が進められ、セルロイド、すなわち硝化綿をベースとするフィルムから、樟脳を使わなくてよい酢酸セルロースによる不燃性フィルムに移っていった。それは昭和二八年度からであった。

まず火災の危険が一番心配な映画用フィルム、次にレントゲンフィルム、そしてすべての写真用フィルムの不燃性化に成功、樟脳は完全にその役割を終えることになった。さらにデジタル化によってフィルムが不要になり、フィルム自体先行きが危ぶまれる時代である。

医薬品・防虫剤・農薬その他の利用

近世以前、山のクスノキから作られた粗製樟脳をそのまま用いて防虫や医薬に、また防臭、防腐に利用してきたが、近世になり重症患者の起死回生の医薬、カンフルとして使われるようになった。

急性心臓疾患に対する注射の「カンフル」という語の原義は梵語にある。純白という意味である。クスノキの割れた根の部分に自然に生じた白い結晶の刺激的な強い香りを、古代にインドなど南方では気付け薬として用いていたのだろうと推察できる。古くはオリーブ油や水に溶かして用いたらしい。

最近では医療の現場でカンフル剤が用いられることはないそうだが、最初に東大医学部で研究された頃は、犬に樟脳を与え排泄した尿から抽出したという。これは簡単だったが欠点があった。何百何千頭もの犬を飼育しないと大量生産できないのである。私たちが子供の頃、「もう駄目だぁ」とくたばっていると「カンフル打って頑張れ」とか、怠けていると「カンフル打つぞ！」と叱られたり励まされたりしたものだ。この注射は心臓を興奮させる効果があり、容量がわずかで痛みは少なく、広く利用された。同じ頃、理化学研究所の鈴木梅太郎博士の研究室で樟脳を用いてこの合成がなされ、「パラ・オキシ・カンファー・アルデヒート」ができた。その後、研究がすすんでいろいろな合成品ができ、現在では直接にクスノキが関係することはなくなってしまったが、「日本経済にカンフル注射を」なんて言葉としては残っている。

樟脳を用いた医薬品などに使われている一般的な関連商品をあげれば、龍角散、仁丹、サロンパス、トクホン、メンソレータム、カンフルチンキ、墨（香料用）などである。

樟脳軟膏という樟脳を牛脂や胡麻油とまぜた白色の軟膏があり、凍傷やリューマチ性疼痛などに用いられていたが、今もあるのだろうか。防虫剤のナフタリンは樟脳の代用品である。石油の合成化学で作られるから似た香りはするが、クスノキとは関係がない。

樟脳は火薬の製造原料に用いられ、花火や無煙火薬の安定剤、浮遊選鉱剤にもされるが、これは現在ではごく少数でほとんど用いられていないそうだ。

浮遊選鉱油というのは金・銀・銅などほとんどの金属を選別するのに使うのだが、戦争中に増産のため盛んに用いられたという。ちなみに三菱生野鉱山での実験によれば、水中に樟脳の一〇〇万分の六の水溶液を選鉱剤として用いれば、他に何も加えずとも銅の採取率が九五％になるそうだ。

インドのヒンズー教では焼香に樟脳を用いる。戦前にもドイツの合成樟脳と日本産の天然樟脳はインドで激しい市場競争がなされたそうだが、かなりの量が使われているようだ。礼拝の時に真鍮の器に樟脳を入れて焼く。そのとき完全に樟脳が燃焼して残りかすがでないと、自分のすべてを捧げたことを象徴するそうだから、純度の高い樟脳が必要なのだ。

またパキスタンでは回教徒が死ぬと、死体を洗い、体に香料を塗り白布で包み、その上に樟脳の粉を振りかける。これはインドでもなされている。ただしインドでもヒンズー教のみで、仏教寺院に樟脳を焚く習慣はなく、パキスタンでも仏教では使わないという。

現在ではクスノキを直接原料にすることはないが、昭和初めの樟脳の利用の概要の一覧表を昭和七年（一九三二）版の平凡社『大百科事典』より転載させていただく（六〇頁）。この『大百科事典』の「ショーノー」の項目には六頁、約一万四五〇〇字にわたる詳細な説明がある。また昭和四一年（一九六六）版の平凡社『世界大百科事典』にも三頁にわたり約六九五〇字にわたる解説がある。まだこの頃は日本の樟脳が四二〇〇トンと最高の生産量を誇った昭和二六年（一九五一）の余韻を残していたのであろう。現代はどの辞典でも、解説は多くてせいぜい半頁、八〇〇字ほど、いかに戦前は樟脳が重要視されていたかを実感させられる。また樟脳油から樟脳を再製するときの副産物の、白油、赤油、藍色油なども主として防臭剤や香料原料とされていた。

今では薬害でとんでもないことだが、終戦後は殺虫剤といえばＤＤＴとＢＨＣがもてはやされた。私の世代は学校で、頭にも首筋にも振りかけられ、真っ白になった思い出がある。ＤＤＴは初め輸入していたが、戦後の食料不足に対して増産のために、ＧＨＱの許可を受けて国内生産をすることになり、農薬として簡便な乳剤にするために、農林省と専売局の中央研究部の共同研究で溶媒として殺虫効果もあげる樟脳油を用いられた。
　樟脳はモグラ除けに効果があるという話も聞いた。モグラは農作物を食害することはないが、苗床を荒し、ビニールハウスに入り、苗の成長を阻害するので農家は困る。モグラ穴にちょっぴり樟脳を入れると匂いを嫌うのか効果てきめんだそうな。

樟脳の簞笥に痩せて更衣《ころもがえ》　佐藤邑幸

第五章　楠の文化史

楠と船

素戔嗚尊《すさのおのみこと》が浮宝《うきたから》とする船はクスノキが最適だとされ、『記紀』や『風土記』に登場する「早鳥」や「枯野」のような快速巨船が造られたが、船の歴史を考えると、瓢簞や動物の皮、内臓を抜いた浮き袋や藁、あるいは筏などもあっただろうが、木を伐り刳り抜いてつくったものがほとんどであったと思われる。刳船はすでに石器時代からあり、削りやすいように船にする丸木を土に埋め、その上で焚き火をして焼き焦がしてから刳り抜いた。そんな歴史はともかくとして、大型の刳船を造るには太くて長い用材が必要である。

その第一条件の「太さ」ではクスノキが最も優れた船材である。しかしクスノキは低い所で枝分かれする性質があるから、まっすぐに伸びず、長い材が得られない欠点がある。そこでその欠点を補うため、複数の部材を接合して複材刳船とした。接合は閂《かんぬき》式や印籠継ぎで、釘付けした。だがこれでは舷側が低くなるため、波除けにならず、波風が穏やかな川や海岸で用いられたであろう。発掘された深さが三〇～六〇センチほどのものはこれである。そこで複材刳船に舷側板を付けて、耐波性と荷

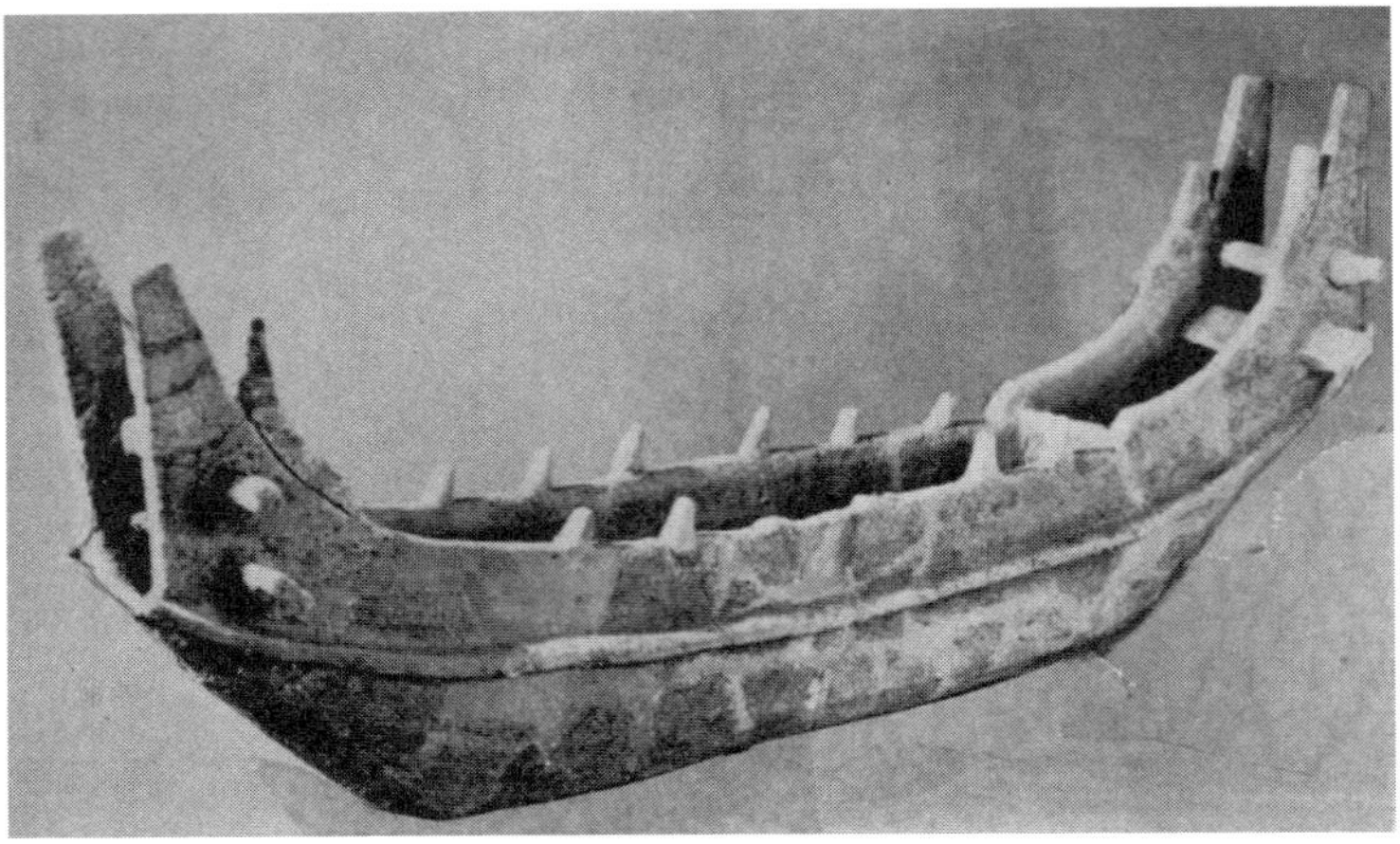

船の埴輪（宮崎県西都原出土，東京国立博物館蔵）

物をたくさん積めるように工夫したのが、埴輪に見られる船である。その代表は宮崎県西都原古墳出土の船形埴輪である。これで朝鮮半島や中国大陸までも航海可能となった。

この「ものと人間」シリーズ中の石井謙治『和船』によれば、日本の造船は一四世紀まで刳船が基本で構造船が主流になるのは一五世紀、室町時代からで、刳船は丈夫で長持ちし無駄に見えても経済的であったという。平安・鎌倉時代には、接合した船を二《ふたつ》瓦《かわら》といい、大型の川船に使われたそうだ。発掘されるのはほとんどこれであろう。そして石井は、船材にはクスが使われたので、平安時代前期以降、巨大な仏像が姿を消したのはそれが原因ではなかろうかと推理している。

クスが生育しない関東以北では、船材にはマツ、ケヤキ、ヒノキなどを用いたが、関西の太平洋側ではクス、スギ、ケヤキを上木とし、ツガ、モチ、マツ、シイを下木とし、クスは大事な部分に使用した。

朝鮮戦役に際し、九鬼嘉隆が伊勢で新造した大安宅《あたけ》船の軍船「日本丸」も、石井によれば、その船材の多くは直径二〜三メートルの太い材が得られるクスを主に用いたであろうとする。だがクスはスギやヒノキのように長い材が得られぬので、船首と胴と船尾の三つに分けて刳船部分を造り、これを結合して長い船体を構成した。さらにより大型には胴部材を二材にして船首、胴、胴、船尾と四材で構成した。

古代のクスノキの丸木船

天保九年（一八三八）閏四月六日のこと、愛知県は尾張国海部郡佐織諸桑村字竹越の満成寺の裏で、村人が川浚いをしていたところ、深く埋まった古木のようなものが出てきた。やっとのことで掘り出すとクスノキの丸木舟であった。

それはクスノキの大木を四つ縦に繋いで、長さ一五間、幅七尺というから全長二一メートル、幅一・九メートル、深さ三〇センチの四材構成の複材刳船であった。これは『尾張名所図会』に絵入りで紹介され、『尾張志』や『天保会記』や瓦版も六種も出ている。後には三つに切られて名古屋に運ばれ、寺で見世物となった。一部は大黒に彫刻されて満成寺に伝えられ、破片は今も個人蔵であるという。

その後、明治二一年に大阪市浪速区船出町の鼬《いたち》川でも長さ一一・六メートル（一端を失っているので、完形品は長さは一五メートルほどと推定される）、幅一・二メートル、深さ五五センチの複材式のクス製独木舟。ついで大正六年にも大阪市東成区今福町で、河川改修工事の際に発掘。これは長さ一三・四六メートル、幅一・八九メートル、深さ八一・八センチ。鉄と木釘を交互に用いた複材式で、五世紀半ばに作られたものと推定される。さらに昭和七年、一二年、一三年と発見されているが、残念ながらいずれも空襲で記録も失われた。過去に大阪周辺で発掘された刳舟のほとんどはクスノキであったそうだ。戦前に関東で出土したものはカヤ・イヌガヤ・スギ・マツであったという。こうしたことは本シリーズの『丸木舟』（出口昌子）に詳しい。

鼬川出土のものは明治期のアメリカの博物学者モースがこれを見ており、写真や絵図もかなり残されている。私が興味深かったのは、複合刳船の接合部分の水漏れを防ぐアカドメに、「マキナワ」とか「マキハダ」というマキやヒノキの内皮を蒸してほぐし、縄のような繊維にしてパテとして差し込む技術が用いられ、それがすでにこの大阪の鼬川で出土した丸木舟に用いられていたことを戦前に西村真次博士が確かめていたことである。

このマキナワは今でも伊勢神宮の宇治橋の造営に使われている。二〇年に一度建て替えられる内宮の宇治橋は、かつて「日本丸」を造った伝統を持つ大湊の船大工が橋板の部分を受け持ち、欄干は宮大工が分担して造ることになっている。橋板はヒノキの板を普通に接ぐだけでは、継目から雨水が浸透して傷みが早まる。そこで合わせ目の両側面に鋸でギザギザをつけ、これを叩いて密着させる。これは木殺《こな》しとか、摺り合わせという和船の結合技術である。さらに合わせ目や和釘を打つ部分にマキナワを差し込む。今では鉄やプラスチック船になり、伊勢の大湊も神社《かみやしろ》もう船大工も経験者はほとんどいなくなったが、この技術は今回も伝えられたのである。平成二一年夏には終日、宇治橋の工事現場ではコンコンコンコンという音が響いていた。

伊勢市出身で、かつて鮫の伝説でも学恩をいただいた西村先生、といっても朝日太郎でなく、その

諸桑村にて古船を掘出す図（『尾張名所図会』）

父上の西村真次博士の方であるが、古代船舶の研究に一生をかけた人で、戦前に大阪城内で展示されているのを実見してマキナワの存在を確認していたのである。この古墳時代と思われる丸木舟に使われた日本の匠の技が、近代まで和船には必ず使用されていて、それが伊勢神宮に今も伝えられているのに私は感動した。

クスノキ刳船伝説をもつ長崎県北高来郡森山町唐比《からこ》遺跡でクスノキの丸木舟が出土して、あの伝説（五五頁）は本当だったと話題になり、また静岡県清水市北脇新田の巴川の護岸工事でも全長五メートルほど、幅六〇センチの樹齢三五〇年以上のクスノキ一本を刳り抜いた丸木舟が出た。これは鎌倉時代の渡し舟らしい。これを平成一一年に奈良国立文化財研究所で修理したのだが、なんとインスタントラーメンの製造に用いる真空連結乾燥機を用いて処理したことでも話題を呼んだ。クスノキは繊維が交錯しているので、通常のポリエチレングリコール水溶液を用いる方法では乾燥すると変形するから、これに第三ブチルアルコールなどを混ぜて半年間漬け、ラーメンの乾燥機を用いたのである。

最近の考古学は放射性炭素年代測定法が発達して、絶対年代が測定される。千葉県加茂遺跡のムク材の刳船は五〇〇〇年前の縄文前期、福井県鳥浜遺跡で見つかった完全に近いスギ製の刳船は最も古い五五〇〇年前と、わかるようになった。そして各地で発掘が進み、船と思われるものがつぎつぎと出ている。関東の縄文後期の刳船のほとんどはカヤの木である。工作しやすいからだろう。四〜五世紀の古墳時代になると、関東でもこれまでなかったクスノキがスギと共に用いられてくる。それは鉄器を使う技術革命がもたらしたからであろうか。

丸木船といえば、島根県八束郡美保関の美保神社のモロタフネ神事が有名だが、あのモミの木製の丸木船は約四〇年毎に造られている。今はモミの木が使われているが、古くはクスノキの単材刳舟であったと社伝にあるそうだ。

クスノキは高貴な人の棺桶に用いられた。特に古代中国では皇太子妃の葬儀に使われ、棺は皮つきのクスで作ったので、お墓を樟宮というと『宋書』にある。

奈良県北葛城郡広陵町の大型前方後円墳である巣山古墳からクスノキが使われている霊柩船の一部が、平成一七年に出土した。霊柩船とは、遺体を納めた棺を安置場所から古墳まで陸路を運ぶのに使われた、現代でいう霊柩車である。全長約八メートルで、前面の波切り板などにクスノキが使われていて、保存処理の後、同町文化財保存センターに保管されている。この古墳は四世紀末から五世紀初めのものと思われる。

クスノキ彫刻の「日本丸」船首飾（『神宮徴古館列品図録』より）

安宅船と日本丸

安宅《あたけ》船というのは、室町から江戸時代に水軍の主力船であった軍船で、攻撃力、防衛力、耐波性など近代の戦艦にも相当するほどだったとされる。

『嬉遊笑覧』によれば、アタケとは「あたける」からきて、暴れまわる意味だろうとする。阿武船とも書く。その船材の多くには直径二〜三メートルの太い材が得られるクスノキが主に使用された。しかしクスノキは太さには申し分ないが、長さがない。だから船首と胴と船尾に分けた刳船にしてこれを繋いで長い船体の複合刳船とした。クスノキの安宅船は、熱海の伝説のところでも記したが、その技術は後の千石船にも引き継がれたであろう。

文禄元年（一五九二）の第一次朝鮮の役に出陣するに当たり、九鬼嘉隆は伊勢の大湊で百挺艣の大船を建造させた。クスノキは肋骨や船台として最適であるから、志摩の檜山路の大クスを伐って「日本丸」を作り、その船首に飾る龍の像を彫刻したと伝わる。「志摩国誌草稿」には英虞郡檜山路村字中村（現志摩市浜島町）にこの大楠廃址があり、今は小池になっていると記す。

昔、源平の戦いに敗れた平家の大将、主馬判官守国が檜山路に落ちのびたが、捕われて鎌倉送りとなった。この守国には美しい娘がいて、悲しんで池に身を投げた。村人はこれを哀れみ、小祠を建てて一本のクスノキを植え、霊を慰めた。そのクスノキが成長して、「日本丸」の材になったという。しかし、史実としてはこれは時代が合わない。まあ伝説だからそんなものだが、現在もこの楠址にはタモの老木が茂り、根元に小祠が祀ってある。檜山路四六〇番地の中村楠一さんのお宅だ。

役目を終えた「日本丸」は鳥羽城主が預かり、鳥羽に繋留保存されていたが、改造して「大龍丸」と改められて、安政三年(一八五六)に解体されたと伝わる。その船首に飾られた龍の飾りは、大事に保管されていた。それには火を吐く装置があって取り外しができ、戦時には外していたという。この龍頭の飾りは明治九年の度会郡博覧会に出品した後、戦前まで神宮徴古館の入口ロビーに展示されていた。

私は父に抱き上げられて、これを眺めたかすかな記憶がある。「この口から火を吐いたんだよ」というので強い印象が残っている。幼稚園に行く前だ。惜しいことに戦火で消滅したが絵葉書にもなっているので偲ぶことができる。もちろんこれはクスの彫刻であった。

閑話休題《それはさておき》。江戸時代には、節分や正月の夜に良い初夢を見たいと、宝船を描いた紙を寝床の下に敷いて寝る風習があった。もし悪い夢を見たときには、その紙を川に流し、宝船の帆に描かれている「獏《ばく》」が悪夢を喰ってくれると信じていた。その祓い詞に楠が出てくる。

やあらめでたやな、めでたやな、めでたいことで祓うなら、御家の御庭の楠の木あり、宝はだん

だんと積み寄せて、いかなる悪魔が来るとても、この厄払いが引っ摑んで、西の海へと思えども、
近き加茂川の水底へ、まっ逆さまにする。

町々を回り「厄払いまひょ」と呼ばわりに来た寿ぎ詞。祓いをする家が加茂川に近いと加茂川、堀川なれば堀川と変わる。のどかな京都の風習を井上和雄が『宝船考』に書く。詞文の楠の木は船を作る材木をいう。すなわち船である、その船に宝を積み込んで、富栄えるのを

初期の宝船絵（京都・五条天神社版）

最古の宝船絵（伝・後陽成天皇勅版）

松濤庵版宝船（クスの丸木舟だろう）

祈るのである。船の美称を浮宝といったように、素戔嗚尊の時代から船は海のかなたから宝や幸福をもたらすものとされてきた。

室町時代に描かれたらしい初期の宝船図には、ボートのような素朴な船に稲束が一つ。おそらくこれは楠の丸木船だろう。高天原から瑞穂の国をめざして稲穂を運んだ神話が髣髴とされるようだ。太古には船そのものを浮宝と褒め称えたが、空っぽではむなしい。金銀珊瑚といった得がたい舶来の珍物を積みたいところだが、庶民の宝は現実的、お米であった。米は田柄（タカラ）であり、稲は日本人にとって命の根（イネ）ともされる。だが欲望は段々とエスカレートする。

一握りの稲穂が、やがて米俵になり、宝船にはそれが山と詰まれ、やがてそこへ金銀、宝珠、鍵、打出の小槌、隠れ蓑やら隠れ笠、いわゆる七宝、さらには巻物、巾着、分銅、法輪、松竹梅や鯛、そこに七福神が乗り込んで、もう船頭の乗り場所もない宝船と相成った。現代の船はほとんど鉄鋼船に代わったが、高級な艦内の机・食卓・階段の梯子・欄干（てすり）・床板などには、香気と光沢と木目の美しさのゆえに楠材が盛んに用いられている。

楠の彫刻

飛鳥仏のほとんどは楠

日本列島において、約一万年前の縄文時代の初めの頃、すでに本格的な木材の利用は始まっており、それぞれの樹種の特性を知り、どんな用具にはどの樹種を用いたらよいか把握していたという。それは先に書いたように『日本書紀』で素戔嗚尊が「杉と楠は浮宝（船）に、檜は宮殿や神社の建築材に、槙は棺桶に」と、八十《やそ》木種《こだね》を五十猛命《いたけるのみこと》という自分の子と妹の大屋津姫命と枛津姫命《つまつひめのみこと》の三神に、木の種を紀伊国（木の国）に分布させたという神話があるが、最近の考古学の成果は鳥浜貝塚や青森の三内丸山遺跡などの遺跡発掘から得られた木製品の樹種を同定することで、それぞれの道具に適材が用いられていることがわかってきた。したがって飛鳥や奈良、平安という古代には当然、木材利用の高度な知識があり、寺院で拝礼の対象とする仏像の彫刻制作には、それにふさわしい樹種が選ばれていたであろう。それがクスノキだったのである。

日本における仏像制作の始まりは、欽明天皇一三年（五五二）冬一〇月に百済の聖明王が西部《せいほう》姫氏《きし》らを使者として訪朝させ、釈迦仏の金銅像一体と経論などを献納した。そこで天皇は大喜びされて群臣を集め、「西蕃の献じる仏の顔のきれいなこと、これまで見たこともない、これを礼拝すべきかどうか」と聞くと、大臣の蘇我稲目は「諸国ではどこも礼しています、日本だけ背くことはないでしょう」という。ところが同じく大臣の物部守屋や尾輿・中臣鎌子たちが「こんなものを信仰すると日本の神様の怒りをうける」と猛反対。そこで蘇我稲目が貰い受けて私邸で安置していたが、まもなく守屋らに襲撃され、仏像は難波の堀江に投げこまれてしまった。すると翌年の夏五月一日、河内国泉郡の茅渟海《ちぬのうみ》に梵鐘の音が雷の声のようにして、海中には光り輝くものがあるという。そこで勅使として溝辺直《いけへのあたひ》を遣わして調査させると、大きな樟の木が海に浮かんでいた。それはすばらしい日輪のような光を持っていたので献上し、画工に命じてそれで仏像二体を造らせた。それは今も吉野寺に光を放つ樟の像であるとある。

弥勒菩薩半跏像
（奈良・中宮寺）
下はクス材を刳ってある像の
台座裏面
（『日本の美術 21』至文堂より）

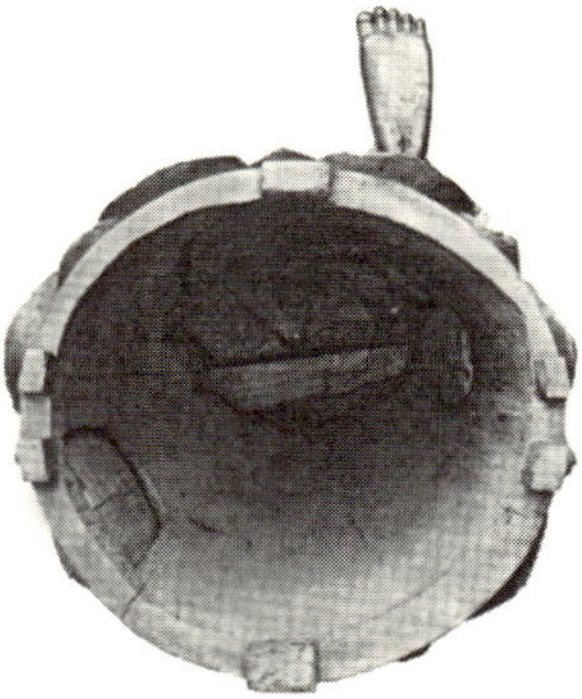

『日本霊異記』にもほぼ同じ内容の記事がある。ただしこれは次の敏達天皇の時代のこととなっている。これが日本で最初の仏像制作であるとされる。

木造の仏像は最初からクスノキであったのだ。

ところで世界で最初の仏像はというとインドであろうか。牛頭栴檀という香木で五尺の如来像を作り、あたかも生きているごとくされたのが木造仏の初めで、黄金で如来像を造ったのが金仏の初めというが、日本では用明天皇の二年（五八七）、坂田寺の木製の丈六仏像・脇侍菩薩像を造り、同年七月には聖徳太子が白膠木で四天王像を造ったというように、各種の仏像ができ、養老六年（七二

広隆寺の半跏思惟像（宝髻弥勒）

二）には天武天皇のため弥勒像を、持統天皇のため釈迦像を、と次々と木彫像が制作された記録がある。おそらくそのほとんどはクス材であったと思う。

　六世紀から七世紀の現存する木彫像は、ただ一つ京都広隆寺の菩薩半跏像（宝冠弥勒）がアカマツ製（ただし蓋板などは楠とされる）であるのを除けば、他はみなクスノキで彫られている。列挙すれば、法隆寺の百済観音・四天王像・六観音、中宮寺の弥勒菩薩半跏像、法輪寺の虚空蔵菩薩像、広隆寺のもう一つの宝髻弥勒像などである。くわしくは小原二郎『日本人と木の文化　インテリアの源流』に「古代木彫用材の調査資料一覧」がある。これは驚くべきことである。七世紀まで仏像はクスノキで作るという規範があったのではなかろうか。また法隆寺に多くの飛鳥・白鳳時代の伎楽《ぎがく》面が残されているが、それらはすべてクスノキである。しかし東大寺の天平時代の伎楽面のすべてはキリ製か乾漆造りである。

　歴史には謎が付きものだが、これも不思議なことである。七世紀までのいわゆる飛鳥仏の木彫像はクスノキが大部分であるのに、八世紀に入ると急変してクスノキの彫像はほとんどなくなり、ヒノキやカヤなど針葉樹材に代わり、伎楽面も法隆寺の旧蔵の七世紀の三一面すべてがクスノキ材であるのに、東大寺にたくさんある八世紀に作られたものにクス製はない。

伎楽とは日本最初の外来の音楽を伴う無言仮面劇で、推古天皇の時代（六一二年）に百済から伝わった西域地方の雑劇で、聖徳太子が奨励して栄えたが、雅楽や声明の伝来で次第に衰え、江戸時代に滅んで面と笛の楽譜の一部が残るのみである。

現在伝わる伎楽面は法隆寺関係の三二面と東大寺関係の約二一五面に大別される。その法隆寺関係のものは明治一〇年（一八七七）に法隆寺から帝室に献納され、現在は東京国立博物館にある三一面と今も法隆寺に残る一面であり、それはほとんどクスで彫られている。一方、東大寺の方の大部分は天平勝宝四年（七五二）の東大寺大仏の開眼供養会に作られたもので、今その八割に当たる一七一面は正倉院に保管されていて、三九面が東大寺にあり、残りが他で保存されている。これ以後伎楽は廃れ、面も鎌倉期に製作されたものはあるがクスノキ製はなく、キリか乾漆ばかりである。能面よりずっと大きく重いから、クスノキよりキリの方が実用的なのは当然だが、古いものはすべてクスで、仏像と期を一にして材を変えているのである。なぜこのような劇的な変化が起こったのか、まだ説明が十分についていない。

この問題提起をしたのは小原二郎「上代彫刻の材料史的考察」であった。

千葉大学名誉教授の農学博士、小原はほぼ全国の主要木彫像六五九体を調査し、顕微鏡で観察し樹種を同定した。おそらく数ミリ四方のサンプルを採取して顕微鏡でのぞいたのであろうが、戦後間もなくの時代だからそんなこともできたので、今では文化財保護を考えれば不可能である。小原はその苦心談を『木の文化』に記している。爪楊枝の頭ほどの破片、それが無理な場合は仏像に傷がつかな

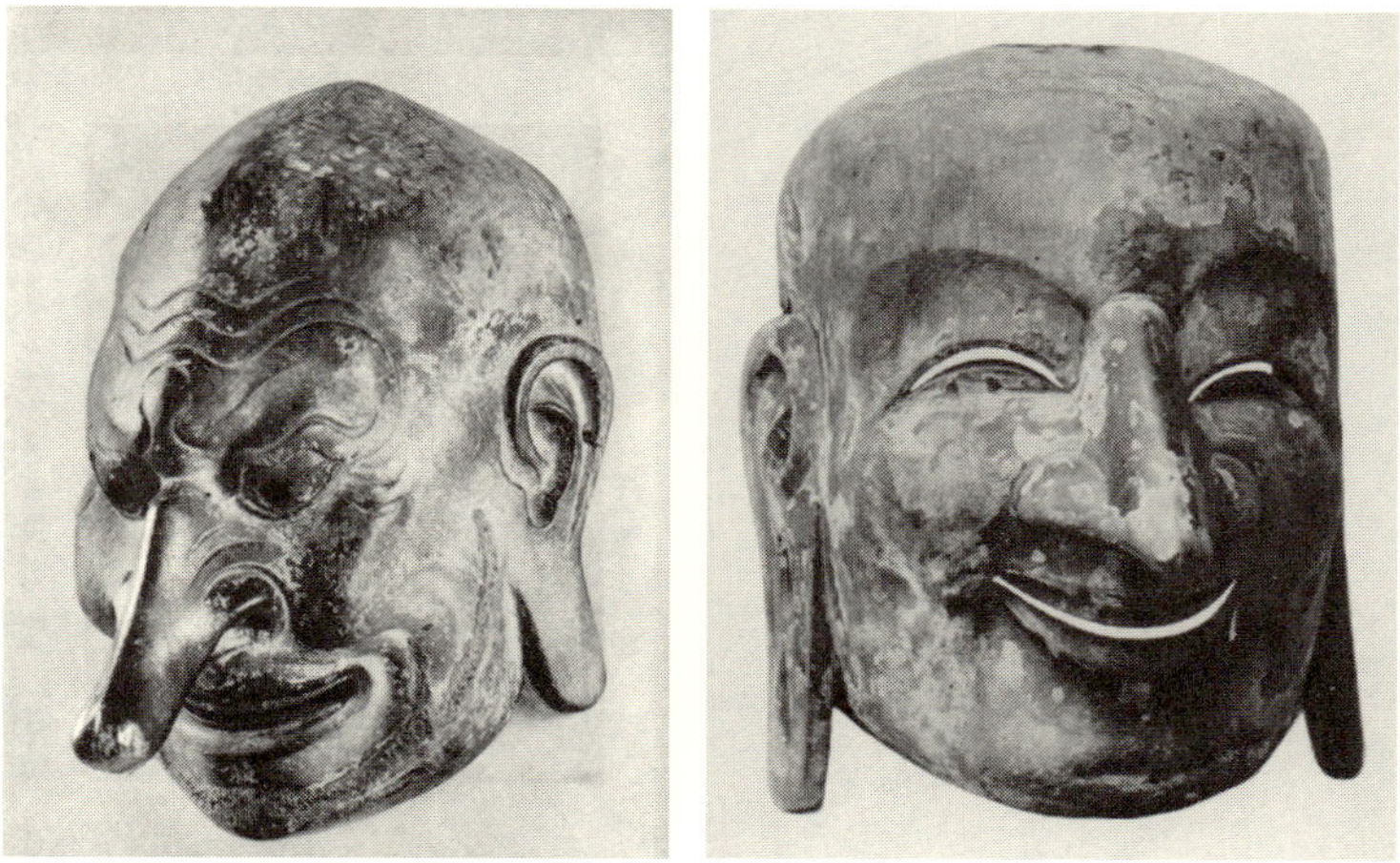

7 世紀の伎楽面のほとんどはクスノキ材（右＝酔胡従，左＝治道．ともに東京国立博物館蔵）

いように、セルロイドの薄い板の表面を薬剤で溶かしたスンプを押しつけて雌型を取り、これを顕微鏡で調べたという。

現在ではレーザー顕微鏡などを用いて、より正確な観察ができるようになった。だが当時はクスノキとヒノキなら明確にされるが、カヤとヒノキは識別が難しかった。よりくわしい樹種同定や再検討も必要だというが、クスは幸いにしてかなり見分けがつきやすい。

なぜクスノキが仏像に

クスノキは彫刻しやすい木である。おとなしい木目で軟らかく、色艶もよく、大材が取れるなど利点は多いが、なによりその芳香であろう。ヒノキもそうだが、何年たっても香りは残っているので驚かされる。

先に記した世界で最初に造られた仏像は、牛《ご》頭《ず》栴檀《せんだん》という香木だったという。栴檀は双葉より芳しというが、インドでは白檀で作られた像を最高とした。わが国に白檀はないから、その代用として最も香りのするクスが選ばれたのではなかろうか。また飛鳥仏は百済観音が代表するように金属的な硬さがあるのが特徴だ。その金銅仏に近い表現のできる木彫仏の用材としてクスが選ばれたのだろうとされる。

欽明天皇一四年に、海に浮かんで光を放つクスノキで最初の仏像が作られるのも、クスが仏像には最適の樹種だと暗示しているのではないかとされる。小原二郎は、おそらくわが国に伝来された北魏、あるいは南梁のいずれかの仏像の中に、南方産の香木で彫られた仏像があって、それに最もよく似た材としてクスノキが選ばれたのだろうし、あるいは金銅仏をもたらした百済の工人たちが、白檀に似た良木として、クスノキを用い始めたのかもしれないという。

それに対して『玉虫厨子の研究』で上原和は、「それも一つの卓見ではあるが、仏像伝来の当初に白檀像が船載されていたであろうか」と反論する。「白檀は隋・唐との交渉を持ってから伝来したのであろう。『日本書紀』の伝えるところによれば、仏教初伝の当時は金銅像か石像であった。しかも金銅像の初めて公伝されたという欽明一三年のその翌一四年には、早くも楠材で造られているではないか。楠こそ仏像にふさわしい香木であり、古代日本民族にとって、楠はまさしく神木で神霊の宿る木に他ならなかった。そこには楠の木信仰が底流にあったためだ」とする。

素戔嗚尊の「韓郷《からくに》の嶋にはこれ金銀有り、もし吾児の所御《しら》す国に浮寶《うきたから》有らずば未だ佳《よ》からじ」という浮宝を船の意味に解することもできるが、精霊《うきたから》の宿る木と解しておきたい。船は精霊の乗り物であった。異邦の神の姿もまた精霊の宿る神木で造られるのであったとされる。

しかしこの飛鳥・白鳳時代の木彫像は楠材の木目は見せずに仕上げには金箔をおき彩色したものが多く、木の特性を生かす作風のものは少ない。金銅像の代用として制作されたとも考えられる。さらに夢殿の救世観音や百済観音像の衣も垂直に鑿を入れた金銅仏に近い様式になっていることも考慮すべきだという説もある。これは容易に結論が出そうもない。

玉虫厨子と楠

ここで上原和『玉虫厨子の研究』により、あの有名な玉虫厨子にクスノキが使われていることを記させていただこう。

玉虫厨子（法隆寺蔵）

玉虫厨子は、法隆寺に伝わる飛鳥時代の仏像や舎利を安置するための容器で、装飾金具の下にあの美しい玉虫の羽を置いているのでこの名がある。

この厨子に描かれた絵は飛鳥時代の代表の遺品で、捨身飼虎図など興味深いのだが、それはさておき、この名品が日本で作られたものか、それとも百済からの舶載か、これもまだ結論が出ていないのである。上原は長年これを調べて、「私がこれを本邦作

天蓋の楽人（法隆寺金堂，クス材に彩色，7世紀）

と確信を持つのはクスノキが使われているからである」という。法隆寺の玉虫厨子は主要部分がヒノキで作られている。しかし台座に彫刻された蓮弁の部分のみはクスノキで彫られている。上原はここに注目した。

なぜすべてヒノキにせず、クスを混用したのだろうか。他にそのような例はあるのだろうか。ところが同様なのがある。法隆寺金堂の釈迦三尊および薬師如来像の台座も、主体はヒノキであるが、蓮弁の彫刻はクスノキである。さらに金堂の天蓋もヒノキであるが、それに取り付けられている天人や鳳凰の彫刻はクスノキである。またこのようにクスノキとヒノキが混用されているのは、これも法隆寺にある飛鳥時代の著しく長身な百済観音である。百済観音の御身体と光背はクスノキで作られていて、左手に持つ水瓶《すいびょう》と最下部の蓮華座だけがヒノキである。

このことから考えると、飛鳥時代にはクスもヒノキも共に用いられているが、彫刻の部分には必ずクスノキが用いられている。つまりこの時代は用途によりはっきり用材が区別されていたのである。ところが後世になると、木彫といえばヒノキと思って誤りがないほど、彫刻用材に著しい変化が生じたのである。

クスノキは済州島にまでは分布しているのだが、朝鮮半島には分布していない。ならば遠く百済まで用材が輸送されて、彼の地でこれが彫られたのだろうか。朝鮮でも楽浪および慶州の金冠塚からクス材の棺桶が見つかっているのである。ところがよくよく考えれば『日本書紀』の素戔嗚尊の有用材四樹の伝説があるではないか。

杉・橡樟は浮寶、檜は瑞宮、柀《まき》は顕見蒼生《うつしきあおひとくさ》の奥津棄戸《おきつすたへ》に将《も》ち臥《ふ》さむ具《そなへ》にすべし

上原は「単に使われている材料の原産地がどこかではなく、その材料の選択が、太古以来の民族的

百済観音（法隆寺蔵，像高 209.4cm）

な伝統的習俗と感覚とに従って、独自に行われているという点である。外来文化受容の問題で最も重要なのは何が受容されたかにあるのではなく、それがいかに受容されたかにある。受容の際の独自な変容の仕方にある」。そして、玉虫厨子も百済観音も国産だと結論した。

上原は玉虫厨子の建築部分がヒノキで、彫刻部分がクスノキだという神代からの伝承の、適材選択が混乱していないことから日本人の作だと確信し、あの観世音菩薩像も、その姿が長身で異様だから百済から渡来したとして百済観音の名を付けられたが、これもわが国で作られたものであるとした。そして今ではこれが定説となっている。

「玉虫厨子」を平成の技術で復元して法隆寺に奉納しようというプロジェクトができ、二〇〇八年三月に「平成の玉虫厨子」が完成。材料もそのままで、彫刻部分にはクスが用いられている。その制作の様子が長編ドキュメンタリー『蘇る玉虫厨子　時空を超えた「技」の継承』（乾弘明監督）という映画になり、評判になったのは耳新しい。

ところでわからないのは、なぜ七世紀の作品がクスノキで、八世紀前半以降になるとヒノキに変わるのかである。

くどいようだがもう一度書くと、現存する飛鳥仏の数十体のうち、約四分の一が木彫で、このうち、小原が調査した一〇体以上がすべてクス。一体だけ例外があり、これは新羅からもたらされたと思われる広隆寺の宝冠弥勒（菩薩半跏像）がアカマツであるだけ。それが天平時代になると一部にスギやカヤもあるが、ほとんどがヒノキになり、クスは姿を消すのである。強いて探せば平安初期の兵庫県妙法院の毘沙門天がクスノキだと認定されているだけである。

なぜだろう。小原も上原もこれには頭を抱えた。しかもそれが仏像だけでなく、現存する七世紀の伎楽面のすべてがクスノキ製であるのに、八世紀前半以後の大半はキリが使われているのである。都の周辺に生えていたクスノキを使い果たしてしまったのだろうか。急にクスの大材が減少したとは考えられない。

上原らは七世紀、つまり飛鳥・白鳳時代は丸彫りの背割をしない一本造りだったが、天平時代になると木工技術が発達し、製法が変わり、塑像が多くなり、心材としてヒノキを用い始めたところ、ヒノキは適度の堅さ、強靭さ、木目、木肌の美しさ、材質の素直さ、艶と香り、狂いが少ない特性など、彫刻に最もふさわしい木だと気がついて、クスの座を奪ったのではないかと想像している。

最近でも「日本古代における木彫像の樹種と用材観――七・八世紀を中心に」として、金子啓明・岩佐光晴・能城修一・藤井智之が論じているが、まだ充分な検討がなされるまでに至っていない。

歴史には謎が必要である。でもすべての「謎」が解消してしまえば面白くない。なぜ広葉樹のクスが針葉樹のヒノキやカヤに劇的ともいえるバトンタッチをしたのだろうか。あらゆる分野での検討が今後もなされて歴史のロマンを楽しませてくれるのを期待したい。

建材や工芸品などの楠

クス材を使った建築はかなり多いと思われる。しかし建物のすべてをクスで作ることはできない。なぜなら船のところでも書いたように、クスノキは太さはあるが、長さがとれない。板に作っても幅は広いが長い板はとれないから、城や寺院や大邸宅などの一部分にのみ使われたのである。

その一例が安芸の宮島、厳島神社の末社である豊国神社。これは本殿の東側、五重塔の方にある国の重要文化財に指定されていて通称、千畳閣という。この大きな建物の柱材で見てみよう。

それは天正一五年（一五八七）、豊臣秀吉により創建されたもので、毎月一度、千部経の転読供養をするための経堂として着工されたが、秀吉の死で未完のまま今日に伝わったもので、千畳閣という名前のとおり、畳を敷けば八五七畳にもなるという、桁外れに大きな建物である。都合のよいことに天井が張られてなく、建具もないから柱がよく見える。そこには一一六本の太い柱が使われ、そのうちクスは二四本、ツガが三九本、スギが三一本、ヒノキが二二本である。ヒノキのほとんどは大正六年の修理の際に取り替えたもので、当初はツガとクスが主で、一部にスギが用いられていたものと思われる。このようにクス材は単独ではなく他の用材と合わせて用いられていたのであろう。

奈良県桜井市と明日香村の境に建立されていて、今は遺跡になっている山田寺（六五〇年頃建立）の発掘中に、倒壊した回廊の一部が腐らずそのまま出土した。その回廊の柱は十数本あったが、一本をのぞくすべてがクスノキであった。さらに興味深いのは、そのクスノキの円柱の形が、年輪などから見て同じ場所に一斉に生育していたと想像されるのだ。それはこの辺りに生えていたクスノキを用いたのだろうし、クスの林があったのだろう。しかし全部をクスでまかなうことができず、ヒノキも混ぜざるをえなかったのだろう。

平成七年のこと、大阪府和泉市池上町の池上曾根遺跡から一本のクスノキの巨樹の丸太を刳り抜いた井戸枠が発掘された。直径二・二メートルの円形で、今から二〇〇〇年以上前の弥生時代のものと推定された。この遺跡は全国屈指の規模の大環濠集落で、史跡公園にされ大阪府立弥生文化博物館が

クスノキの彫刻（鷲本体は一枚板、台北三義六甲産、台湾製、鳴門市大塚潮騒荘にて）

でき、クスノキの井戸枠は復元されてレプリカが作られた。大人四人が両手を広げて取り囲み、まだ余りある大きさで、「こんな大きな木をよく刳り抜いたものだ、どんな道具を使ったのだろか」と見学の人を驚かせている。

クス材はさまざまな木工品にも用いられてきた。

正倉院の宝物の中にも「梗楠箱《くすのきのはこ》」というのがある。クスノキの美しい木目を生かした隅丸で大面取りの二六・七×三〇×一一・四センチの箱である。また「紫檀木画挟軾《きょうしょく》」という脇息には主に黒柿材を用いているが、表面の板の両端にはクスノキが使用されている。これらの宝物のクス材は後に書く玉杢《たまもく》といわれる特殊なものであるが、普通のクス材はさらに古く弥生時代の舟、臼、容器などに使われ、登呂や鳥浜遺跡の出土品などにもそれらしい木工の器具が見られる。

桜井市纏向《まきむく》遺跡出土の弧文円板もクスノキと同定された。

鎌倉時代にこうした木工技術は発展し、そのうちクス材は大きい板が採れ、木目が美しく他の木材よりも個性的な作品が作れると利用されることが多かった。

俗に「熱海細工」といわれる静岡指物にはクスノキが用いられることが多い。これは天保八年（一八三七）に熱海地方を襲った大暴風で不動沢の大クスが倒れたとき、その木目がたいそう美しかったので、これを利用して地元の人が膳、盆、椀、小箱などの日用品を作り始めたのが最初とか。またそれ以前の寛政年間（一八〇〇年頃）に創始されたともされる。いずれにせよ伊豆地方にはクスノキが多いし、台風の倒木を入手できたから発展して、やがて熱海の湯治客に喜ばれるようになり、明治初年には熱海物産の半額をしめるほどの特産品となった。現在も「熱海家具工芸組合」のメンバーが、箪笥、鏡台、座卓、針箱、硯箱、宝石箱、盆など高級家具の逸品を製作している。ところがこの熱海名産が売れすぎ、クスを濫伐してしまい、材料を他所から購入しなければならなくなった。

神奈川県箱根でもクスノキも使う寄木細工が盛んである。寄木細工は、いろいろな木材の色や、木目の違った多数の小片または木の板を、主として幾何学的な図案により配列して組み合わせ、これを他の木板に貼り付けたり、埋め込んでする装飾で、「箱根細工」として有名である。弘化年間（一八四四〜四八）にはじまると伝えられ、白はアオハダやミズキ、黄はハゼやニガキ、黒はクロガキ、赤はホオノキやクス、といろいろだが、赤にはクスが多く使われている。

夏目漱石もこれがお気に入りだったらしく、『虞美人草』で「フランス式の室の床は樟の寄木とか、寄木の小机に肱を持たせて寄木細工の巻煙草入れを置き」と描写している。

彫刻の材料としては、大きい一木での作品ができるから現代も盛んに用いられているが、小作品に

伊勢神宮の干支守り

は小細工がしがたく、根付などの精巧な仕事にはやや無理である。クスノキは刀痕で味を出しざっくりと彫る一刀彫に向いている。

伊勢神宮でも毎年お正月に一刀彫の干支守りを授与している。材はクスノキである。箱に詰められていると何年たってもクスの芳香がする。

文化勲章受賞の彫刻家、平櫛田中さん（一八七二〜一九七九）はクスを好んで用材にした。九四歳の時、内宮神楽殿でお目にかかった際、アトリエの庭には三〇年分のクスノキが用意してあると語られた。そして色紙に揮毫された。

いまやらねばいつできる　わしがやらねばだれがやる
六十七十洟垂れ小僧　男の盛りは百から百から

九七歳のとき小平市に自宅を新築、いつでも製作できるようにと、樹齢五〇〇年以上のクスノキの原木をどっさり保管し、それはいまも平櫛田中彫刻美術館に大事に保存されている。一〇七歳で天寿を全うされたが、まさにクスノキのようなお方だった。

富山県南礪市の井波《いば》彫刻は江戸時代中期からの大工の技が受け

クス材の欄間（伊波彫刻）

継がれ、特に欄間《らんま》が名高い。日本の座敷の両部屋の間や、室と廊下、縁側との間の鴨居《かもい》や長押《なげし》の上を抜いて嵌めた板の欄間は、桃山時代の豪華な御殿には、花鳥や藤や葡萄と栗鼠などの丸彫り欄間が用いられているが、その多くがクスノキ材である。数奇屋風の建築の欄間にはスギやキリがよいが、重厚な日本間にはクスノキが一番という。木が大きく厚く、深彫りができ、模様が重ねられ、色も重厚で香りもあるからである。

クスノキの欄間は北陸地方で好まれる。雪が降るから柱の太い立派な家をつくり、座敷に欄間を入れるのがステータスだった。昔は結婚式も葬式も家でしたから、お客に見せて見栄を張ったのである。井波彫刻協同組合では「欄間はクスノキで作るのが一番だが、最近は核家族化で座敷なんて作らんし、需要は減ってしまった」とこぼしておられる。

クスノキからは大きなものから小物まで、いろいろな彫刻品が作られる。獅子頭も作られている。現代でも寺院で使われる木魚の多くに使われている。大きいのもできるし、彫刻がしやすい、さらに良い音が響くからである。

クスノキ製の算盤も見たことがある。適度に軟らかく適度に堅

いので細かい細工には向かないものの、根付など小物の工芸品にもたくさん使われる。
家具にも好まれる。それは木目の美しさと芳香があるからである。京都では、お寺や神社での装束箪笥、法衣箪笥に虫がつかないからと特別誂えされ人気がある。もちろん仏壇にも好まれる。
昔は本箱にも喜ばれていた。樟脳の成分を含んでいるから防虫になるのは当然である。佐藤洋一郎の『クスノキと日本人』によれば、中国浙江省寧波《ニンポウ》市にある明代の図書館、天一閣は三〇万点の蔵書を持ち、その書庫のすべてを楠材で作ってあるという。
伊勢の神宮文庫も二八万冊の蔵書を持ち、そのうち一八万冊は和装本という、全国でも珍しい図書館である。私も神宮に奉職してまもなく、一年足らずであったが、この図書館に勤めたことがある。はじめて書庫に入って驚いた。一般の図書館のイメージとは違うのである。主に神宮に関する記録文書や神道・歴史・国文学の貴重な本ばかり、永久保存を主眼とするから、出納はきわめて慎重にならざるをえない。近頃の人は和本に馴染みがないが、洋本に比べると、湿気や紙魚《しみ》など虫害に気をつけねばならないし、本棚にずらりと並べることができず、積み重ねて整理しなければならない。

この図書館には本書を書くに当たってもお世話になったのだが、昔の大事な和本はセット毎に小型の本箱に納まっているのが多い。なかには楠材も使われたであろうが、漆や柿渋で塗られているので、容易にこの保管箱の材質は確かめられない。記憶ではほとんどが桐材であったように思う。楠材製の帙《ちつ》も使われていた。また本のページの間には手製の厚手の和紙の袋に包んだ木片や公孫樹《いちょう》の葉も差し込んであった。昔の防虫剤だ。薄く削った木片はクスだったと思う。

インターネットを見ていたら、クスノキ製のハンガーが売られている。洋服に虫がつかず、ナフタリン要らずらしい。またクスとユーカリを交互に張り合わせた合板をスピーカーの箱に用いると、自然な響きを出し、音響効果をよくするなど特殊な用途にも使われるらしい。また昔は樹皮や葉を粉末にして水で練ると粘性が強く、練香や線香の結合剤にしたり、木片を蚊遣りにした。八丈島では皮を黄八丈のとび色の染料に用いているし、クスの実は製蠟の原料にもされた。

玉目という楠材

材木商で珍重される銘木の一つに玉目《たまもく》がある。玉杢《たまもく》とも書き、如輪杢《にょりんもく》、如鱗杢、玉楠、梗楠ともいう。板目に細かく美しい密な渦巻状の木目が現われている木材であり、ケヤキやクスに多い。なかには自然が生み出した芸術品といってよい、みごとな木目を持つものがある。これは老木の根元に近い瘤《こぶ》になった部分や土中根から得られ、異常生長のため美しい文様をつくる。

湧きあがる雲のように、渦巻く濁流のように、水泡が沸きあがるごとく、年輪が複雑に交差して、

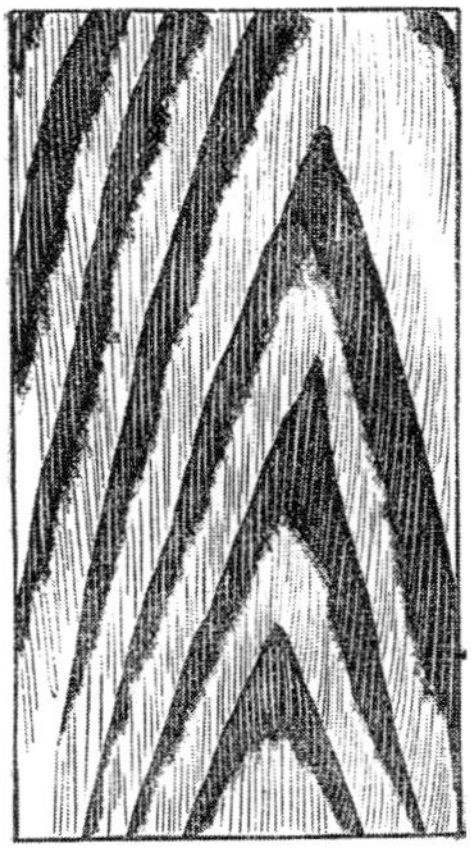
板目

珠文

影木（マイブロー）

クスノキ材の木目
（『クスノキ』より）

鉋をかけた下から現われる霊妙な大小の輪紋をなす文様とその光沢を、風雅を愛する茶人などは珍重して、いろいろな器物にしてこれを賞《め》でた。

神宮農業館の創設に尽力した明治の物産学者といおうか博物学者である田中芳男（一八三八〜一九一六）は、町田久成とともに日本の博物館の生みの親といわれる人だが、彼は大日本農会と水産会、山林会の創設に関与し、内国勧業博覧会などの審査委員長もしていたから、伊勢でわが国最初の産業博物館を作るにあたり、神苑会では彼にぜひ総合企画をと依頼した。

長野県飯田市出身の男爵で貴族院議員、従三位勲二等、東京で博覧会の仕事も忙しい人が、伊勢での仕事を引き受けてくれるだろうか。ところが、「お伊勢さんのためならやりましょう。ただし条件がある。自分の思うままに任せてくれるなら」。テーマは「自然の物産がいかに人類に役立つか」ときめた。彼がめざしたのは産業の振興。物産をいかに利用し、品質を高めるかであった。

クスノキの標本も置かれた。伊雑宮境内にあって元弘年間（六七〇年も前）の台風で倒れた楠朽材や、明治一四年の暴風で転倒した外宮の一〇〇〇年を経たクスノキの板。第四回内国博覧会出品の上総矢羽郡関村産の楠埋木板とか、伊勢四郷村産で同村の種苗交換会から贈られた二合壜入りのクスノキの種、伊豆熱海産の玉楠材製の提げ煙草盆、伊勢産のクス材の筆立てや盃などの製品も並べ、壜に入れた樟脳や、それができるまでの図解も展示された。また「香楠末」という台湾産の線香製造の原料とする、クスノキの皮や木片を日光または火力で乾燥して石臼で搗き、細粉としたものも壜に入れられていた。

林業分野では、木炭を作るにはどんな木をどのように焼けば、どんな木炭ができ、その容器にはどんなのがあるか。炭に適する木の標本、製品、各種炭窯の模型、俵のいろいろ。どの炭は鰻の蒲焼き、これは茶道用と誰にもわかるように解説し、さらに炭焼きの副産物のタールや木酸を防腐剤に活用することを教えた。

「造船用材鑑」として大湊町工業補習学校贈のサンプルには、龍骨は欅や黒松、外板には檜や杉、肋材にはクスといたりつくせり。

植物では棕櫚《しゅろ》に、魚類では鮫《さめ》に力を入れた。鮫の剝製標本も六四種一〇〇尾以上を集め、ヤシ科の常緑樹である「棕櫚の歌」まで作った。

比類まれなる棕櫚の木、蒔いて植え替え育て上げ、十年立てば用たちて、それより出来る産物は、まず第一に毛皮にて、年々取れて用いあり、そのあらましをあげるなら、大縄小縄、細縄に、帯・敷物、靴ぬぐい。叩き、束子《たわし》に下駄鼻緒、あるいは黒き染縄に、庭の植木や垣根に、飾り結

クス材最高の玉目（神宮農業館）

びて使うなり、濡れて腐らぬものぞかし……葉付きのままに用いなば、埃払いや蝿叩き、団扇に箒に帽子にも、笠、紐、幹は釣鐘の突き棒に、若い雄花は食べられる。これを千本植えるなら、家の宝となるぞかし、富の基《もとい》となるぞかし

なんとこの歌は三二番まで続くのだから恐れ入る。

道草を食ってしまったが、この田中芳男が農業館の開館に際し、最もこだわったのは新装なった農業館の入口に掲げる看板であった。クスノキの最高の玉目の一枚板を求めた。おそらく全国の林業会に呼びかけて探したのであろう。明治二四年のことである。

今も倉田山の神宮農業館の玄関入口の高い所に掲げられている額がそれである。揮毫するのは神苑会総裁、有栖川宮熾仁《たるひと》親王。高い所にあるのと、手入れがなされていないので、みごとな木目が窺えないのは残念だが、私は手にとって拝見し、磨いたことがある。文章《あや》が環紋状また渦状の杢《もく》になっていて如鱗杢《じょりんもく》ともいう。まさにこれぞ玉目の絶品であろう。玉目の最上品を「まいぶどう」というそうだ。外来語であろうが、舞葡萄かもしれない。ブドウの果実が風に舞うような自然の模様、まさにそんなイメージを彷彿させる文様が右下方には浮かび上がっている。

クスノキの植樹

クスノキの当て樹

現代はレーダーやナビゲーションが発達しているが、昔の人が位置を測定するには、山の姿やめだった巨木などを目印にすることが多かった。特に海上では必要であった。

漁民が海上で位置を測定する方法に、山掛けや山当《あて》、山を見るというように自分の船の位置を山々の重なり具合、島、岬などで知る術があり、同様に陸上のめだつ神社の森、大木、滝などを目標にすることがあった。そのうちで樹木を用いる場合を当て樹といった。

沿岸部の特にアワビやサザエなど貝類や、海底の根につくムツ、タイなど磯魚が集まってくる場所の海底の地形を記憶しておき、次も正確にそこへ船を着けるために、岩鼻と山上の木とが一直線に見える所を目当てに漕いで行けば、狂いなく漁場に到達するのである。

当て樹にするのはよくめだつマツやクスが多かった。私が住む伊勢市楠部町、正確には神田久志本町の、現在は伊勢まなび高校の運動場になっている所にあった巨大なクスノキは、伊勢湾からも見え、小魚を獲る漁民が目安としたという。

『静岡県史　資料編23　民俗一』で野本寛一は伊豆地方の当て樹の例を詳しく報告している。それによれば、静岡県加茂村の宇久須港のウグスと呼ばれる漁礁はムツ・アジ・タイの釣場であるが、漁師たちは宇久須神社の「大明神の松」とその奥の山を結んだ交点を求めて決めたそうだ。海岸から宇久須神社までは約一キロで、大明神の松は三キロの彼方から遠望できたという。このマツは昭和六二年に松喰い虫のため枯れてしまった。さらに昔はこの地にクスの巨木があり、それを当て樹にしていたという。実は宇久須という地名は「大楠」からきているという。

伊豆地方にはクスの木をご神木とする神社が多い。熱海市西山の阿豆佐和気《あずさわけ》神社、通称は来宮《きのみや》神社の大楠は、幹周二三・九メートル、樹高二〇メートル以上。

河津町田中の杉桙別命《すぎほこわけみこと》神社、通称はここも来宮神社。国指定天然記念物の巨クス、幹周一五メートル、樹高二四メートルの神木である。

伊東市馬場町の葛見《くずみ》神社の神木も巨クスで、幹周一五メートル、目測の高さ二五メートル以上。これも国指定天然記念物で樹齢数千年といわれる。「葛見」は本来「楠見」であり、楠の信仰にかかわる名称で、さらにいうなら「楠望見」にかかわる名称だろうと野本はいう。

現在の沼津市、旧田方郡戸田村の部田神社には、瘤が付く大クスがあり、目通り約六メートル、高さは三〇メートル、遠方の海上からもその姿がはっきり認められるから、これも当て樹になっていたであろう。

相模湾沿いの小田原・真鶴から伊豆半島東海岸を中心に一〇社以上のキノミヤ神社が存在する。このキの文字は来・貴・黄・紀伊などが当てられているが、樹木を祀る、あるいは神の漂着を伝承する「来」、または「忌の宮」などと解釈されているが、一概には定められない。しかし野本は熱海西山の阿豆佐和気神社と河津町田中の杉桙別命神社がともにクスの巨木を神木として、しかも漂着伝承を伝えていることからすると、神が大きいクスを当て樹として寄りつかれるという意味で、「木」と「来」の重層にこそ真実があるはずだと説く。

クスノキの造林と記念樹

江戸時代の各藩のクスノキ対策は先に書いたが、明治になり伐採が激しくなって、これではならずと明治四年七月、政府は民部省達で官林規則を公布した。それには「松、杉、檜、栂、樫、槻、栗、樟などの木材は国家必要の品につき精々培養いたし、私林たりとも深切《（マヽ）》愛育の意を加うべきこと」とした。そして明治八年には製艦用材に必要だからと、槻、樟、樫、さらに檜、松、杉、槇なども地質に応じ苗木仕立てで植えるようすすめ、三一年に森林法発布。四〇年度から植栽に本腰をいれ、東京以西の各府県に国庫補助の県営樟模範林が設置された。

そして樟脳の専売制実施に伴い、七年計画で、一〇〇〇万本以上の植栽がなされた。ところが当時の技術は適地を誤り、広い面積に一斉に林造成をしようとし、植え付け後の保育管理もおろそかになり、十分な成林ができなかった所が多い。

大正一三年（一九二四）には、専売局がクス植栽奨励施策として樟苗を養成し、一般の植林家に無償で配布するなど増殖奨励をしている。

これより先、日露戦争勝利を記念してクスノキを植えつけ、凱旋記念林を造成することを奨励するとともに、樟脳原料補充のため、枝葉で作る樟脳が提唱され、喬林仕立てとともに萌芽林仕立ても推奨された。この枝葉製脳は他の造林より収利が早く利益が多いと推奨したが、先にも書いたように刈り取り運搬が大変なこともあり、あまり進まなかった。

日露開戦を記念して、明治三八年（一九〇五）に執筆された三溝謹平の『くすのき』は一〇〇頁足らずの本であるが、樟脳の原料として貿易に有用な樹種として、国益のために栽培を奨励している。それによれば、近年は若木や枝葉からも収益が得られるようになったから、子孫のためだけではなく、自身の生涯中にも着々と利益が得られると説く。この頃に奨励された茶摘のように葉を刈り取って樟脳を取る方法である。

植えよや植えよこの苗を　蠟の木よりも漆より国の利益は樟なりき　河の堤や山の岨　屋敷のめぐり垣の本　蒔けよこの種うえよこの苗　粟より小さき一粒の雲を凌ぎて伸び立てば春は青葉の若みどり　夏は木蔭に涼みして　秋は紅葉の色を愛で冬は梢に雪の花　この樹の老いて倒れなば伐りて刻みて蒸釜に掛けてひきたる樟脳こそ　上なき国の宝なれ　この樹の生えぬ外国は人の力に造るとわ　これを思へばわが邦は上なき天の賜ぞ……天の賜いたづらに植えてとらぬは愚かなり　富国の術をしらずして種をまかぬは不忠なり　山桜より紅葉よりすぐれたる木は樟の木ぞ植えよこの苗　蒔けよこの種

なんと勇ましいことか。一町歩に三〇〇〇本の苗木を植え、これを三分して、二分を生涯の収益にし、一分すなわち一〇〇〇本を一〇〇年後の子孫のためにすれば驚くほどの巨額となる。九州地方の俚諺に「クスは毎年樹価一円ずつ成長する」という（注＝そんな俚諺があるのかしら）。そして種のとり方、苗床の作り方、接木の仕方、樟脳をとる方法まで詳しく伝授しているのだが、これより先、西洋で人造樟脳が発明されているので安心はできぬとしながらも、輸出額を伸ばしますます斯業を拡張させるため努力したいと力んでいる。しかし最後に、二年前の明治三六年に、これまで民業だったのが法律第五号で専売法が発布され官業になったと、複雑な筆の運びで終わっている。

神奈川県湯河原町鍛冶屋のクスも日露戦争勝利記念の造林であり、各地でなされたようだが、今ではほとんど忘れられている。

明治四〇年（一九〇七）、専売局は文部省と相談して、学校構内の空地にクスノキを植え付けることを各府県に訓達を発した。その理由がふるっている。

学校および学校運動場の周囲などにクスノキを栽培することといたしたし、これにより一面、学校の財産を増殖すると同時に、一方においては国本培養となるのみならず、植え付け後五、六年の後には、枝葉製脳の実験をしようとするときは、生徒の理化学研鑽上趣味これあるべくと存じられ候

というのだから面白い。なおこの時代、クスが特に奨励されたのは楠公の勲功で薫り高くなったのは

言うまでもなかろう。

大正四年（一九一五）の御大典には各地で記念植樹がなされ、これにクスノキが用いられたのも多く、昭和一七年（一九四二）にも大東亜戦争記念造林運動でクス造林も呼びかけたが、戦争は激化して、もうそんな余裕はなかった。

専売局では、大正時代からクス苗や優良な種子の無償交付の活動を行なってきたが、大戦中は植樹まで及ばず、無計画に伐る一方で、さらに戦時と戦後の森林濫伐で国土は荒廃し、災害が生じ、木材と水源涸渇のピンチを迎え、緊急の国土緑化の必要に迫られた。そこで昭和二五年（一九五〇）に国土緑化推進委員会が結成され、専売公社と日本樟脳協会もこれに参加。クス苗一〇万余本を交付し、「緑の週間」の植樹運動が一大国民運動として展開される。

昭和二六年一一月には、講和条約調印記念に国会議事堂前にクスノキが植栽され、今は大きく成長をしている。早稲田大学のキャンパス内にも「大隈さんのクス」と親しまれる樹がある。大隈重信が植えた記念樹だと伝えられている。

明治神宮の楠

東京渋谷の代々木の地に、明治天皇と昭憲皇太后二柱の神が鎮まってから九〇年ほどになった。いま明治神宮の内・外苑の森は、人工でもって自然林をみごとに復元した最大規模の傑作だと、世界に評価されている。

この神苑にクスノキはどれほどあるのだろうか。クスノキは東京にはそんなに多くない。もっと暖地を好むからである。入江相政編『宮中歳時記』によると、皇居内には一六二本あり、そのうち、周囲一・五メートル以上が一三一本。最大は四メートル以上、高さ二一メートル、樹齢は二〇〇年くらいという。よく似たタブノキも一二一本あるそうだ。先日も久しぶりに上京して、二重橋から仰いだが、ちょうど若葉の頃とあって、もくもくとカリーフラワーが盛り上がるような姿が目にしみた。明治神宮のもさぞきれいだろう。

明治神宮が造営された当初、全国各地から一〇万余本の大量の樹木が全国民の真心を込めて献木され、七〇万平方メートルの代々木の内苑と、三〇万平方メートルの青山の外苑が完成するのだが、当時の献木台帳は内務省に保管されたまま、大正一二年の関東大震災で焼失してしまって、今どんな木が何本と知る資料はない。だが昭和五年に出された『明治神宮造営誌』（内務省神社局刊）によれば、台湾総督府からクス苗五〇〇〇本をはじめ、甲類（大木）としてクスやタブ類もかなりの献木があったことが知られ、クスの板材も社殿や付属の建物用にと奉納されている。

神社の境内として永遠に森厳幽邃《しんげんゆうすい》な風致を維持するには、その地の気候風土に適した強健で、将来植栽せずとも自然に更新する木が望ましく、慎重に審議してスギとヒノキの針葉樹類を主として、カシ、シイ、クスなどの常緑広葉樹を交えて、永久に繁茂して、昼なお暗い密林にしたいと計画した。この地はいくぶんの高低起伏はあるが、土壌の性質は必ずしも理想的ではないから、スギやヒノキは神社にふさわしいものの都会の煙害には弱いから、いろいろな樹をミックスして、神殿の近くは神聖に、その他は代々木の森にふさわしくと区域を定めて植樹したのはいうまでもない。そして将来の林相の変化を予想して植栽計画がなされた。創設の当時は、遠くから望めばマツの木ばかりがめだった

明治神宮の森の計画（林苑ノ創設ヨリ最後ノ林相ニ至ルマデ変移ノ順序.
『明治神宮造営誌』内務省神社局）

そうだが、近くに行けば大小不同の林相だったという。

『明治神宮造営誌』にある林苑の創設より将来の林相に至るまで、どのように変移するだろうかの予想図を抜粋させていただく。

社殿近くのクスノキは大正一三年（一九二四）の調べでは目通り三〇センチ以上のが二五本、昭和四六年は同じく二六本、内苑の全体では、大正一三年が二九二本、昭和九年には三〇センチ以上が七四六本、以下が三四一五本。それが昭和四六年には三〇センチ以上が二一〇一本、以下が一二八八本と成長している。ちなみにアカマツは大正時代に八九本あったのが、昭和四六年には三二本、全体では二八三四本が三六一本に激減し、クロマツも四三九四本が一四三五本、ヒノキもスギも減ってはいるが、全体として常緑広葉樹と落葉広葉樹のバランスがよく、そこに針葉樹も混交して、みごとな造成ができて、現在は二四〇種約一六万本だそうだ。

代々木の森の植栽計画の当初は、日光東照宮のようなスギを中心にせよという政治家たちの声もあったが、すでに森の端には環状山手線の蒸気機関車が走っていた。この煤煙やこれから増加するだろう工場の煙害にスギは弱いという学者の声が説得力になったと聞くが、もし山手線が走っていなかったら、今頃さぞかし都民はスギ花粉に悩まされていたことだろう。

関東地方以北では、クスは植え付け後の越冬が困難で、枯れてしまうものが多い。二メートルほどに成長すれば、その後は条件がよければすこぶる生育は良好であるが、それまでの保護が大変である。東京でも実生で多数が育っている。条件さえ整えれば暖地と同じ発芽が可能ということを明治神宮の森が証明している。

街路樹の楠

樹にも陽樹と陰樹がある、クスノキは陽気な木である。植樹するには暖かく、少し湿りがある肥えた地がよいが、萌芽力が強く、成長も早く、移植が容易で、病虫害や煙害、排気ガスにも強く、潮には弱いが風には強い。さらにクスノキは葉に厚みがあり、葉を付ける密度が非常に高いので、交通騒音を低減する効果があろうと街路樹に活用される。もちろん常緑樹でいつも緑の葉があり丸裸になることはなく、特に夏季には涼しい木陰をつくってくれる。公園や学校や病院、静かな環境の大規模な庭園などにふさわしい木である。

ところでクスは防火樹として良いという説と、反対に火がつきやすいから駄目という説がある。阪神淡路大地震の際に発生した火災が公園のクスノキで止まったともいうが、昔から葉に樟脳や樟脳油を含むから燃えやすいともされている。江戸時代の博物学者、小野蘭山は『物理小識』で、クスは老いるとおのずから火を出して焚《や》く、城州の八幡社の老クスが自ら焼けた例もあるから家室に近づけるなと書き、これを見た南方熊楠は驚いて、書斎前のクスが大風が吹くと電線に触れるので漏電失火を心配し、あわてて人を雇い大きい枝を払わせたそうだ。

また火事のとき、クスが水を吐くという埼玉県の伝説もある。自ら火や水を出すことはないだろうが、防火樹としての役目はどれほど果たすだろうか。ちなみに防火樹にはイチョウがよいとされるが、冬は丸裸だから役に立たないだろう。その点クスは一年中葉が茂り、火はつきにくいが、いったん燃えると消えにくいから、あまり大きな期待はできないと思う。

クスノキの並木通りは各地にある。私の一番印象に残るのは熊本市の中心地、その名も「オークス通り」である。高級ブティックやインテリア・ショップが立ち並ぶ通りにクス並木が続き、夜にはライトアップもされて外国に行ったような気分になるすてきな町である。

伊勢市の場合は、明治四三年三月に開通した旧国道一号線（現在では県道）の御幸《みゆき》通り、これは明治天皇が参宮された外宮と内宮を結ぶ道なので「お成り街道」ともいう。その歩道には風致樹として、初め、サクラとカエデの両樹を交互に植えた。これは真珠王で名高い御木本幸吉の寄贈で、年々の補足維持金も添えて三重県に寄付したのである。ところが春は桜、秋は紅葉と風情があるが、冬に葉がなく寂しいので所々にクスを植えることにした。一〇〇年近くの年月に、交埴していたサクラとカエデはほとんど世代を交代させ、その跡にクスやカシなども植えられている。クスが一番樹齢がある。若葉の頃は美しく、夏は木陰になり涼しそう。あえて欠点を言えば根が盛り上がり、歩道のレンガを持ち上げることもあるので要注意。

また伊勢市常盤一丁目、ＪＲ山田上口駅前にはおよそ一五〇メートルにわたりクスノキ並木が続いていて、そばに石碑がある。「朝鮮民主々義人民共和国　帰国者記念植樹　一九五九年」とあった。

安芸の宮島・厳島神社の大鳥居の楠

日本を代表する風景の一つに、海の中に立つ赤い大鳥居があるのは誰もがご存知、広島県廿日市市宮島町の「安芸の宮島」のシンボルのあの鳥居。あれはクスノキで作られているのである。現在の鳥居は明治八年に、樹齢七、八〇〇年のクスノキで作られた。島から向かって右が九州の宮崎県日向産、左が四国の香川県丸亀産である。

厳島神社大鳥居正面・側面図

厳島神社の大鳥居の形式は四脚鳥居や両部鳥居、またワク指鳥居ともいう。図で見ていただきたいが、主柱の前後に袖柱を建て上下の貫《ぬき》で繋ぐ。干潮のときは砂州に建ち、潮が満てば下貫近くまで海水に浸る。伊勢神宮の鳥居（神明鳥居）のように二本の主柱では、海中に掘立て柱の穴を掘るのが難しいから、この形式になったのだろうが、この大鳥居の創建はいつなのか詳らかでない。

厳島神社は『延喜式』には伊都伎島神社とあり、推古天皇の御世に勧請されたという。平清盛により仁安三年（一一六八）に造営されたとき、朝廷に奉った解文に鳥居四基、そのうち有浦大鳥居一基というのが見えるから、当時から同じような規模で建てられていたと思われる。そしてそれはクスノキ材で造るように定められていたらしい。クスノキは浮宝といわれた船材にされたほど水に強いからである。

『厳島神社国宝・重文建造物昭和修理総合報告書』や『芸備地方史研究8』の小泉来兵衛「厳島大鳥居に就いて」によると、初代は仁安三年で、二代目が一一八年後の弘安九年（一二八六）。その次が建徳二年（一三七一）、四代目は天文一六年（一五四七）、五代目は永禄四年（一五六一）、六代目が元文四年（一七三九）、七代目が享和元年（一八〇一）、そして八代目が明治八年（一八七五）で、現在のそれである。

この他に応仁四年（一四七〇）になされたという記録もあるが出典がはっきりせず、天文一六年の安芸守護大内義隆の文書に大鳥居が「久々断絶之間云々」とあり、応仁の乱に始まる戦国時代であるから、応仁四年は準備をしたもののできなかったのかもしれない。また正徳六年（一七一六）には風もないのに倒れたという記録もある。これは五代目の鳥居で、毛利元就と隆元が造進し、主柱は二本とも能美島大原中村より切り出したクスだと記録されている。一五〇年の風雪を耐えたことになり、よほど良材を選び剛堅に建てられていたのであろう。

七代目もしっかりした記録が残る。用材は寛政一一年に紀伊国牟婁郡島勝浦の巨樟三本を一五〇〇金で買い、斧を入れて船で運ぶ。柱はクスの荒木で所々に皮が付いているのを使い、東の方は一木だが、西は接いで鉄の輪をはめた。ところが嘉永三年（一八五〇）八月七日、台風のために大破、柱も傾き、額も波に漂い、阿たた島で拾われて神社に返された。建立して四九年目であったそうだ。六本の柱はそれでも虚しく海中に建っていたが、風致に害ありと藩は取り片付けを命じた。それから二四年間も鳥居の姿はなかった。

明治になって再建の議が興ったが、維新でそれどころではなく、明治五年に教部省に再建を願い出て許可は得るが、「国家多端の折に付き地方で適宜に処分いたせ、公費は相成らず」というから、神官はじめ関係者は苦労した。だが浅野家より主柱のクスノキ二本を寄進されたのに力を得て奮起し、浄財を募り、明治七年一〇月に斧初め。同八年七月一八日に盛大な上棟祭をした。時の宮司は浅野忠、

厳島神社大鳥居（磯部篤撮影）

権宮司は野坂元延であった。主柱のクスノキの自然木は、宮崎県は日向国児湯郡岡富村と、香川県は讃岐国丸亀和田浜産。根継ぎ材は厳島亀居山のものを採用した。これが現在のものである。

ところで、歌川広重の「六十余州名物図会」という安政三年（一八五六）九月に発行された大判竪絵で、目録を含め七〇枚セットのうちの一枚に「安芸　厳島祭礼の図」と題する珍しい版画がある（越村屋平助版元）。

初代歌川（安藤）広重（一七九七〜一八五八）は「東海道五十三次」を代表作とする風景画を得意としたが、あまり旅をすることなく各地の「名所図会」や「山水季覧」などを参照して描いたといわれる。写真ではわかりにくいであろうが、大鳥居の柱はいかにもクスノキらしい特徴がよく描かれ

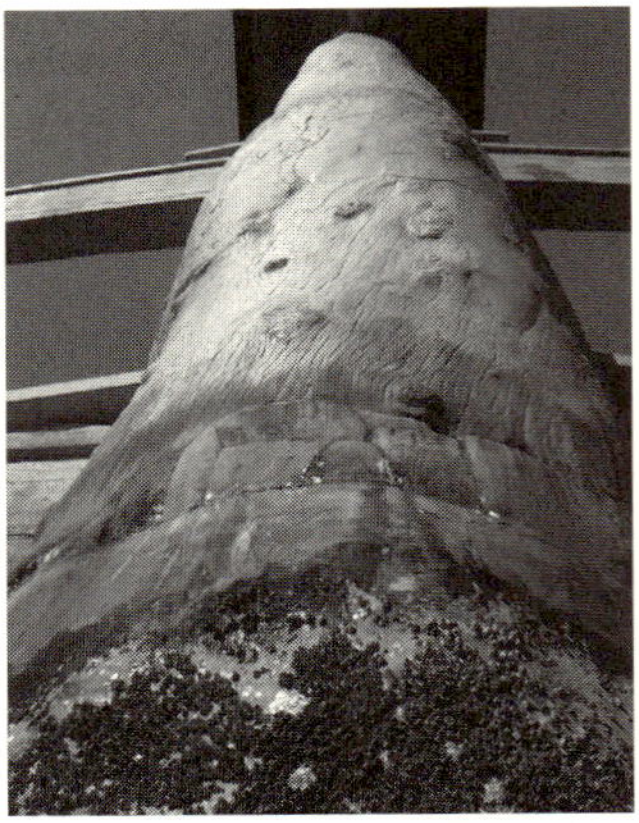

厳島神社大鳥居

「安芸　厳島祭礼之図」（歌川広重『六十余州名所図会』）

ている。そして貫は新材の感じが出ていて建造されたばかりに見える。どう見ても新しい鳥居だ。ところがこれが描かれた嘉永六年（一八五三）一二月には鳥居はなかったはずである。三年前の大風で大破して傾く柱が残っているだけだったが、それも取り払われて明治八年まで二四年間の空白の時代である。はたして広重は実際に見て描いたのだろうか。

「六十余州名所図会」は最晩年の作品であるが、この年に名作とされる阿波鳴門の渦巻きの作品を残している。後妻の回顧談ではそれほど取材旅行はしなかったが、鳴門の図を描く時には出かけたという。阿波まで行ったなら錦帯橋も宮島も実際に見たであろう。

普通なら赤く塗られた鳥居を思い浮かべるが、これは素木のままで彩色は施されていない。できたてほやほやの感じである。

明治初年の廃仏毀釈の世には、神社を朱塗りにするのは仏教の影響だと、厳島神社の建物も一時は丹の色をそぎ落とされたことさえあった時代。明治三四年には社殿は大修理がなされ、再び丹塗りに復旧している。明治八年に建設された現在の大鳥居も明治四二年に朱を塗られたが、それまではクスの素木のままであった。はたして広重はいつ、これを製作したものかと私は頭を抱えている。

厳島神社の大鳥居のクスノキ探しの苦労話

厳島神社大鳥居は明治三二年に国の特別保護建造物になり、昭和四年に国宝指定、昭和二五年に法律改正で重要文化財となり、今日に至っている。その規模は、

主柱の高さ（桁行）	一〇・九三八メートル（三六尺一寸）
袖柱（梁間）	九・三九三メートル（三一尺）
棟高（地盤～棟木上）	一六・三六二メートル（五四尺七寸）
上棟長さ	二四・二四〇メートル（八〇尺）

屋根は檜皮葺きで、基礎は千本杭で打ち固め、石据とコンクリート。丹塗りである。

この大鳥居は社頭平舞台の火焼前《ひたさき》から八八間（一六〇メートル）沖合いに建ち、潮が引いたとき下まで行けば柱の下は八畳敷きの部屋ほどあるという。そして上部の島木が箱型になっており、中に丸い栗形の小石がいっぱい詰められているそうだ。鳥居が浮かないようにしてあるのだ。そしてこの小石は一字一石の写経で祈りが込められているそうだ。昔の人の知恵と祈りには感心させられる。

明治八年の建立だからもう一三五年も建っている。塗装修理は一〇年ごとに計画され、平成五年に

なされた。いくら水に強いといっても脚部のクス材も海虫の被害などで傷む。昭和二五年に大修理をして、さらに毎年のように東京国立文化財研究所に依頼して調査し、最新の樹脂加工の技術で修復、修繕されている。

世界遺産であるこの神社の建物の維持管理は実に大変だが、この大鳥居もやがて柱のクスを準備しなければならなくなる。その準備がいかに大変かを知るために、過去の苦労話を紹介しよう。

「明治八年大鳥居重造記」によれば、先に少し記したが、享和元年に国守の浅野家により造られたものが嘉永三年の大風で破損、二四年間も姿がないのを浅野家は捨てて置けず、まず柱にするクスノキを広く各地に求めた。摂津の国に大きいのがあると告げる者あれば使いを出し、それが小さいとわかれば河内、伊賀、紀伊、大和、播磨など尋ねさせるが、ふさわしいものがない。日向にあるというから山を分け谷に入り、やっと児湯郡岡富村で高さ・太さのかなうもの一本を見つけ、手付けの黄金を取らせて帰り、これに並ぶのを伊予、土佐、讃岐と尋ね、丸亀の和田浜にふさわしいのがあると聞き、また使いを出すが、先に伐採したのより劣るので躊躇するが、この地に熱心な厳島神社の信者がいて断わりきれずに困っていると、どんどん年月が経つばかり。さらに良い木をと捜すが、太いのは短く、高いのは幹細く、これはと思うと深山幽谷にあって、出すこと不可能。そうこうしていると明治維新、浅野家は東京へ、神社は国幣中社となり神官も代わる。いつまでもこうしてはおられぬと、例の讃岐の木に地元の亀居山の短いが太い木を根継ぎすることにした。袖柱は御山の産で、棟と屋根板は宇和島産のクスを使った――と、ずいぶん苦労したのである。

建造後七五年経った昭和二五年、柱の基部の腐朽により、根継ぎと屋根の取り替えを主とする大修理を行なうこととなった。全部を作り変えるのでなく根継ぎをするのだからと、困難は多少覚悟をしていたものの、甘かった。根継ぎ材を集めるのも大変なことだった。その詳しい記録が残されている。クスノキに関する部分のみごく簡単に要約する。

根継ぎ材に必要な用材のサイズは、主柱で高さ一〇尺のところで直径六尺（約二メートル）、底部の根張りは一二尺を必要とする。袖柱も高さ六尺の所で径三尺以上、底部の根張り径六尺を必要とした。こんな巨材は神社か寺の境内か、富豪の屋敷地にしか存在しない。社寺だったら氏子や檀家の承諾が必要だし、神社庁や神社本庁の承認がいる。現代ならばほとんど県や市や町の天然記念物や保護樹になっているはずだし、必ず、売る、売らないの両派に別れ、伐るのに反対の声が出るだろう。また富豪となればよほど経済的に困っていない限り、先祖伝来の巨木を売ろうとはしないだろう。

神社では文化財保護委員会や教育委員会と相談して、先に重文の高知城の修理の用材を調達した経験者などの案内で福岡県下を探し歩いた。九州の神社には格好のがあるが、ほとんどは指定されていて無理だった。

街道筋の大きな家の竹藪の中に立派なのがあったが、主人不在で駄目。朝倉郡でも見つけたが主柱には小さく、袖柱には大きく中途半端。次々と捜すが、これはと思うと隣家の屋根に覆いかぶり採伐が困難。適材があると知らせてくれても、価格があまりにも高かったりでまた出直す。

二回目も久留米方面を捜した。バスを利用するから不便である。「向こうの水平線の森の上に丸く高い木があるでしょう、あれです」、あそこまで歩くのかとうんざりする。これはよいと思っても中に空洞があるのが多くて断念。寺の境内にあるものならよいが、墓所にあるのは駄目。三回、四回と調査に行く。申し分ないのが神社の境内の斜面にあったので交渉して総代会を開催したが、議論百出。「宮島の大鳥居なら売ろう」というのと、「伐ればこの神社が寂しくなる、ご先祖に申し訳ない」何時間も話したが決まらない。

五回、六回と旅に出た。ここでの木の持ち主は敬神家で伐採を承諾してくれたが、東京に住む弟が反対。厳島神社の大鳥居になるのだから名誉なことだと説得を重ね、やっと入手できた。さて今度は運搬が大変である。現在なら道も広くなり車も大きくなったが、まだ終戦間もない昭和二五年のこと、大型トラックに積むのも大変だったが、途中の十字路が曲がれない。角のアイスケーキ屋の隅柱を切ってもらって、やっと通れた。駅まで運び貨車に積んだが、鉄道で運べるぎりぎりの限界で、トンネルを無事通れるかの検査など大変だったという。

記録を残した筆者は、次に工事をするときは必ず用材が確実になってから着手せねばならないと、クスノキ探しの用材確保の困難さで、眠れぬ夜が続いた日々を記す。大修理の根継ぎ材でもこうだから、新造となればどれほど困難であろうか、いずれは建てねばならない。先が思いやられる。

第六章　楠の雑学・民俗学

楠のエピソード

神主泣かせのクスノキ

若い頃、私は東京都葛飾区立石の熊野神社で神務実習のご奉仕をさせていただいた。神田明神の大鳥居信史宮司さんのお宅がある神社で、大変お世話になった思い出深いお宮である。この神社にも葛飾区の指定保護樹になっているクスノキの大木が二本あり、氏子は誰もが神社のシンボルと仰ぎ見る。全国的に見ればそれほど巨木ではない、どこにも見られるほどの大きさであるが、熊野幼稚園の庭に涼しい木陰を与えてくれ、社殿に貫禄を示す、どっしりとした存在感を持つ大木だ。

特に御本殿の両脇に同じサイズで聳え立つのは珍しく、この神社の創建の当初、江戸時代初期に植えられたものとはっきりわかる、まさにご神木である。ところが、四月半ばから初夏になると、落ち葉がちらほら、ぱらぱら。ちらほらならばかわいいが、がさがさ、ばらばら、風が吹き、吹き溜まりにはうず高く盛り上がる。その始末が大変。竹箒で掃いても掃いても次々と落下。これは関東以西の特に太平洋側の神社はほとんど同じ悩みをお持ちであろう。

神宮でも、月読宮など別宮の勤務をすると、この落ち葉に困る。朝きれいに掃いたのに、仲間の神主さんと交替をする頃には、参道は薄茶色の絨毯模様。「掃いても掃いても降ってくる、クスはほんとに困った木」と「ポチは本当にかわいいな」の替え歌を口ずさんで掃除していた頃を思い出す。

まひるまの嵐吹きみだる樟わか葉　明るきかげをふりしきらせり　古泉千樫
楠嫩葉《わかば》繁み立つあたりひとしきり　古葉散るなり風もあらぬに　井上孚麿
丘を吹く風のまにまに玉砂利の　隠るるまでに楠葉散り敷く　谷分道長
苑丁の掃いても掃いても楠落葉　湯沢碧水

夏目漱石が『虞美人草』で「黒ずんだ常磐木の中に、けばけばしくも黄を含む緑の粉となって空に吹き散るかと思はれるのは樟の若葉らしい。久しぶりで郊外へ来て好い心持だ」と記しているのは、若葉ではなくて老葉であろう。

先日も友人の岡山県の宮司さんと話したら、「私のお宮にも大きい楠が社務所の屋根を覆っていて落ち葉に困るのです。バッサリ伐ってしまいたいのですが、氏子さんらはご神木だと思っているので伐るのをためらいます。総代さんも伐ることに反対されるのです。でも落ち葉の始末は掃除する身にならねばわかってもらえません。私の判断で太い枝をバッサリ落としましたよ」。

昔と違って現代は域外地にある摂社の近くにある民家から、落ち葉の苦情が出たりして管理に苦労もする。

樹齢2000年のご神木，大クスの苗木授与（来宮神社）

落葉樹の秋の落ち葉はどこの家のどの木の葉だかわからぬものが多いが、季節外れの楠の葉はどこのどの木のものと一目瞭然だから、「お宅の落ち葉がわが家の庭に落ちてくる、困るよなあ、枝を落として木をちぢめよ。さもないと署名運動して殴りこみますよ」とクレーム。夏には緑の木陰を作り、近隣から喜ばれるクスノキだが、春先にはこのお宅だけヒステリック。こうしたことは今各地に生じているのだ。「お互いさま」という気持ちがなくなり「けしからん」一辺倒である。クスノキは新芽が落ちついた梅雨時が剪定の時期、だがその時期では落ち葉対策にはならない。

木の都合などお構いなく、人間の利便性、効率を優先する時代風潮にあるのが嘆かわしい。二酸化炭素を吸い酸素を出して、自然のふれあいで心を静めてくれる緑を大切にしないと、無味乾燥な砂漠のような街になる。「緑豊かな街つくりの最大の敵は、住民のエゴなのかもしれない」と朝日新聞の「住まいに役立つコラム」で鈴鹿規子さんが言われているが、同感である。

平成一一年のこと、伊勢の神宮では外宮の神楽殿が明治二五年に新築以来、百有余年、何度か改修が行なわれてきたが、老朽化ははなはだしく、建て替え工事に着手した。ところがその中庭には大きなクスの古木が三本あった。もっと大きな神楽殿にしたい、だがクスが邪魔になり、伐るか残すかの判断に意見は分かれた。多くの参拝者がゆったりできて、使い勝手の良い施設にしたいという神主の要望。自然保護の観点から残しておきたいとする神宮司庁の営林部。建物の管理上、伐採したいという営繕部。会議は重ねられた。結局は国立公園に指定されていて、神宮自然保護委員会や神宮域内地保護委員会の意見によって木は一本たりとも伐らず、移植できるものはすべて別の場所に移殖することにした。三本の巨木はそのまま残った。だがその結果は設計上の問題もあり、初夏の落ち葉の管理に担当者は泣かされているらしい、難しいことである。

たしかに神木とみなされるような巨樹の伐採にあたっては、土地の人々と管理者との駆け引きがある。巨樹が持つ一種独特の雰囲気と、何か神秘的な力が宿る木を伐る行為がなんだか後ろめたく、罰が当たりそうで、伐採をためらう場合がしばしばある。大昔から命じられた樵《きこり》が嫌がった話が伝わるが、それはまた後で書こう。

クスノキはシイノキと違い、同じ照葉樹でありながら陰湿ではない。境内にシイの巨木があるとその下の空気は湿気を含み、どんよりと重く、昼なお暗く、湿っぽい落ち葉が堆積し、陰鬱である。だがクスは明るく芳しく、特に新緑の頃はなんともいえない芳しい香りがして、爽快な気分になれる。だからクスの木は大好きという人が多いのだが、落葉と太い根が建物を持ち上げる。また実が落ちる頃には、踏みつけて白足袋が紫に染まるなどと、困った存在で、神主さん泣かせの木であることも確かである。植樹する際には将来を考え邪魔でないスペースのある場所に育てたいものである。

アメリカと中国のクスノキ事情

ロサンゼルスに楠並木の道がある。これは一八〇〇年にクスの実を台湾や中国から輸入して南部諸州に植栽したもので、庭木や街路樹に用いた。今も旺盛に生育しているが、日本と違い、大木でも地上一・五メートルくらいの所で五から六本の大きな枝に分岐しているという。アメリカでもはじめはクスを原料に樟脳を作ることを計画し、フロリダ州でなされていたが、植林には労力がいるし、一九二〇年にはドイツでテレビン油からの合成樟脳が輸入されるようになって中止され、以後は行なわれていない。

中国本土では福建・浙江・江西・湖南・広東・広西省に多い。中国での樟脳製造はきわめて古く、文献にはっきり出てくるのは万暦二四年（一五九六）の『本草綱目』であるが、もっと古く宋時代（五世紀頃）にあったともいう。『本草綱目』には「樟脳は韶州、漳州に出づ」とあり、発祥の地は福建省で、次に隣の浙江、江西省へと広がったのであろう。この地方には昔はクスノキが豊富にあったといわれるが、長く樟脳製造がなされたので、もうそれほど多くはなく、見られるのは若い散在木ばかりである。

中国の人家に近い所では、薪などに利用するため植樹をする風習はあるが、山地での大規模な植林はほとんど行なわれたことがなく、クスは大木になるため一般には敬遠され、一部落や一族の共有にされ、道端の庇蔭樹やクリーク沿いの風致樹、あるいは寺廟などに植えられているのは、わが国と同じ感覚である。また風水説でみだりに樹木を伐採すると疫病が流行し、人畜が死滅する凶事が起こると、植えることにも伐ることにも敬遠してきた嫌いがある。

私も中国や台湾でクスノキを気をつけて探したが、観光旅行であるし奥地まで行けなかったから、稚樹ばかりで、驚くほどの大木にはお目にかかれなかった。

ところで先年、広島県廿日市市宮島町の菓子組合が、名物「もみじ饅頭」の自動焼き機を中国にプレゼントしたところ、江沢民国家主席が大喜びして、「この赤い大きな鳥居はどんな木でできているのか」と尋ね、そろそろ修復の時期がきているのだが、もう日本にはこんな大きいクスノキはないので困っていると話を聞いて、「中国にはあるからこの鳥居の材はわが国が協力しましょう」と約束されたらしいが、さてどうなることやら。

シンボルの楠

クスノキを「県の木」としているのは、兵庫・佐賀・熊本・鹿児島の各県である。兵庫県は神戸市の湊川神社の楠木正成と結びつけ、熊本県は加藤清正がクスの植栽を奨励したからといい、佐賀や鹿児島はもちろん巨木が多いからである。

市や特別区のシンボルとしているのは、関東では群馬県の藤岡市。東京都は大田区・江戸川区・調布市、神奈川県の平塚市、静岡県の富士市である。中部地方では、愛知県は名古屋市と行政区の港区・南区。豊橋市・刈谷市・蒲郡市・東海市・尾張旭市・高浜市・岩倉市・田原市。岐阜県は大垣市。

三重県は四日市市。滋賀県は長浜市・守山市など。関西では京都府の八幡市。大阪府は大阪市の淀川区と岸和田市・池田市・吹田市・泉大津市・守口市・富田林市・河内長野市・和泉市・門真市・摂津市・東大阪市・泉南市・四条畷市。奈良県は五條市・御所市・葛城市。兵庫県は伊丹市・西宮市など。中国、四国では岡山県は倉敷市・津山市。広島県が広島市・福山市・三原市。香川県の善通寺市。愛媛県は今治市・新居浜市。高知県が高知市・宿毛市。九州は福岡県福岡市・筑後市・中間市・宗像市・太宰府市・小郡市。長崎県の島原市。大分県の別府市。宮崎県は宮崎市。鹿児島県の鹿児島市と鹿屋市である。

大学の木としてシンボルにしているのは京都大学だ。また県の花としてクスノキの花が選ばれているのは佐賀県である。クスの花はめだたないから花が選ばれているのは珍しい。

クスノキと地名

歴史的な地名として名高いのは『古事記』や『太平記』にも出てくる大阪府枚方市の楠葉である。楠葉は「くすば」とも、「くすは」とも読み、古くは葛葉とも樟葉とも表記された。ここには継体天皇の皇居があり、古くから駅が置かれ、中世には関が設けられ、古代朝廷が直営した牧場があった。また淀川を対岸の山崎に渡る「楠葉の渡《わたり》」でも有名。現在では京都市と大阪市の中間都市として、いま一番明るい若葉に輝いている町である。

クスノキは北限を関東とするから、当然それ以北にはクスに関する地名はきわめて少ない。すべてを調べたわけではないが、北海道の美深町に楠《くすのき》という町があり、山形県に楠峰、群馬県館林市や福井県武生市に楠町があり、富山市に楠木、新潟県新発田市と長野県戸隠村に楠川村があるぐらいで、ほとんどは関西以南である。

苗字と同じで「楠」の一字でクスノキという場合と、クスと読む場合がある。楠（くす）は三重県四日市市、和歌山県古座川町、岡山県富村、愛媛県東予市、高知県中村市、佐賀県相知町などに町や村の名になり、字の名にするところは多い。楠町《くすのき》は横浜市西区、静岡県清水市、岐阜市や各務原市、愛知県弥富町、名古屋市南区・北区、京都市中京区、大阪府堺市や富田林市・河内長野市・泉大津市、兵庫県芦屋市・姫路市、山口県岩国市、熊本市、福岡県北九州市門司区、大分県別府市他にもたくさんある。楠元町は名古屋市千種区、楠木は芦屋市、山口市、広島市西区、福岡市八幡西区、福岡県筑後市、長崎県佐世保市、山口県徳山市（現周南市）などにある。

クスノキの多い地方に楠に関する名があるのは当然で、クスを県の木とする兵庫県や大阪府には多い。楠本や楠原があちこちにあり、枚方市には、楠葉、楠葉丘、楠葉美咲、楠葉面取、楠葉牧、楠葉御園、楠葉花園など。泉南市には楠畑、楠丘や楠谷、そして東大阪市や八尾市と寝屋川市には楠根町が多い。ただし地名は現代においてもそうだが、まったく新しく付けられる場合があるから要注意。関西には楠木正成にゆかりがあるからと後世に命名されたのも多く、古くから存在したものとの見極めが必要だと、老婆心まで。

和歌山県には御坊市に楠井、和歌山市に楠見・楠見荘・楠本荘などあり、高知県には楠目・楠目城・楠山・楠島・楠原・楠瀬・久寿軒《くすのき》・楠木畷《なわて》・楠上・楠神など。愛媛県には楠窪・楠河・楠浜浦がある。福岡県内には大楠・楠田・楠橋・楠原《くすばる》など。熊本県には楠浦・楠野・早楠・楠甫・楠原・楠古閑《くすこが》村。鹿児島県下には楠川・楠元。長崎県には楠泊・楠原郷、二本楠・楠高・玖須・浜久須。佐賀県には楠ヶ里・楠久・楠久津など。大分県には楠屋鼻・楠本浦・楠野・楠浜・楠木の坪・楠大池・楠木生・楠山、そして玖珠町。この玖珠町は前にも書いたが、『豊後風土記』に出てくる大クスに由来する郡の名から付けられているのだ。

少し変わった名は広島市南区の楠那町、下関市の楠乃。三重県亀山市の楠平尾町、私の住む町、伊勢市楠部町も楠部なんてどこにでもあると思っていたが、意外や珍しいらしい。伊東市の久須美、岐阜恵那市の久須見。また埼玉の飯能市にも久須美があるが元は葛見であったからここは関係がない。

平成の大合併で三二〇〇余りあった市町村が一八〇〇余に再編されたので、由緒や伝承のある地名が消えてゆき寂しい思いがする。なお苗字の由来も地名から出ていることが多い。大昔にクスの大樹があることを地域住民が誇りとし地名にして、やがて姓が付けられるようになると、そこに住む人は地名をいわれに苗字にし、その子孫が繁栄して各地に広がったのであろうが、まさにクスノキの分布のごとく、氏族のルーツを地名から現代でも探ることもある程度はできるであろう。

原爆と楠

昭和二〇年八月六日、広島に、三日後の九日に長崎に原子爆弾が投下された。ピカドンといわれたごとく強烈な光と音とともに、一瞬にして平和な町並みは地獄と化した。

爆心地から約八〇〇メートルの長崎市山王神社には二本のクスノキがあった。社殿も樹木も焼き尽くされた。真っ黒く焼けた樹齢五〇〇年の大クスは枯れ死同然。米軍が撮影した原爆資料館所蔵の写真に無残な姿が残されている。この地にはもう放射能で植物は育たないのではないかといわれた。だがクスノキは生きていた。驚異の生命力で三年目にはいち早く再び芽吹き、人々に復興への希望を勇気づけてくれた。

山王神社のクスは「被爆クスノキ」として一九六九年に長崎市指定天然記念物になり、平和のシンボルとなった。そしてボランティア活動により種を採取して各地に配布。長崎市と姉妹都市になっている米国セントポール市をはじめ、世界平和を呼びかけるシンボルとして各地で大いに役立っている。広島市内にもクスノキは多かった。なかでも爆心地から四九〇メートル離れた中区中町の白神社や、平和公園のは有名である。ここでも数年後には奇跡的といわれる生命力で芽吹き、人々を励まし勇気づけた。いまこれらの木の二世が各地で育てられ、平和運動に活用され、全国に伝播されている。

被爆せる樟青々と天に伸び半世紀経し夏に輝く　山之内俊一

クスノキを好む虫

蓼《たで》食う虫も好き好きという。どの植物にも、ほとんどにその葉を食べる虫がいる。クスノキにも何種類かいるらしいが、一番めだつのはアオスジアゲハ（青条揚羽蝶）である。

体は黒く、羽根には黒地に青い帯の模様が入った美しい蝶だ。幼虫はクスノキやその仲間のタブノキなどの葉を食べて育つ。これらクスノキ科の木には樟脳を含んでいる。ところが樟脳は虫除けである。ほとんどの虫はこれを嫌い、避けようとするはず。まさに蓼食う虫も、である。

アオスジアゲハの親はクスノキの若葉に卵を産む。そしてクスノキの葉を食べて育った幼虫は蛹となり、そのクスノキのあたりで蝶と化す。するとメスを探しているオスが、これまたクスの発するほのかな樟脳の匂いをキャッチして、クスノキのところへやってきて出会いが生ずる。

私の友人に蝶マニアがいて、高校時代に生物部の昆虫採集で知り合った彼女が蝶々夫人となり、仲良く蝶の飼育やコレクションをしていて、自宅の庭にオガタマノキをたくさん植えていた。オガタマはミカドアゲハ（帝揚羽）の好物であり、近くの神宮林にいるのをおびき寄せる作戦であった。ミカドアゲハの食草はオガタマノキに限られている単食性で、そしてアオスジアゲハの幼虫を飼うには、クスノキやヤブニッケイというクスノキ科の葉が欠かせないそうだ。樟脳を含む木に生みつけられたから、しようがなくその葉を食べているのではなく、それがなければどうしようもないといった関係らしい。

多くの植物は害虫にとりつかれないように予防して、なんらかの毒性のある物質を身につけ、たとえとりつかれても増殖しないようにしているらしい。クスの場合はその物質が樟脳であろう。ところが、クスにつく虫がいる。クスサン、クスノハモグリ、オオミノガ、クストガリキジラミ、クスオビホソガ、クスアナアキゾウムシ、クスグンバイムシ、クスベニカミキリなど、まだたくさんある。

クスの葉の三本の葉脈が交わるところには、小さい瘤ができていることが多い。その中に虫が棲む。その瘤を「ダニ部屋」（ドマティア）という。棲んでいる虫はフシダニというダニである。その一つのダニ部屋には卵から成虫までいろいろな世代のダニの個体が棲んでいる。たくさんいる木と、ほとんどいない木とがあるが、膨れていても虫のいない空き部屋もある。どうやらダニが自前で作ったスイートホームではなくて、クスが作った貸し部屋らしい。若葉にも空き部屋が用意されているのもあるが、まだ入居していない。茶褐色に色が一部変わったような、年を重ねた古い葉にはほとんどのように棲みついている。

これは寄生しているのだろうか、何のためにクスは部屋を用意して棲まわせているのだろうか。まだわかっていない。このドマティアを研究している人もいる。薄葉重『虫こぶ入門』という本もある。クスノキにもセミがとまり、蟬時雨が降り注ぐ。幼虫も根の近くにいるらしい。抜け殻が落ちている。樟脳を嫌わないのだろうか。また神宮司庁の営林部の職員に聞けば、クスの枯れ落葉が積もった下にはヒルが多いから注意が必要という。樟脳成分を含むのになぜだろう。生物の研究は面白い。

日高敏隆の随筆「猫の目草」によれば、「植物にとって、若葉の色はとても重要な意味を持つ。それはどの植物にも必ずその葉を食べる虫がつき、その虫は堅い古い葉よりも、まだ柔らかい新芽を好むことが多い。虫たちはしばしば新しい若芽の色に惹かれてやってくる。だから若葉はなるべく目立たない色をしていた方がよいはずだ。けれど現実は必ずしもそうではない。若い新葉は、どうしても新葉らしい若々しさにあふれた色になってしまうのである。中には新葉が赤かったり、くすんだ色をしたものもある。それも植物ができるだけ害を避けようとしてきた進化の産物である。けれどもクスノキの若葉はそうではない。その若々しさを思いきり示すような、明るい色をしているのである。それがなぜだか、昔からずっと考えてきたけれど、今もってぼくにはまだわからない」とされている。

ところで、クスの葉には木によって大きさの変移があり、大小二つのグループはフォッサマグナ、つまり若狭湾と伊勢湾を結ぶ線を境に、西側には大小両方のタイプが分布し、東には大きな葉のタイ

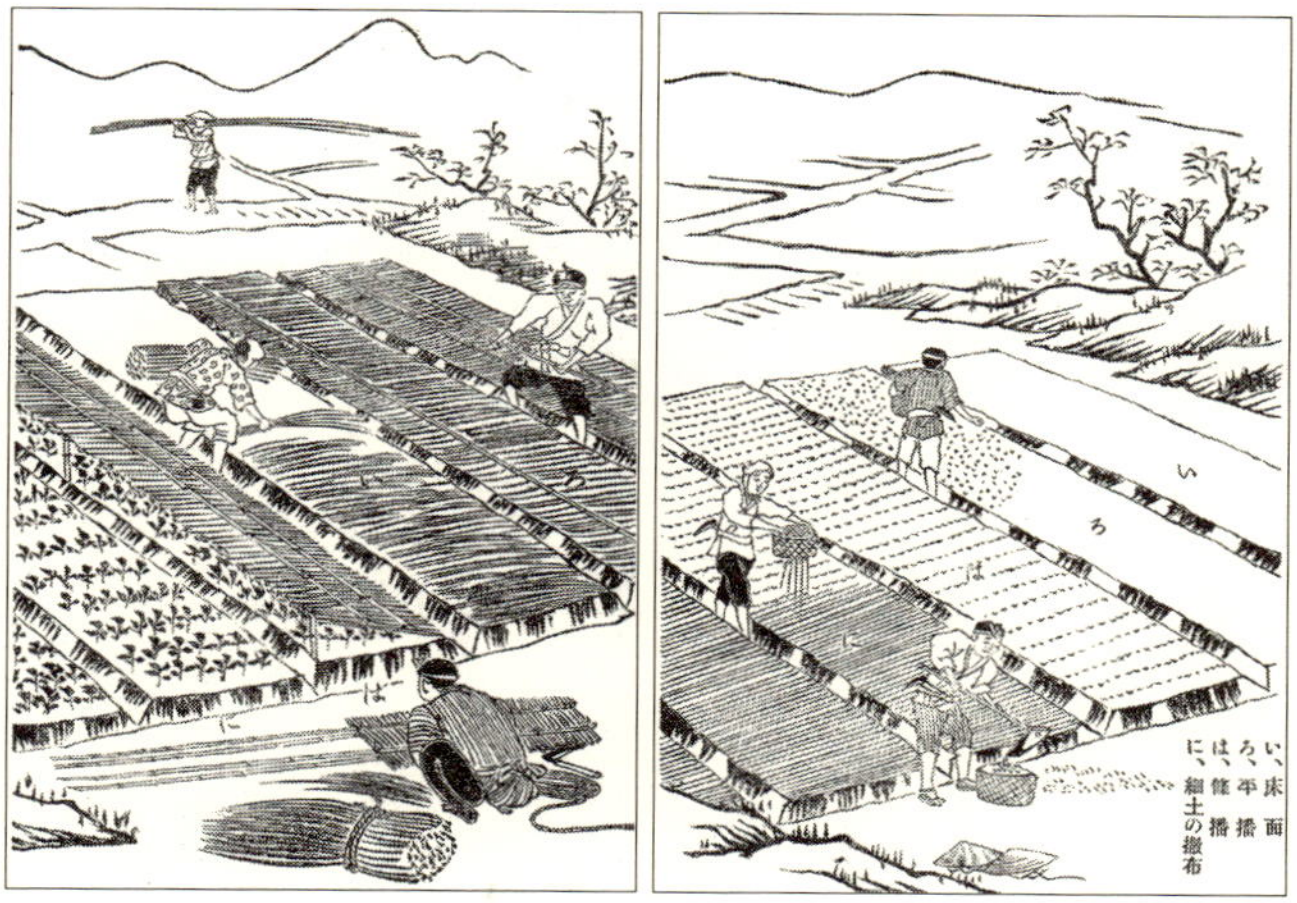

クスの苗床つくり（右）と苗床栽培（左）（『くすのき』より）

プだけが分布するという佐藤洋一郎のとても興味深い説を八頁で紹介させていただいたが、さらに新芽の色にも違いがあるというのだ。

五月はじめの初夏の日々、クスの若葉には鮮やかな緑色と、赤っぽい「赤芽」と呼ばれる二タイプがある。どうやら赤の濃いのが中国産で、新緑の色が淡い「白芽」が国産らしいというＤＮＡの研究が興味深い。中国広西壮族自治区・南寧産の株に由来する種子を貰い受けて植えたものは濃い赤であるというのだ。その中間の赤芽も広く分布しており、今後の研究を期待したい。

伊勢神宮でも数年前まで実生から苗圃で苗を育てていた。だが根がまるで牛蒡のようになり、髭根が少しも出ずに、移植しても生育させにくいため今は中止している。ただし移植は困難でも、切り取っても新芽の枝葉は伸びて生命力の強さに驚かされるという。宮林部の倉田克彦技師に聞いたが、確かに幼樹の段階で白芽と赤芽の二種に分かれるそうだ。それは若葉の時期だけにわかり、新緑の山を見ても薄緑と赤く盛り上がるタイプが区別できる。ＤＮＡを調べると面白い結果が出るかもしれない。

種子を採取するには生実をとり三日ほど水に浸し肉を腐敗させ、よく水洗いして浮上するのは除き、沈むのをとる。生実一升で九〇〇〇粒以上、その八割は発芽するそうだ。これを春分から八十八夜までの間に播種し藁で覆っておくと二〇日ほどで発芽し、日覆いをしたり霜除けをしたりして一年後には三〇センチ以上になるから床替えをし、三年か四年目に山地の寒風防止になる雑木の生えているところに植栽するとよい。移植は五、六月頃だ。種は植えたいところに直接蒔いて、そこで育てた方がよいそうだ。六月か七月に挿し木もできるが、効率が悪いという。神宮でも丈夫な苗木が必要なので、現在はやめているが、いずれ研究したいそうだ。

楠の木も動くようなり蟬の声　晶碧

南方熊楠と楠の命名

柳田國男と並ぶ民俗学の創始者で、博物学の巨星とされる南方熊楠《みなかたくまぐす》（一八六七～一九四一）には兄弟が九人あった。兄藤吉、姉くま、妹藤枝の他の六人には、すべて名前に楠の字がつけられていたそうだ。熊楠の四歳下の弟が常楠で、九歳下の弟が楠次郎といったぐあいだ。そのことは「南紀特有の人名――楠の字をつける風習について」を明治四二年五月の『東京人類学会雑誌』（『南方熊楠全集』３）に記している。

要約すると、紀伊の藤白王子社（現在の海南市藤白町の藤白神社）には、楠神と号するたいそう古いクスノキに注連を結び祀ってあり、紀伊の国、特に海草郡なかでも南方という苗字の家では子が産まれると詣でて祈り、神主から楠、藤、熊などの一字を受ける。そしてこの名を受けたものは病気になれば楠神に平癒を祈り、なおしていただく。「知名人の中井芳楠、森下岩楠などもこの風俗で名がつけられたと思う。和歌山県海草郡には楠と名がつく人が多く、熊楠など幾百人あるかもしれないほどだ。これはトーテミズム（族霊）のなされていた遺跡が残っているのでは」と論じている。

そして自分は熊と楠の二字を楠神より授かったので、四歳で（明治三年）重病をしたとき、家人に負われ、父に伴われて未明に楠神に詣でたのをありありと覚えていて、クスノキを見るたびに口にいうべからざる特殊の感じを発すると書いている。

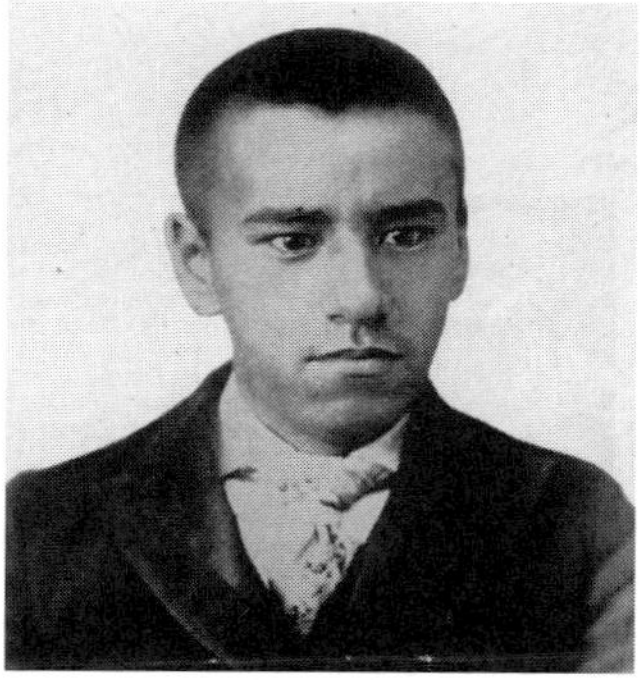

南方熊楠（1891 年 24 歳，米国フロリダにて．南方熊楠記念館蔵）

『紀伊続風土記』にある文明一二年の古文書などにも、紀楠丸、千楠丸、千代楠丸、紀犬楠丸、犬楠丸とか出ていて、何楠丸を何楠と略称もしているが、自分の幼時には、楠を名とする者も家督を継げば、何兵衛、何左衛門と改称するのを常としていたが、弟は亡父の相続をしながらも常楠の名で押し通しているので、幼稚らしく聞こえて不利だと非難する手代もあった。中井芳楠も陸軍士官になったので為則と改名していたが、退職後また芳楠に戻した、と記す。

楠を人名につけるのは紀州に限らず、土佐にも多い。土佐には楠弥、楠猪、楠馬などと楠を上に置くのが多いが、紀州では定楠、清楠などと名の下につけるのが多い。熊楠が友人に問い合わせると、高知市の秦村には安産の神と崇められる楠神さんという楠の霊木があり、ここの神主が楠代、楠喜、楠千代などと付けてくれる。土方久元（明治維新の元勲、國學院大學の学長でもあった）はこの秦村に生まれたので秦山と号し、俗名は楠左衛門である。おそらく楠神から授かったのであろう。隣の嫁さんは楠、その子は楠行、楠千代、楠喜と付けてもらっていると報告している。

また高知市の近く吾川郡弘岡上の村西窪にも大クスがあり、子安地蔵が安置されていたのが、クスノキに自然に巻き込まれているのがある。ここでもこのクスにお祈りして子が授かると楠か樟かの字を付けてもらい、長岡郡十市村や高岡郡にも楠神があり、同様に楠の名を付けるという。

さらに熊楠大先生は、古今東西の動植物で神や人の名が付けられた例をこれでもか、これでもかとあげられるのだが、あのユニークなジャーナリストというか歴史家の宮武外骨や文学者で柳田國男の兄の井上通泰博士が、人名の楠は糞より転じたという説を出し、古代の男女の人名に尿や糞と名づけたり、丸というのも便器のオマルからきたもので、わざと悪魔も嫌う不浄な名をつけて、悪霊が近づかないようにしたのだという説にむかついたのか、大笑いしたのか、それでは予の名のクマクスは熊糞か、犬楠丸は犬糞お丸で、いかにも誂え向きの卑しむべき名となるが、楠は神木であり、はなはだしきは神体とする例もあり、糞から転じたとは受け取りがたい、と向きになって反論なさっているのは面白い。

なお楠の名前を付けた古い例は、鎌倉初期の『吾妻鏡』巻九に、文治五年二月の鶴岡八幡宮の舞楽

名つけ帳（『紀伊国名所図会』）

に召された箱根の童形八人の中に、箱熊と楠鶴というのがいて、建久三年の鶴岡八幡の放生会の舞童の中にも伊豆熊と瀧楠というのがあり、鎌倉あたりの芸能民や房総地方にも虎楠とか楠女、くすといった名が古文書に見えるとする。

瀬田勝哉が『木の語る中世』で紹介する、和歌山県粉河町の王子神社の「黒箱」という文書保管箱に入っている国の重要民俗資料に指定されている「名つけ帳」という巻物は、文明一〇年（一四七八）から現在に至るまで、村の氏子の「ふぐりある子」つまり男の子の名が書き継がれている八〇メートルを超える巻物である。約五〇〇年間もの住民の名前がわかる資料なんてどこにもなく、戦前までは非公開文書とされていたが、今では『和歌山県史』や『粉河町史』に出ているので活字で見ることができる。だがまだあまり学界で注目されていない。瀬田はこれに書かれた植物にかかわる名前を分析した。すると松と楠が多いのである。

『紀伊国名所図会』には、この巻物に子供の名が登録されている様子がわかる絵が載っている。

毎年正月に宮座に入っている家が神前に集まり、前年に生まれた男の子の名を巻物に書く儀式をする。絵では宮座の大人たちが見守っている中で、母親か祖母かに抱かれた赤ん坊が神主に頭上で鈴を振ってもらい、それを確認して古老が巻物に名をしたためている。後ろにはそれを入れる黒箱が置かれている。この王子神社では楠神を祀るとか楠の信仰はない。だが分析すると松が七四、楠が六八、菊が七、藤が四、後は竹、梅、森などで、松と楠が圧倒的に多い。

松と楠が長寿、永遠、そして若さのシンボルと期待された命名だというのでは、何を今さらという平凡すぎる結論だが、とりわけ楠の生命力の強烈さと長寿の木ということから、さらに楠松、千代楠、熊楠と力強く、めでたいものと組み合わせた相乗効果が喜ばれたのだろう。

環境庁の巨木リスト上位六〇位のうち三四本がクスノキで、上位一一のうち一〇本までをクスノキが占め、マツは六〇位中に一本もないのである。ただしマツは枯死しても二代目、三代目と名跡を継いでいく。唐崎の松、関の五本松、お宮の松、江戸時代の伊勢神宮の名神主が植えたという藤波長官松……各地のマツは「名」を重んじ、名によって残る木だが、クスノキは実《じつ》そのもの、実力に依ってしか残ることができない木であるのだ。

瀬田は松と楠の比較もしているが、私も付け加えてみよう。

松——常磐の緑・長寿・永遠性・慶賀・文化・文明・儀礼のシンボル・文芸的・国際性・庭木・手入れ・盆栽。総括すれば文化的なシンボルの木である。

楠——常緑・若葉の美・長寿・生命力・非儀礼的・非文芸的・土着性・地方性・原始的・未開・

手入れなし。総括すれば反文明的で野蛮な木といえよう。

楠の名をつけるのは、先にも書いた三重県志摩市浜島町南張の楠《くす》御《ご》前《ぜん》八柱《やはしら》神社、通称、楠の宮さんである。私の母方の祖父、山川楠三も志摩のお宮から名をもらったといっていた。伊勢志摩地方には、このお宮で名をつけてもらったという人がたくさんいる。鳥羽水族館の会長中村幸昭氏の父上の中村楠雄、画家の郡楠昭、写真家の浦口楠一、リューマチや痛風の名医で知られる西岡久寿樹先生や兄の免疫学の大家だった西岡久寿弥先生もそうだと聞いた。

楠のつく名前を目についただけ挙げておこう。これはほんの一例である。

楠一・楠市・楠太郎・楠二・楠次・楠治・楠次郎・楠三・楠蔵・楠造・楠四朗・楠雄・楠男・楠夫・楠生・楠英・楠朗・楠昭・楠明・楠昌・楠和・楠幸・楠秀・楠正・楠彰・楠彦・楠永・楠弥・楠哉・楠也・楠孝・楠豊・楠隆・楠信・楠伸・楠司・楠平・楠浩・楠之・楠敏・楠道・楠守・楠高・楠保・楠典・楠寛・楠晃・楠民・楠行・楠宗・楠円・楠芳・楠好・楠由・楠寿・楠樹・楠麻呂・岩楠・楠若・楠松・楠雅・楠紀・楠比呂・楠弘・楠穂・楠靖・楠博・楠志・楠忠・楠吉・楠喜・楠清・楠憲・楠治・楠春・楠重・楠義・楠吾・楠広・楠行・楠茂・楠繁・楠光・楠輝・楠照・楠仁・楠之・楠浩・楠巳・楠之助・楠之丞・楠観世・楠寿俊・喜代楠・楠太賀・久寿一・久寿雄・久寿成・久寿文・くすや・樟治・樟一・岩楠・虎楠・寅楠・捨楠・留楠など。

女性の名では、くす・くすよ・くすみ・くす美・くすゑ・くすの・楠見・楠子・楠美・楠枝・玖珠、久須、久寿・久主代・楠尾子・楠香・楠乃・楠江・楠恵・楠代・楠世・楠緒子・小楠など。

たくさんあげたが何のことはない、伊勢志摩版の「電話帳」で調べただけのこと。ほとんどは長寿と健康にあやかっての命名だろうが、楠の宮さんから授かった命名が多いと思う。全国的に調べるならばまだまだいらっしゃることだろう。

変わった名前には大正時代の画家、甲斐庄楠音《かいのしょうただおと》がいる。描いた女性像も変わっているが、楠をタダという読み方も変わっている。有名人は明治維新の先覚者、熊本の横井小楠。ヤマハの創業者、山葉寅楠などが思い浮かぶ。寅楠は風琴の修理をしたことからヤマハオルガンを誕生させた。この人も生まれは紀州藩士だから神社から授かった名に違いない。

楠と姓氏

人名で楠といえば、なんといっても大楠公《だいなんこう》と仰がれる楠木正成《くすのきまさしげ》と、小楠公と称えられる楠木正行《まさつら》である。私がクスノキを調べていると聞くと神社界の人は「楠公さんですか、楠木正成の研究ですか」と言われるお方が多かった。ご期待に添わず申し訳ない。

楠木正成（一二九四?～一三三六）は河内国南部水分川流域から赤坂（大阪府南河内郡千早赤坂村）を中心に畿内で広く活躍した豪族である。古くは「楠木」と書く例もあったが、近世は「楠」一字をもちいてクスノキと読ませていることが多いが、ここでは楠木にしておく。

楠木正成は正遠の子で幼名を多門丸と伝えられ、のち兵衛尉といっているが、中世の文学に現われた楠、「太平記の夢」で書いた（三五頁）ように、後醍醐天皇の討幕計画に華々しく登場して赤坂城に挙兵。その陥落後は千早城に籠りゲリラ戦を敢行。神出鬼没、知略に富む作戦で孤軍奮闘、幕府の大軍を半年余りひきつけて勝利に貢献。そしてその功績を一切主張せず、九州で戦死した菊池武時《たけとき》にゆずり、無私純情の至誠を示した。一方では、足利高氏が寝返りを打ち天下を取ろうと兵を挙げ、九州から京都へ攻め上ってきた。それを阻止する命を受けた楠木正成は、生還が期し難いと覚悟して、出陣にあたって桜井の駅で子の正行に後醍醐天皇より拝領の刀を形見として与え、父の遺志を継ぐよう諭した。

青葉繁れる桜井の　里のあたりの夕まぐれ
木の下蔭に駒とめて　世の行く末をつくづくと
忍ぶ鎧の袖の上に　散るは涙かはた露か
（落合直文作詞）

という歌を、明治生まれの父が幼い私に口ずさんで聞かせてくれたのを思い出す。「青葉繁れる」はなんだかクス若葉の下での情景だと想像する。

そうして延元元年（一三三六）五月二五日、湊川、今の神戸市生田区で壮烈な戦死。その死に際し弟の正季《まさすえ》と「七たび生まれ変わり朝敵を滅ぼさん」と誓いの言葉を交わした。一一歳だった正行は討死した正成の首を見て、桜井の駅で授けられた菊水の刀で自害しようとしたが、母に押し止められ吉野朝廷を護るため、ひたすら学問と武芸に励み、後村上天皇に仕え、一族を率いて正平三年（一三四八）正月五日、四条畷の合戦で戦死。こうした道義に生きた楠木一族の精神は幕末の志士たちに大きな影響を与えたのである。

『太平記』にあるこうした話を、今の人はもうほとんど知らない。無理もない、学校で教わらず、日本の歴史からないがしろにされてきたのである。恥ずかしい話だが、私も日本史学科を卒業しているといえども、建武の中興の時代のことなどほとんど知らない。平泉澄『少年日本史』（皇学館大学出版部）を読んだだけといってよいほどだ。それに神宮徴古館にある「国史絵画」で桜井の駅の決別、正行の母、正行の決意などの名画で親しんだだけである。楠公を御祭神とする神戸の湊川神社には何度も参拝しているが、鮫皮の鎧の「紅白段威胴丸」（『鮫』一七三頁）や「嗚呼忠臣楠子之墓」の正成のお墓の亀趺《きふ》碑（『亀』一二四頁）ばかりに気がいって申し訳ないことだ。

皇居外苑には住友男爵が奉献した、高村光雲作の馬に乗る大楠公の銅像が存在する。明治三三年（一九〇〇）、愛媛県別子銅山の銅で作られた大作である。

楠に関係する苗字はクスまたはクスノキと読ませる楠・楠木。これは河内から発祥したとされ各地におられるが、有名な方は歌手の楠トシエ。民放黎明期の昭和二五年から四五年頃まで一〇〇〇曲を超えるコマーシャル・ソングを唄い、「元祖コマソンの女王」といわれ、何時ラジオをつけてもブラウン管でも、黄色い声を張り上げていたものだ。

楠田、樟田、楠本、楠元、楠井、楠村、楠川、楠山、楠目、楠根、楠野、楠戸、楠瀬、楠林、楠森、楠原、楠美、楠見、楠丸、楠浦、楠岡、楠園、楠葉、楠枝、楠橋、楠久、楠部、楠崎、楠神、楠永、楠間、楠守、楠嶺、楠屋、楠照、楠堂、楠城（くすしろ・くすのき）、楠滝。

津市にある楠滝という姓は珍しいと思っていたが、「電話帳」によると、三重県津市白山南家城《いえき》には一二軒も一地区に集中している。おそらく昔、このあたりの滝のそばに大きなクスノキがあったのに由来する苗字で、一族が今に繁栄しているのだと思う。楠亀という珍しい姓もある。

楠の字が下につくのは大楠や高楠、森楠、三楠で、あまり多くない。仏教学者で『大正新修大蔵経』を監修し、文化勲章受賞の高楠順次郎が知られる。

楠のつく人は古くは天武紀に出てくる樟使主磐手《くすのおみいわて》や、楠野王、樟氷皇女《くすひのひめみこ》。室町時代の遣明船貿易商の楠葉西忍。肥前平戸藩の儒者、楠本端山や弟の碩水、文化・文政時代の文人画家楠瀬大枝、明治維新の功臣・楠本政隆、土佐の楠目藤盛、福岡の豪商・楠屋宗五郎。明治時代の自由民権運動に活躍した高知の女性・楠瀬喜多や軍人の楠瀬幸彦。近代になれば有名人は文化勲章の陶芸家・楠部弥弌、演劇評論家で児童文学者の楠山正雄、俳人・楠本憲吉、華道家・楠目ちづ。材木商丸楠の楠戸謙治社長、法政大学工学部出身の楠亀典之、伊勢出身のタレントの楠田枝里子など有名人がいる。

楠を守った南方熊楠

楠と南方熊楠といえば、名前はともかく、神社合祀反対運動に伴う樹木と環境保護の功績である。

神社合祀とは、複数の神社が合併して一つの神社になることだが、特に明治末期から大正初期に政府と地方官が主導して推進した大規模な神社の統廃合政策をいう。明治三三年（一九〇〇）内務省に神社局が設置されると、維持経営が困難な小規模の神社や小祠などを整理・統廃合させて、維持と威厳を保たせさせようとした。その背景には府県社や郷社に神饌幣帛料の供進をするために負担金を収められないような神社は整理して、国家の宗祀という体面を保つ神社にしようとしたのである。これは全国的になされたが、特に和歌山県と三重県では地方官の圧力で過激な運動として推進され、合併率が九〇％を超え、両県で一万以上あったのが、大正三年には一三〇〇に減少した。全国でも約二〇万社が一二万社にまで減ったのであった。こうした国家の強制的な合祀に反対したのが南方熊楠や柳田國男であった。

この神社合併は、原敬内相の初めのときは、神社は一町村に一社を基準とするが、特殊の事情や由緒のある場合は合祀する必要はないという緩やかな条件だった。ところが内相が代わり県知事に一任され、知事はさらに郡村長に一任したため、地方の役人たちが自分らの手柄にしようと民情をろくに調べずに、急速に多くの神社を潰し、むやみやたらに神社の木々を伐採し始めたのである。

『南方熊楠全集7』には、神社合併反対意見や東大農学部教授で本草学者の白井光太郎、東大教授で植物分類学の大家の松村任三、和歌山県知事の川村竹治宛の書簡が収録されている。その一部を記すと、

わが国の神林には、その地固有の天然林を千年数百年来残存せるもの多し。これに加うるに、その地に珍しき諸植物は神に献ずるとて植え加えられたれば、珍草木を存すること多く、偉大の老樹や土地に特有の珍生物は必ず多く神林神池に存するなり。三重県阿田和《あたわ》の村社、引作《ひきつくり》神社に、周囲二丈の大杉、また全国一という目通り周囲四丈三尺すなわち直径一丈三尺余の大樟あり。これを伐りて三千円とかに売らんとて合祀を迫り、わずか五十余戸の村民これを嘆き、規定の社殿を建て、またさらに二千余円を積み立てしもなお脅迫やまず。合祀を肯《がえ》んぜずんば刑罰を加うべしとの言で、やむを得ず合祀請願書に調印せるは去年末のことという。……枯れていない木を枯損木とて伐採を請願する神職もある。

ここでは神社合祀の件は割愛するが、熊楠の反対の熱意は一〇年に及び、一八日間未決監獄に繋がれたこともあった。それは特にクスノキに限って守ったわけではないが、自分の命名の由来からも愛着が強かったことは、以下の文章からもうかがえる。

熊楠の住いには大きなクスがあり、その下が快晴の日も薄暗いほど枝葉繁茂しており、炎天にも暑からず、屋根も大風に損せず、急雨の時は書斎から本宅へ走り往くのを守ってくれて、その功は抜群だ。日傘も雨傘も下駄もまったく無用で衣類もといいたいところだが、予は年中多く裸暮らしゆえ、皮膚もぬれず貧乏人には都合のよいことまたとないから、木が盛えるよう朝夕なるべく根元に小便を垂れてお礼を申しおる

楠の季語

俳句や和歌や川柳の楠

俳句の季語で楠に関するのは、「楠若葉」「楠落葉」「楠茂る」「青楠」「楠の花」「楠の実」ぐらいであろうか。そのほか「樟脳船」「樟蚕蛾」などがある。

●楠若葉・樟若葉

初夏の季語である。五月初めの初夏の日々、すべての木々はみずみずしい新葉をつけ、山の緑も深

まってくるが、その山のところどころに、まるで花を咲かせたような明るい木が輝くように浮き出して見える。クスノキである。萌黄色で光沢があり、若々しく希望と喜びにあふれ、吹き出すような明るい色だ。私は常緑樹の中で最も美しいと思う。当然のこと、楠若葉は俳句にたくさん詠まれる。

楠若葉神域守る樹勢かな　荒川久寿男
若者よ大志抱けと楠若葉　帰山
仔牛の角まだやはらかに楠若葉　亨
古墳出て言葉やさしや楠若葉　角川源義
樟山の団々炎ゆる若葉かな　石塚友二
大雨が洗ふ札所の樟若葉　新田祐久
石固き邪宗の坂ぞ樟若葉　桂樟蹊子
農閑の仕事は何ぞ楠若葉　中村汀女
樟若葉汚れぬ紙幣学資とす　宮田兆子
楠若葉大きな雨の木となりぬ　森賀まり
神事近き作り舞台や楠若葉　河東碧梧桐
楠若葉老猿誰かを探す瞳して　榑沼けい一
千條の光集めて楠若葉　篠原𦬇牛
樟若葉樹齢隠れてゐたりけり　稲垣晩童

千年の楠の大樹の金若葉　高橋悦男
樟若葉樟一本のほとけかな　安東次男
樟若葉見上げて神に近づけり　神山白愁
神幾座鎮座す山の樟若葉　中西運侑
巨楠を揺さぶる力春疾風　崎田定雄
楠若葉朝一ときを鳩鳴ける　静風
樟若葉禰宜の居眠りしてをりぬ　波多江英夫
城垣の石がせり出す楠若葉　清水弓月
樟若葉その風音の好きな頃　神谷萩乃
楠若葉散り替りつつ赤芽立ちキャンパスの風にコーラス流る　平井良朋
若葉する楠の大樹の下蔭にミツバチ群るる昼の参道　谷分道長

● 楠落葉

これも初夏の季語である。落葉の季節というと秋や冬を連想しがちだが、常磐木のマツ、スギ、シイ、カシなどは初夏に新葉が出ると古葉を落とす。クスも四月が落葉のシーズンである。しかしマツやスギに比べると詠まれることは少ない。華やぐ若葉の陰に隠れて古葉はつつましく散って消え失せる。掃除するのは大変だが、去りゆくものの風情がある。

日履にその日その日の楠落葉　富安風生
楠の根に憩へば落つる古葉哉　鷗翔
落楠葉神宮の杜太古の静　静風

●楠の実
秋の季語。晩秋から初冬のころ、大豆粒ほどの暗紫色の実が熟して落ちる。

楠は実を地にして神の樹なりけり　山口誓子
楠の実の落つる音のみ結跏仏　滝川清峰
楠《くすのき》のまろく黒き実ぷちぷちと踏みにじりつつこころよかりき　黒岩龍彦

●樟脳船
これは子供の玩具で夏の季語。

樟脳船盥に映る鼻の上　矢野五斗子

●樟蚕蛾　その他
樟蚕蛾（クスサン）はヤママユガ科の蛾で、夏の季語。

山村の鄙びし社灯樟蚕蛾　静風
鷺の巣の樟の枯枝に日は入りぬ　凡兆
楠の根を静かにぬらす時雨哉　蕪村
石となる樟の梢や冬の月　蕪村
樟の香や村のはづれの苔清水　夏目漱石
樟甘き熊野や鳥の湧く卯月　橋本輝久
楠大樹小鳥千羽を呑みこめり　横井ひろ子
雪解けて楠の走り根八方に　南うみを
楠多き熊本城の若葉かな　京極杞陽
大楠の神も留守なる社かな　吉川　勉
大楠にたるみほどよき注連飾り　粕谷典子
雨乞の樟の大樹に文字彫られ　福田甲子雄
くすのきのひともと神の初日かな　荒川久寿男

江戸時代の楠が出てくる川柳は『太平記』の関係ばかりが目についた。

楠《くすのき》はつくりの方へ御味方
楠はつくりの方のひいきする

楠はくすりにしても内裏守護
楠は立て掛けて見ておかしかり
兵糧の殼を楠武者にする

クスノキは南朝方に味方して、樟脳になってもお守りし、楠木正成の千早城の藁人形を詠じているのである。

楠の民俗・俗信・迷信

- 楠の木は神木なので人家に植えると位負《くらい》けする（鳥取県）
- 楠の木を人家に植えることを忌む（和歌山・広島県）
楠の木を家の庭木にしないというのは全国的である。大きくなってやがて始末に困るからである。
- 住居の建材に楠を使用すると災難にあう（高知・鹿児島県）
- 楠を燃やすとムカデが出ると忌む（島根県）
- 楠は自ら火を発するという迷信があった。『重修本草綱目啓蒙』に老樹火を生じ自ら焼く。『物理小識』に、豫樟老いれば自ら火を出し燃えるから家室に近づけるとよろしからずとして、先年城州八幡社の老樟が自ら焼けた。これは樟脳があるゆえなりとする。そんなことはないが、落雷で火災が発生することが間々あるからだろう。

●出雲の伝説に、石原左伝次という柔術の達人でとても元気な人がいた。ところが陰謀にかかり楠の木で作った牢屋に入れられた。楠の牢に入れれば三年で死ぬといわれている。左伝次も三年たたぬ間に牢死したという。これは中山太郎編『日本民俗学辞典』に見える。

●『駿河国志』には「血の出る楠の木」という話がある。静岡市の椎根山のふもと増善寺の楠を伐ろうと杣人が斧を打ち込んだところ、伐り口から鮮血が流れ出たから杣人はびっくり仰天、三日三晩眠りこみ死んでしまったという。血と見えたのは樹脂であろうが、何百年何千年という老樹の生命を奪う行為に、それが生業とはいえ、怖れと畏敬の念で心を痛め脳梗塞でも起こしたのだろう。

●楠材を燃やさぬという所もある。四国阿波勝浦郡多家良村宮井（徳島県勝浦郡）で、氏神の八幡さんのご神体が楠彫りの阿弥陀仏だからとする。

●楠の枝や葉を焚くと腹がせく（腹痛）（鹿児島県国分市）

●楠に雨乞いをした愛媛県三島大社の伝説もある。徳島県板野郡の岡上神社でも行なわれていたという。今もご神木として楠神とまつられる。日照りが続けば雨乞いの祈りがなされているところがある。

●楠の葉や枝を入れた風呂に入るとアセボ（汗疹《あせも》）やリウマチ、冷え腹によい（愛知・奈良県）

●煎じて飲むと心臓病によい（香川県）

●煎じて飲むと咳止めになる（新潟県）

●妊婦が楠の木を枕の下に置いて寝ると安産する（秋田県）

●楠の皮を剝いで楊枝を作り歯に挟むと歯痛が治る（大分県）

●楠の根に米のとぎ汁を注いでいれば必ず枯れる（『大和本草』）。これは迷信だろう。

●マムシに咬まれたら楠の木を燃やした煙を傷口にあてるとよいとか、フグ中毒には樟脳を小さじ一杯白湯で服用させるとよいともいわれる。
●楠の老木には小さい陸貝がいることがある。先に福岡県の宇美八幡の項で記したが、これを持ち帰り妊婦が産室に置き安産のお守りとした。
●佐賀県の八幡宮でもご神木の楠の木に「ほうじゃ貝」という白い小さな貝が張り付いていて、これは神功皇后の三韓征伐の際に船底に張り付いて水漏れを塞いでくれたと大事にし、お守りにしたというが、最近は姿を見せないという。同じような伝承は福岡県京都郡みやこ町犀川の生立八幡宮にもある。ここではニナガイといって歯痛に患部に当てたり、噛んだりすれば痛みが直るという。山口県にもある。貝はいずれもシーボルト・コギセルらしい。この陸貝はクスなど老木の巨木に寄生し、潮の干満で幹を上下するといわれ、安産や海上安全、長旅のお守りに珍重したそうだ。
●江戸時代には宇美八幡宮の湯方殿《うぶかたどの》の社のそばにある産湯《うぶゆ》の水の清水の上に「乳房の楠《くすのき》」といって、根から乳の味のような水が出る大楠があり、お乳が出ない人がこの水を護符にいただいたそうだ。
最近、佐賀県のある神社で境内にある大楠の種を愛する人の虫除け、つまり浮気防止のお守りとして出していると聞いた。何でもこじつけられるものだ。

楠とアカエイ

もう三〇年以上前になる。鮫の民俗学に夢中になっていたとき、私は大阪の広田神社に奉納されるアカエイの絵馬を調べに行った。ところが神戸の長田神社にも同様のものがあるらしいと聞き、神戸

洞にはキツネが棲むとお稲荷さんが祀られることもある（伊勢神宮外宮にて）

市長田区の長田神社にお参りして驚いた。ここの境内社にもアカエイを描いた絵馬がずらりと掛けられているではないか。

これまで大阪市浪速区の広田神社のものしか紹介されていなかった。ここも同じくアカエイを禁食して絵馬を奉じて祈ると痔病に効くという。なぜアカエイが痔なのかはさておいて、この境内社が楠宮稲荷社といって樹齢六〇〇年とも思える大木の辺にある稲荷さんで、そのクスノキの周りの透塀に絵馬が鈴なりに吊るされているのだ。後にクスノキに関心を持つとはそのときは思いもしていなかったが、このシリーズの『鮫』に書いたように、クスから作った樟脳が民間療法としてエイに刺されたときの特効薬にされていたことと関係あるのかと思った。

クスノキの古木には洞穴があるのが多いから、そこに狐がすむと考えられ、お稲荷さんが祀られることがある。しかし稲荷信仰が痔に霊験あるとするのは他に聞いたことがない。

長田神社の伝承では、昔はここまで海が続いていてアカエイがのぼってきて、このクスノキの下で姿を消したなどといわれ、またこのクスノキを売る約束ができ、いよいよ伐ることになった前夜、宮司と買い手のそれぞれの枕元に白衣を着た不思議な姿が現われて「楠を伐ると家に不祥事が起きる」と告げたので御神慮だと伐採を取り止めたと伝わる。

広田神社の伝承では、ここは古くから「地の神様」だといわれたのが、いつの間にか痔の神とされたという。またこの付近は四天王寺の寺領だったので、寺領を痔療に当てて痔を良くしてくれる神様だというと聞いた。こじつけだろう。

エイはサメとごく近い仲間なので、私の研究対象になっていたのだが、アカエイの尾には毒針があり、これで刺されると気絶するほど痛いそうだ。不幸にして刺されたら樟脳をすりこむか、飲むかすればよい。樟脳がなければクスの葉や枝を煎じて服してもよしと『本草啓蒙』に出ている。カンフルの効果だろうか。昔の人の知恵であるが、クスと稲荷とアカエイと痔病、この奇妙な取り合わせがなんとも面白い。

楠のことわざ

本書のはじめに書いたように「楠の木学問と梅の木学問」ということわざがある。クスは成長は遅いが着実に大木になる。それに反してウメの木は華やかであるが大きくはならない。おそらくこれは楠木正成に象徴される歴史学と、天神様、菅原道真が象徴する和歌の学問を比べていっているものでもあると私は思う。

また「楠の木分限《ぶんげん》、梅の木分限」ともいう。クスの木は伸び方が遅いが、十分に根を張って不動の巨木となる。それに対して、ウメは若い枝の成長が早く、花を咲かせ実をつけるのも早いが、ある程度以上は伸びない。そこで基盤の確実な財産家を楠の木に、にわか成金を梅の木にたとえていう語である。

楠の木分限という言葉は、『西鶴語彙考証』（真山青果）によれば戦国時代末期に現われ、「多胡辰敬家訓」に「梅の木は一年に一丈の立ち枝有り。楠の木は一年に一寸をいのぼる也。一寸長く成る楠の木には大木有り、一丈長くなる梅の木には大木なし。其のごとく人もこうをつみて人に成る者は、其の代久しく末に繁昌し、いよいよ分限になる也」とあり、井原西鶴の『日本永代蔵』巻二で和歌山の太地の捕鯨業、鯨突きの名人は「昔日は浜びさしの住まいせしが、檜木造りの長屋、二百余人の猟師をかかへ、舟も八十艘、何をしても調子よく、今は金銀うめきて遣えども跡は減らず、根へ入りての内証吉《よし》、これを「楠木分限」といへり」とある。また巻四にも江戸日本橋の芝居小屋の札を売っていた男がわずかな金を貯め、積もり積もって次第に両替屋となり、近所には表向きは格式堂々としていても内実は経済的に苦しい唐（空）大名が多いなかで、この男の資産状態はきわめて堅実、「これ楠の木分限、根のゆるぐ事なし」とみえる。

●石となる楠――石と成りたる楠に桜咲かせしごとく成り（「浄瑠璃・曾我扇八景」）。楠は年数を経ると化して石になるという俗説があった。「楠のやうな女房を責め落とす」石のように堅いという比喩である。

●石となる楠も二葉の時は摘まるべし――手に負えない悪も災いも、小さなうちなら取り除けるが、大きくなってからではどうしようもならぬというたとえ。

●灯心で楠の根を掘る――やってもできないこと。苦労しても効果の上がらぬことのたとえ。

●三津寺の楠できが大きい――大阪のことわざ。大阪市天王寺区の四天王寺の別称を三津寺といった。江戸時代この境内に大きなクスノキがあったことから、「木」に「気」をかけて、気が大きいというしゃれ言葉である。

楠あれこれ

楠に関係するあれこれを記しておこう。

「楠昔噺《くすのきむかしはなし》」。祖父は山に柴刈りに祖母は川に洗濯に、とはじまる浄瑠璃義太夫の本。三段目が「どんぶりこ」と有名。端午の節句を迎えた、のどかな河内松原村の徳大夫と小仙という共に連れ子を持ち再婚した老夫婦が、睦まじい暮らしをしていたが、その子が楠木正成と宇都宮公綱で南北朝の両陣営にかかわるという哀しい運命に直面する時代物浄瑠璃である。

「楠軍記・楠湊川合戦・樟紀流花見幕張」などという『太平記』を題材とする楠木正成伝や楠木父子二代記の浄瑠璃や「楠・楠露」という謡曲。「楠塚・楠花櫓」という能の本や「楠軍書」など兵法の本も多い。

楠木流というのは楠木正成の戦法を伝えるという兵法の一種。正成の人格と戦法を仰ぎ戦国時代末から江戸初期に起こる流派の総称。

第一次世界大戦の日本海軍の駆逐艦の一つに「楠」があって地中海作戦に派遣されている。

楠馬場とは、江戸馬喰町にあった馬場で追廻しの馬場とも言われた、と太田南畝『一話一言』にある。石楠花はクスに関係なく、シャクナゲのこと。

樟脳座や龍脳座は江戸時代にその専売を許されていた座のこと。「樟脳玉」という落語もある。三遊亭円生が演じている。

楠寺といわれるのは神戸市中央区楠町の正成自刃の地の広巌寺。愛媛県伊予市の高昌寺も伊予の楠寺といわれるが、こちらは建材にクスノキが多く用いられているからである。

京都市六条にある楠寺は、安土桃山時代の武士で信長や秀吉の右筆《ゆうひつ》だった大饗《おおあえ》正虎が楠木一族の子孫で、号を楠長諳《くすのきちょうあん》といい、僧となりこの寺に住んでいたからという。

福岡県出身の友人と子供の頃の思い出話をしていたら、竹で作った鉄砲でクスの実を弾《たま》にして戦争ごっこをして遊んだそうだ。顔に当たれば痛かったという。私もスギ玉やシュロの実を弾にして戦争ごっこをした思い出がある。昔の子供は手近にあるものを何でも活用して遊んだものだ。

第七章　楠の巨木に誘われて

クスノキ探索

伊勢市のクスノキ

私が住む伊勢市楠部町には大昔、大きなクスノキがあったとされる。それは本書のはじめに書いた楠部町松尾の坂本一也さんの所有だった地で、現在は伊勢まなび高校の運動場になっている場所に埋まっていた。他にも現在の山崎病院のあたりにも巨大なのがあったと伝わる。

それは今から一〇〇〇年以上も前の話、『神都名勝誌』によれば、平安時代の仁寿二年（八五二）に大洪水があり、五十鈴川の流れが大きく変わってしまい、今に近い様子になったのだが、それ以前は川の流れが貝吹山を迂回して伊勢市立総合病院のあたりにはみ出していた。その跡が池や沼地となり、そのそばにとてつもない大クスがあったという。

それで池の名を大楠池といった。その後オオクスがオオズとかオオスとなまり、王孫池や大洲池へと変化し、江戸時代の中期まではオウス池といわれた大きな池が存在していた。それが埋め立てられて田になり、明治三八年頃には耕地整理された。私の子供の頃は、鮒やメダカやドジョウ掬いの遊び場だった。それも次第に住宅地に変貌しつつある。大洲池の名残をただ一つ残す大洲橋も改修されて、名前を記す欄干もなくなり、もう知る人はなくなりつつある。ましてここが池であり、九州地方に見られるような太いクスノキが聳え立っていたなんて話は夢物語のようだ。そんな樹があったがゆえに楠部という地名がつけられ、氏神さんの名も櫲樟尾《くすお》神社とクスに関係する。

櫲樟《よしょ》というのは、字源のところで書いたが、マンモス象のごとく大きい木のことで、杜甫の詩に「豫章風に翻り白日動き　鯨魚浪に躍り滄溟開く」というのがある。ものすごくスケールが大きい詩だ。中国の豫樟が樹木の代表であると知っていてたんに楠と表記せず、あえて『魏志倭人伝』に出てくる難しいが値打ちがある神社の名とした江戸時代の神主か学者がこの里にいたと思うと、なんだかうれしくなる。若い人にとってはそんなことはどうでもいい些細なことと思われようが、郷土の歴史は語り続けなければやがて忘れられていく。

私の住む町の隣、伊勢市古市町の現在は市営テニスコートの下にも大きいクスがあり、浅間社という小祠が祀られ、そのクスを中心とする浅間の森と称する地域があり、そこに井戸があった。その井戸はどんな日照りにも涸れず、いつも清水が湧き出て町のオアシスとされていた。

この地は江戸時代には日本三大遊郭の一つといわれるほど賑わっていたが、馬の背のような高台にあり、長峰といわれ、水不足に悩まされる町であった。

明治三〇年のこと、吉田虎次郎という人がこの井戸の水量に着目して、この水を引いて風呂屋をはじめれば成功疑いなしと、銭湯（大衆浴場）を開業して浅間湯と名づけた。すると三年後、すぐ近くに町立病院が建ち、やがて日本赤十字病院の分院となり、人家が急増して大繁盛。しかし大クスをはじめとする森の存在が鬱陶しくなり、この樹を伐ることになった。だが浅間さんの木を伐ると祟りで病気になるという言い伝えがあり、吉田氏をはじめ誰もが恐れて手を触れなかった。ところが明治四三年六月、神社合祀令が出て、浅間社は岩淵町の箕《み》曲《の》中松原神社に合祀されることになり、クスは楠部町の樵《きこり》により伐られ、根こそぎ掘り起こされて跡形もなくなった。

私は子供の頃、セルロイドの石鹸箱をカタカタ鳴らしてこの浅間湯に通っていた。全世帯に水道が引かれる昭和三〇年代まで、町の皆はこの風呂屋に行っていた。ここに大きいクスノキがあったことは郷土史家の野村可通氏から聞いたが、このとき合祀された神社の神々は昭和二三年に請願すればまた元に帰されることになった。昔の賑やかだった町のお祭りを再現するために、ぜひ神様を帰してほしいと町民は要請したが、この浅間社はシンボルのクスの大木がもう存在しないゆえもあり、ついに戻らず、今やもう銭湯も廃業し井戸も埋められて影も形もなくなっている。クスは神に守られるとともに、神をもお守りしていたのである。

櫲樟尾神社の社標

近鉄宇治山田駅前の箕《み》曲《の》中松原神社にも楠社とされている巨木があり、白蛇が棲むという。また同じく伊勢市津村町の八柱神社にも立派なのがあり、暑い季節には通る人に涼を与えてくれる。一色町の氏神もクスを神樹とし、室町時代から伝わる能楽を保存している。桜の名所、宮川堤には境楠《さかくす》とか蛇楠《じゃぐす》という老クスがある。これは中世に北家の支配だった中島町と榎倉家の支配の中川原町との境界の標に植えられたものだろうとされる。俗説には枝を逆さまに植えたので逆楠《さかくす》というが、サカヒクスのヒを省略したのだろうと『宇治山田市史』にある。ここにも白蛇伝説があり、祈って病が治ると鳥居を立て注連を張り、「楠さん」と信仰されている。伊勢市ではこれを「自然を愛し偉大な造形物を崇拝する土地の人々の素朴な心情の対象」として、昭和三三年に市の天然記念物に指定した。

伊勢神宮の楠の名木

伊勢神宮には有名な「清盛楠《きよもりくす》」という古木がある。外宮の入口の火除橋を渡ると、すぐ左に手水舎があり、その右前方にある太いクスの老木がそれだ。平清盛が勅使として参向したとき冠《かんむり》が触ったので枝を伐らせた、という伝説がある名木だ。

記録によれば、確かに清盛は三度参宮している。はじめは永暦二年（一一六一）四月、天変地妖の御祈りのため別当参議左衛門督平清盛が二条天皇の勅使として参向し、翌々年の長寛元年には六月と一一月の二度も権中納言平清盛として参向している。いずれも重大な祈願のお使いだから伝説のような行為はなかったであろうが、横暴なイメージが強い清盛ならばやりそうなことと伝説化したのだろう。「神異記」（一六六六年）や『参宮名所図会』（一七八九年）には、清盛ではなく重盛だったとしている。

平重盛も永万元年（一一六五）に参宮している。もうその当時から大きな木であったのだろう。残念なことには心材部がまったく腐朽していて、昭和三四年（一九六四）の伊勢湾台風で、一木だったのが裂けて二本になり、さらに腐朽し四つに分かれている。まったくの老木で、まるで戦いが終わ

清盛楠（『伊勢参宮名所図会』）

って脱ぎ捨てられた鎧兜のような姿に成り果ててはいるが、若葉は大きく艶やかで、まだまだ古武士のような生命力が溢れている。高さは一二メートルほど。伊勢湾台風の以前の記録では樹幹や枝にアオガネシダ・ビロウドシダ、マツバランなど珍しいシダ類が着生していたらしいが、現在ではビロウドシダが少し着くだけである。

囀りの清盛楠にうつりけり
囀りや清盛楠の裏表　　藤岡紫風
清盛の古事秘めて楠若葉
若葉萌え清盛楠のかぐわしく
除夜篝り清盛楠をこがすほど　　西川夜光珠
清盛楠落葉殖やして芽吹くなり　　坂口緑志

神宮では『日本老樹名木天然記念樹』（一九六二年）に収録されている清盛楠だけが有名だが、一番太い立派な木は宇治橋の西方、駐車場の上にある内宮摂社の大水神社のクスである。胸高三メートル以上だろうか、樹冠を

清盛楠

四方に広げ貫禄充分である。すぐそばに神宮の図書館であり学問所であった、国の史蹟に指定されている旧林崎文庫がある。このクスは神宮に参拝した本居宣長や柴野栗山、大塩平八郎などの名講義も聞いたであろう。もしこの樹の下で和楽器の演奏か独奏会ができればどんなにすばらしいだろうかといつも思う。

神宮の博物館である徴古館には、かつて外宮の風宮の東の奥に生えていた樹齢五八五年を数えるクスノキの輪切材が展示されている。これは大正八年に自然倒壊したものだが、珍しく空洞がなく、年輪がはっきり数えられる。そこで私が学芸員だった時に、それを年表にして年輪に出来事を記載してみた。伐採した年から数えて、中心は建武の中興、応仁の乱、コロンブスがアメリカ大陸発見、家康生まれる、赤穂浪士討ち入り、フランス革命、坂本龍馬生まれる、明治維新……、これは歴史を感じられると好評をいただいている。

五八五年の年輪を年表にしたクスノキ輪切り材（神宮徴古館にて）

外宮には摂社の度会国御《わたらいくにみ》神社や、度会大国玉比売《おおくにたまひめ》神社の辺りには、とくに名前はないが、大きいクスノキがある。枯れたり洞があると、誰が祀るのかお稲荷さんができている。外宮の摂社の河原淵神社には招福楠など四本あり、伊勢市御薗町高向《たかぶく》の宇須乃野《うすのの》神社にも胸高二・五メートルの神宮では八番目に太いクスがある。この木は戦災にあい近くの民家とともに焼失したが、隣のスギは枯れたのに、クスノキは芽吹き元の雄大な姿に復活した。

平成元年から六年にかけて、全神域の立木調査を行なった。外宮の域内にはクスノキが一八九二本ある。そのうち、最大のクスは直径一・二六メートル、高さ四〇メートルで、一・二メートル以上が四本、一メートル以上が三二本ある。ちなみにスギは八七一二本、最大は一・五二メートル、高さ四八メートル。シイは四万一九九六本で、最大は一・一メートル、高さ三五メートル。なお外宮の御敷地のクスは神楽殿にある四本で一・七六メートル、高さ二〇メートルである。

月読宮には一〇一本。倭姫宮には八八本、滝原宮にはスギが四八八八本あり、最大は三メートルの直径で高さ四一メー

⇒内宮前の摂社・大水神社にもこんな大クスが
⇐伊雑宮の通称「巾着楠」

トルにもなるが、クスは四一本しかなく、八・八メートル、高さ一九メートルが最高だ。伊雑宮にはかつて巨大なのがあり、「鏡樟」と名づけられていたが、昭和二八年に落雷で枯れ、一六年後の昭和四四年六月に倒れてしまった。現在は五三本あり、最大は森林の奥深くにあり、めだたないが直径一・九メートルである。

外宮の別宮、月夜見宮には五八本あり、大きいのは二・四八メートル。これも戦災にあい焼け果てていたが見事に復活した。私の家はこの近くにあったので黒焦げに焼けた大木を覚えている。

神宮司庁では大正一三年に第一回の神域の立木調査をしてより、一〇年毎に報告書を刊行してきた。伊勢神宮の面積は約五五〇〇ヘクタール。そのうち神域は内宮が九三ヘクタール、外宮が八九ヘクタールである。その広い森をくまなく調べ、胸高直径四センチ以上の全立木を樹種ごとに営林部職員が調査したのである。報告書は大正一五年、昭和一四年、同四九年、平成一二年に出された。

神宮司庁の広報課には夏休の宿題の自由研究で、子供たちがいろんなことを尋ねに来る。いつも聞かれるのは、「神馬は何匹いますか」「はい四頭です」。「五十鈴川に鯉は何尾いるのですか」。はては「神宮には木が何本生えているのですか」。子供たちの無邪気な質問にお相手したものだが、そのときこの『報告書』を取り出して、内宮にはスギの木は一万一三四一本、うち一六一三本が直径六〇センチ以上、最大は三・一〇メートル、高さは四〇メートル。ヒノキは五四〇四本で、最高は一・四メートル。そしてクスノキは三四〇二本あり、太いのは二・二メートル、高さ三二メートルだと教えてあげた。

三重県のクスノキ

三重県の県指定天然記念物のクスノキは五本である。

①鈴鹿市南長太《なご》町の長太の大クス。昭和三八年指定。

②松阪市飯高町赤桶《あこう》の水屋神社にある水屋の大クス。昭和四二年指定。

③伊勢市二見町松下神社の松下社の大クス。昭和一二年指定。

④尾鷲市北浦町の尾鷲神社の大クス。昭和一二年指定。大きいのが二本あり、一本は周囲一〇メートル、もう一本は九メートルほど。
⑤南牟婁郡御浜町引作《ひきつくり》字宮本の引作の大クス（旧名、阿田和の大クス、平成三年に名称変更）。昭和一一年指定。

いずれも巨木であるが、全国規模で見るとまだそれほどでもない。『三重の巨樹・古木』（三重県緑化推進協会）などを参考にして書いてみよう。

長太《なご》の大クスは近鉄電車からも見える。伊勢から名古屋行きで、白子を過ぎて四日市に向かう（近鉄・長太ノ浦駅の西）左側の田の中に、遠く鈴鹿山脈を背景に見える。少し遠いので気をつけていないと見落とすが、帰りの車中での夕日の中のシルエットを私はいつも楽しみにしている。高さ約二八メートル、幹周り約九・三メートル。枝は三〇メートル四方に傘を開けたように広がり、樹齢は一〇〇〇年を超えるとされる。

昔はここに神社があったが移転して「式内大木神社」という石柱だけが建ち、周囲に民家はなく、木だけが田畑の中に一本そびえ立つので、すごく存在感があり、これは全国規模と思える。八木下弘の写真集『日本の巨樹』には、遮蔽物のない全景を撮影できる状態の巨木は少ないという。この木は昭和三四年（一九五九）の伊勢湾台風の影響で衰え始め、新芽が吹く頃にも枯れ枝がめだち始めた。そこで平成一〇年から樹木医に依頼して、樹勢回復作業を開始した。土壌改良のため乾燥牛糞や藁などを混ぜた肥料を与え、地元自治会や有志の方々が保護し手入れをしている。ここにも大鷲が飛来したとか、白蛇が棲むという伝説がある。

長太の大クス（三重県教育委員会提供）

松阪市の水屋神社の本殿裏の神木は幹周囲一三・八メートル、高さ三九メートル。「緑の国勢調査」（昭和六三年）では全国巨木リスト四八位になっていたが再調査して一六・六三メートルとなり、全国一六位と出世した。地元では「大楠さん」と敬称をつけて親しまれ、歌にもなっている。

楠は神ノ木　水屋の楠は　おらが自慢の日本一　わしの女房も日本一
水屋大楠　香りの葉から　とった香りをあの娘がつけりゃ　虫もつかずとそれ神頼み

二見町松下神社は蘇民の森という。伊勢地方の各家庭の門飾りになっている「蘇民将来子孫の家門」の伝説のいわれのあるお宮で、参道右手に老木があるが、根本が空

尾鷲神社の大クス

洞になっているので測量は困難だ。

尾鷲神社の二本の大クスは、よく災害に耐えてきた我慢の木である。宝永四年（一七〇七）の大津波、昭和四一年には幹の空洞に火が入り三日間も燃え続け、平成二年の台風ではスギの大木がこの上に覆いかぶさって倒れ、多くの枝が折れ、近年は道路の拡張にも堪えた。

引作神社の大クスは、幹の半分が高さ三メートルの石垣に隠れているので、大きさの測定が困難。でも一五メートルは越えていて、県内では最大の太さである。南方熊楠がこの木の保存に尽力したので伐られなかったことは先に書いた。

他にも多気町の前村にある南北朝時代に、戦に敗れた南朝の武士が楠木正成を偲んで植えたと伝えられて、大楠神社として祀られる巨木の「おぐす」。ここには明治半ばまで楠本屋と大楠屋という熊野詣や伊勢参宮の旅籠があったそうだ。

桑名市の天然記念物「太夫《たゆう》の大楠」も大きい。これは昔、六本楠といわれ、天正年間に三河の武士がこの木の洞穴に隠れて一命を助かり、後に巨木が枯れた時、その跡に植樹したのが現在のものと伝わる。この地は伊勢太神楽や津島神社の太夫といわれる人がすむ村だったからこの名を持つ。

また尾鷲市曾根町の飛鳥神社にも周囲一四メートルのが一本、九メートルが三本、八メートル近いものが三本もあり、スギなど含めて飛鳥神社樹叢として、昭和四二年に県の天然記念物に指定されている。

さらに紀北町紀伊長島の長島神社の森も同じく天然記念物で、ここにも太いクスがある。他にも磯部町坂崎の、玉樟山の山号をもつ隣江寺の境内や、渡鹿野《わたかの》の八重垣神社の森。そして四日市市堂ヶ山町の堂ヶ山神明社にも大きいのがあるが、二又になり測定位置がずれると太さのサイズが変わってしまうので、クスノキの太さの測定は難しい。

多度大社の楠廻式

三重県桑名市多度町の多度大社には毎年五月四・五日に上馬《あげうま》神事というのがある。武者姿の少年が馬に乗り、急な坂道を駆け上がり豊作を占うのだが、その神事を終えた騎手六人が社殿石段の前の石垣にある大クスの下で、神職と盃を交わす楠廻式《くすのきまわし》という行事がなされる。

これは徳川家康の武将・本田忠勝が桑名城を普請するとき、ここに生えていた大クスを伐り、城の門の扉にしようとしたので神職がこれを諫めたが聞かず、時の奉行・中江清十郎がこれを伐採させた。すると光を放ち、山伏姿の者があらわれ清十郎一家を殺害し、屋敷も洪水で木曾川に流失。人々は神慮の祟りといい、大クスのあった跡にまたクスを植えて儀式をするようになったと伝える。こうした伝説・伝承に支えられて、各地の神社や寺院のクスは守られてきたのである。

なお全国の神社でクスの名がつくのは、小さな境内社には数多いが、式内社、いわゆる『延喜式』

神名帳に記載されているのは、河内国志紀郡の樟本神社、伊予国越智郡の樟本神社、和泉国和泉郡の楠本神社である。おそらく大昔、神木とされた巨大なクスノキの下におまつりされていたものと思われる。他に中世に栄えた旧郷社香川県綾歌郡端岡村新居の楠尾神社がある。また地名を冠した、たとえば熊本県本渡市楠浦町の楠浦諏訪神社などというのはかなり存在するだろう。

樟権現の神といわれるのは、京都市東山区今熊野梛《なぎ》ノ森町の新《いま》熊野神社の祭神である。ここは紀州の熊野神社の信仰に篤かった後白河法皇が、日常の参詣に便利なようにと勧請したお宮で、域内のクスは創立当時に紀州より移植したものと伝わる。

巨楠をたずねて

来宮神社の大クス

私が大きな木に驚いた最初はこれだった。もう半世紀も前になる。神田明神の大鳥居吾朗宮司さんに連れて行ってもらった國學院大學の学生時代。そして再会したのも三〇年も昔になろうか。

静岡県熱海市西山町の来宮《きのみや》神社。東海道線熱海から伊東線で次の駅、来宮駅で下車して十分ほど歩く。日本で二番目に大きいとされるクスで、樹齢二〇〇〇年とされ、昭和八年二月、文部省指定天然記念物。阿豆佐和気《あずさわけ》神社の大クスという名で指定されている。幹周り二三・九メートル、高さ約二〇メートル。なんという迫力だろう。巨岩の上に大竜が蟠居《ばんきょ》し、雲を湧き起こすがごとくの偉観である。もしこの木がものを言えたらと、日本史専攻の学生の若い頭は恐れ慄く思いがした。

熱海・来宮神社の大クス

江戸時代の末まで、このお宮は熱海の「木宮明神」といわれ、古文書には「木宮」と記されている。伊豆地方にはキノミヤという神社が十数社あり、来宮・木宮・紀宮・黄宮・忌宮・奇宮などと表記されるが、すべて樹木の意だろうとされる。各社とも一〇〇〇年以上の古木があり、いずれも木を神とする信仰があったといわれている。

来宮神社の由緒記によれば、江戸時代末期まで、この宮には「河津郷七抱七楠」といわれる七本の巨大なクスが自生し、昼なお暗く大地を蔽《おお》っていたが、「大網事件」という熱海村挙げての漁業権をめぐる事件が起こり、その訴訟費などの捻出のため五本のクスが伐られ、現在の二本になったという。

事件とは幕末の嘉永年間、鮪《まぐろ》網権を持つ伊豆山村と、漁師で生計を立てる熱海村との間に生じた争いで、漁師の平七が韮山の代官所に直訴した。そして平七は八丈島に流罪となり途中の大島で息絶えたが、熱海の漁師は資金援助のため氏神の大クス五本を伐り倒し勝訴したという事件である。その時、今あるクスも伐られようとし、樵夫が大鋸を幹に当てまさに挽き始めようとしたとき、白髪の老人が両手を広げて忽然と現われ、大鋸が真っ二つに折れ、老人の姿が消える。そこで神のお告げと作業は中止、との伝説ができる。

とにかく長い年月、落雷、暴風雨あらゆる天変地異に堪えながら、大地に根を深く食い込め、巨岩を抱き抱え、瘤は石のようになり、それでも新芽を伸ばし、生き抜こうとする気力がひしひしと感じられる。人間にたとえれば、世の中のあらゆることを知りつくした大古老、老翁である。だが老いたりといえども、惚《ぼ》け、耄碌《もうろく》、ロートルなんて言葉はみじんも感じさせないのはさすがである。

このご神木のクスは不老長寿、無病息災の象徴とされ、この長寿にあやかろうと、周りを一周すれば一年寿命が延びると信仰され、願い事を心に秘めて人々が回っている。私が訪れた時は女性の宮司さんが頑張っておられた。忙しい中をお相手くださったのを覚えている。息子も鎌倉からバイクで、何度か見に来ている。

来宮は樹齢二千年の大樟のもと御国の栄え祈りまつらむ　　佐々木信綱

静岡県では伊東市馬場町の葛見《くずみ》神社の大クスが国の天然記念物。ＪＲ伊東駅から徒歩二〇分、これも老楠である。昭和八年に指定され、政治家若槻礼次郎寄進の「老楠賛」の碑があり、根元に小祠がまつられている。聞けば疱瘡の神だとか、樹肌から連想して昔の人は難病の肩代わりを願ったのであろう。熱海のクスを見た後だからそれほどの感動はないが、これも本州での老クスの代表格であろう。

関東で国の天然記念物の指定を受けているのに神崎《こうざき》の大クスと府馬《ふま》の大クスがある。

千葉県香取郡神崎町の神崎神社のクスは「ナンジャモンジャ」といわれ親しまれ、大正一五年に指定を受けた。ＪＲ成田線下総神崎駅から徒歩二〇分。本州では北限に生えているクスの一つだから指定されたのであろう。この地方の人は見慣れない木だからナンジャモンジャといったのだが、水戸光圀公が「この木はなんというもんじゃろうか」と自問自答されたという伝承で知られる。各地でこの名称の木はいろいろあるが、ヒトツバタゴが多く、クスがそう呼ばれるのは珍しい。

明治四〇年に社殿の火災で類焼して、主幹を七メートルで切断してあり、そこから新芽を出し、太いのが五本生育、今は太さ八メートルほど、高さも二〇メートルを越えている。大クスとはいっても国の指定を受けたクスの中では最も小さいものである。

岩のような洞がある来宮神社の大クス

ちなみに県指定の北限は群馬県桐生市新里町野の「野の大クス」は幹回り約七メートルある。これは「樟大尽」といわれる千本木竹次郎氏の邸宅母屋の裏に植えられたもので、昭和三六年に指定されている。植栽して冬期の管理をうまくすれば生育するのである。自生のものでは福島県いわき市小浜町に生えているのが北限とされている。

府馬の大クスは、千葉県香取郡山田町府馬の宇賀神社の入口右にある。実はこれ大正一五年に指定され、名称はクスだが、タブノキである。この地方ではタブをイヌグスというので誤った。なおタブノキは福井県小浜市の小浜神社の「九本ダモ」が指定を受けている。茨城県波崎《はさき》の大タブも、地元ではクスと呼ぶが、これはクスノキに近い仲間であるがクスではない。

熱田神宮の七本楠

名古屋市の熱田神宮は伊勢の神宮に次ぐ社格を持つ元官幣大社である。景行天皇の御代、日本武尊に授けられた三種の神器の一つ草薙剣を奉斎し、尾張地方の郷土の鎮守と、国家全体の守護という大きな信仰をもつ日本を代表する神社である。

名古屋の大都会の中で約二九万ヘクタールの域内の木々は緑深く茂っていて、平成二一年秋に遷宮がなされた御社殿は光り輝いている。伊勢神宮の山が神杉、鉾杉とスギに代表されるならば、この熱田の森は広葉樹林、シイやクスに代表されるだろう。なかでもクスの大木七本は樹齢一〇〇〇年を越え、「七本楠」と称されている。ことに二の鳥居の横にある手水舎の北の大クスは、弘法大師手植えという伝説を持ち神木として大切に保護されている。

この大クスを写した古い写真がある。明治三八年（一九〇五）に三溝謹平が撮影したというから、一〇〇年以上前のもの。これを現在とくらべると、羽織袴やモーニング姿で帽子を被る人の風俗や周りの風景は少し変化しているが、大クスは大きさも姿もほとんど変わりがない。当時も注連縄が張ら

熱田神宮の大クス（右：1905年撮影，『くすのき』より．左：現在のクス）

れている。この注連縄は毎年新しく張り替えられる。昔のものは細かったが現在の注連縄は直径二〇センチほど、長さ一〇メートルで、一五人がかりで作られるそうだ。

この巨木は一〇〇〇年の樹齢だという。一〇〇年の歳月はその十分の一だが、ここまで成長すればもうあまり変わらないのだと実感する。さらに会館のロビーから見えるのも大きくて元気がある。透明なアクリルガラスの向こうに見える、まるで古代の森のジオラマのような風景。これが昭和二〇年の三月と五月の二度にわたりB29の焼夷弾攻撃で御本殿全焼の戦禍に堪えてきたことを考えると感無量である。

熱田神宮の域内外には本宮をはじめとして四四の神社があり、その一つに「お楠さま」といわれる末社の楠御前神社がある。祭神は伊邪那岐命・伊邪那美命で、安産の神として信仰されている。神垣に囲まれているが、社殿はなく、クスの神木が祀られている。そして伊勢神宮の宇治橋のそばにある木花開耶姫命を祀る子安神社と同じように、小さな鳥居がどっさり奉納されている。鳥居には氏名・年齢・干支などが書かれ、千羽鶴も上げられている。安産の祈願や御礼である。

熱田神宮には享禄年間（一五三〇年頃）の域内古地図があり、スギやマツなど木の種類がよくわかる。今は大部分が広葉樹だが、当時は針葉樹が多く描かれている。これらは新陳代謝してしまったのだろうが、七本楠は間違いなくその時代にもあった木である。ただし楠御前神社の祠は古地図には描かれていない。無理もない、これが祀られたのは元禄五年（一六九二）であるという。その昔、西行法師が東下りの途中、この宮に詣でて一休みしながら、「かくばかり木陰涼しきこの宮を誰が熱田と名づけそめけん」とつぶやいたそうだが、おそらくクスノキの木陰だったであろう。

私が若い頃、薫陶をいただいた当時の熱田神宮宮司、篠田康雄氏は、著書『熱田神宮』に、詩人の佐藤一英の「伝説の木々」という美しい詩を紹介されている。それは七本楠に託して熱田神宮の歴史を巧みに表現する。

伝説の木々

「くま樫《かし》が葉をうづにさせ　その子」とぞ
身は小さき鳥　白き影　ひとひら速き
雲と化し　心の香のみ木にやどし
見えずなりける　ふたまはり千年の昔

肌姿美しき姫ゐて　くすし木を　みもと
七本植えてけり　けふ木は消えず

初夏の明るき空に鳥居越え　こがね　緑の袖をふり
手をひらめかす　はかなきは幻ならず　木に識れと

声ひくく呼ぶ蔭の鳥　目白うぐひす
クロニクルここにもちひず　長き時　こひ
まこと　神　木にありと　木をこそ守れ

佐藤一英

清田の大クス

愛知県蒲郡《がまごおり》市清田《せいだ》町下新屋。ＪＲ東海道線で名古屋から約四〇分、蒲郡で下車して観光協会の案内所に飛び込むと「この道をまっすぐだけど、歩いてはちょっと無理、バスもないからタクシーですね。大きいクスノキというだけで他に何もないですから、めったに尋ねる人はありません。オレンジロードに向かうミカン畑にありますよ」。

中部地方の代表的巨木、愛知県で一番の巨木、清田《せいだ》の大クスである。樹齢一〇〇〇年を超すとされ、国指定天然記念物。根回り一三・六メートル、目通り一四・三メートル、高さ二二・〇メートル。

清田の大クス

運転手さんは「私もこの地に生まれたが、こんな大きな木があるのをこの仕事をするまで知らなかった。お客を乗せるようになり初めて見ました。最近写真を撮る人がたまに来ますが、車を止める所がなかったけど、歩いて一分のところにできました」。
すぐ近くには三河七福神の一つ安楽寺がある。この寺の山号は「楠林山」という。この辺りは明治の初年までクスの樹海でおおわれていたが、三州ミカンの本場とあって露地栽培が進み、クスは次々と伐採され、農地や宅地開発もなされ、三本あった巨木も伐られ、最後の一本を昭和四年一二月、国の天然記念物に指定して保存したのである。
根の周りをゆっくりとした歩幅で歩いてみると二三歩であった。下の方には盛んに新芽が出ている。木はまだ若々しい。地上二メートルほどのところに巨大な瘤ができ、ふっくらと優しい女性的な姿である。伝説では平安末、源義家が奥州遠征の際に植えたという千年の巨木であるが、人間に例えれば、この樹は五〇歳代のキャリアウーマン、そろそろ部長にと声がかかりそうな貫禄。これまで見てきた老楠と印象が異なる。ビタミン豊富なミカンの養分を吸い取っているからだろうか。

この辺り秋から冬にオレンジ色の果実が鈴なりになるミカン畑。最近は住宅も多くなったが、かつては畑の真ん中に一本だけ突っ立っていて、遠くからもよくめだったという。今ではちょっと見つけにくい場所となる。近くの人は「根が畑の下をずっと這っているので、栄養をみんなクスがとってしまい、ここのミカンは味が落ちる。困ったもんですよ」とそっけない。それでも根元にはコンクリートの小さい祠を作り、御神木としてお祀りしている。

私が生まれた日である昭和一三年（一九三八）四月一〇日の『名古屋新聞』（中日新聞の前身）のコピーを見ていたら、「樟ノ木の戸籍調べ」の見出しで「セルロイド工業のめざましい発達につれ原料のクスの需要がますます激増し、専売局では資源国策の一翼のため内地のクスを一本残らず調査し、その生育する総本数を数え上げて、これを原料として樟脳の総蓄積量を調査することになった。名古屋地方でも役場の協力を求め、愛知・三重・静岡の三県下にわたり調査員一四五〇名を嘱託した」とあり、清田の大クスを写真に載せている。このクスも危ないところであった。

大阪の大クスたち

大阪府門真市といえばパナソニック（松下電器）本社があるので有名だが、ここに関西では代表的な国指定の天然記念物の大クスがある。その名は薫蓋《くんがい》樟という。薫蓋とは香をたくのに用いる器、香炉の蓋という意味である。こんもりと盛り上がる形をうまく言い表わしたものと思う。

門真市三ッ島、三島神社の境内にある。大阪市営地下鉄、長堀鶴見緑地線の門真駅下車、失礼だが木よりも小さなお社である。幹回り一三・四メートル、樹齢二〇〇〇年とされ、昭和一三年五月に指定された国の天然記念物で、四八年には門真市の市の木としても指定を受け、先年大阪で開催された「国際花と緑の博覧会」(花博)では「大阪みどりの百選」の一位に選ばれた。

枝は大きく境内からはみ出しているが、台風の被害にあった以外には伐ることがないそうだ。それは大正のはじめに電灯が点った時、電柱の工事でこのご神木の枝を払った人がひどい腹痛に苦しんだといい、戦前には毎年四斗樽の酒を根元に肥料として撒く慣習もあったそうだ。根元には幕末から明治維新に岩倉具視らと活躍した千種有文が詠んだ

村雨の雨宿りせし唐土《もろこし》の松におとらぬ楠ぞこのくす

という歌碑が立つ。樹勢は盛んでエネルギーにあふれる壮年の関西人のようにオーラを発している。近くには大阪府の天然記念物、稗島《ひえ》のクスもある。これは堤根神社のそばにあるが、東方の民家の所有だそうな。このあたり古代はクスノキが多かったらしい。

川棚のクスの森

森といっても一本の木だけで森ができているのである。ただ一本で森と表現されるほどの巨大さなのだ。山口県豊浦郡豊浦町大字川棚字踊場にある川棚のクスの森は大正一一年、内務省告示で国の天

然記念物に指定された。

下関から車で約一時間、近くに同級生の三ヶ本充輝氏が住んでいるので、この巨大な木の存在は以前から聞いてはいたが、小野田市の熊野神社松田千代子宮司一行のご案内で連れて行ってもらった。

樹齢一〇〇〇年以上とはいうが、血気盛んなおだやかな巨人が大きく手を広げているような姿である。子供たちは「トトロがすんでいるみたい」という。宮崎駿監督のアニメ映画『となりのトトロ』

一本で森となる川棚の大クス

の家である。幹の周り約一一メートル、高さ二五メートル。そして何よりすごいのは地上五メートルほどのところから、なんと一八本もの太い枝が四方に伸び、その最大の枝は二七メートルも横に伸びている。そのうち一本の太い枝は垂れ下がって地面に達し、そこで根付いて再び空に向かっているではないか。ロープの柵がしてある下に立ち、見上げるとまるで森の中、これが一本の幹から出ているとは思えないほどだ。樹冠投影はその外周が一八〇メートルにもなるそうだ。

ひと木にて森をなしたる大楠を仰ぎつつ来てその蔭に入る　中西輝磨

根元に祠がまつられている。天文二〇年（一五五二）、この地の大名で戦国時代の武将、大内義隆が陶隆房《すえたかふさ》（晴賢《はるかた》）の謀反により死んだとき、この土地で産し義隆に献上された雲雀毛《ひばり》の名馬も死に、その馬の霊が夜毎に人を悩ませた。そこで名馬の霊を慰めるために、この樹の下に「霊馬神」としてまつり、毎年三月二八日にお祭りを続けているそうだ。近くにクスを守る会が昭和五八年に建立した立派な句碑があった。

大楠の枝から枝へ青あらし　種田山頭火

四国の大楠

愛媛県今治市大三島町宮浦の大山祇《おおやまづみ》神社へ最初に参拝したときは尾道からの船便だった。ここは三島水軍の根拠地とあって、鎧・兜や刀剣の重要文化財がどっさり奉納されていて宝物殿にある。

鮫を調べていた私は、鮫皮が使われる武具を見学に参拝した。宮司の三島貴徳氏は大学の一年先輩で、伊勢神宮内宮神楽殿の奏饌室で机を並べて大崎千畝先生に祝詞を仕込んでいただいた仲間である。初めてお参りしたときは、さすが山の神、大きなクスがあるなあと思っただけであった。

次に参った時には大橋が完成し、自動車道が開通して大賑わいであった。私より先に、息子は卒論を書くためにバイクで九州のクスノキを巡る旅をしていて、ここも訪れていた。三島宮司が熱心にクスを眺める青年に、「どこから来たの」と聞くと「東京です」。「どこの学校?」「國學院です」「なに学部なの?」「神道です」「出身地は?」「伊勢です」「えっ伊勢、名前は?」ということになり、なんだ矢野さんの息子かと相なったらしい。「息子さんがオートバイでクスを見に来ていて驚いたよ」と宮司は会うなり言った。

それはともかく、この域内には大小一〇〇本ともいうクスが群生し、そのうち三八本が昭和二六年に「大山祇神社のクスノキ群」として国指定の天然記念物になっている。

神門前にある幹周り一一メートル、高さ一五メートルほどのクスは小千命《おちのみこと》お手植えのクスである。小千命とは祭神の大山積大神《おおやまつみのかみ》を勧請した越智氏や社家の大祝氏の祖先である。境内には能因法師が雨乞いをしたクスや、弘安の役で活躍した河野通有公の兜掛けのクスなど、伝説をもつ名木がある。毎年七月には小千命お手植え楠を鏡板に見立てて特設の能舞台を組み、能と狂言の薪能がなされるそうだが、さぞかし幽玄なことだろう。

四国にもクスノキが多いが、国の特別天然記念物のクスが四国のほぼ中央部にある。徳島県三好郡東みよし町加茂にある加茂の大クスである。ＪＲ徳島線阿波加茂駅から徒歩二〇分。根回り二三・五メートル、幹周り一三メートル、樹高二五メートル、扇形の樹形が美しい。これは大正一五年に国の天然記念物に指定され、さらに昭和三一年七月に国の特別天然記念物に指定されている。クスが特別天然記念物になっているのは後記する鹿児島県の蒲生のクスと、福岡県の立花山のクスノキ原始林だけであるからたいしたものだ。

周りに何もないので、遠くから眺めると、緑の塊がまるで森のようだ。日本のクスノキでこの姿が日本一と土地の人が自慢なさるのもうなずける。主幹から一二本の太い枝が四方に伸び、遠くから見たスタイルは抜群である。これまで見てきた川古の大クスと寂心さんのクスと、これのいずれに軍配を上げようか。周りに他の木がないからより大きく感じられる。私は「この木なんの木　気になる木」という日立のテレビコマーシャルに使われたハワイ、オアフ島のモンキーポッドというみごとな貫禄の樹を思い浮かべた。

この樹が立つところは昔、若宮神社の境内だったそうだ。神社合祀で社殿が取り払われて、ご神木だけ残されたという。根本には祠がまつられ注連縄が張られているが、社地だった跡形は今ではない。昔はこの南方一キロほどの所に横田神社があり、ここにも大クスが生えていて、南の大クスといい、ここ若宮神社のを北の大クスと呼んでいたのだが、南のは伐採されたという。おそらく樟脳を採るため売られたのだろう。すぐ近くには吉野川が流れている。きっとたびたびの氾濫に耐えてきた苦労の樹でもあろう。落雷を受けたこともあるらしい。一時は樹勢が衰えはじめ心配したが、昭和四〇年以降に周囲の土地を買い、土を入れ替えるなどさまざまな保護対策の結果、元気を取り戻し樹勢旺盛となり、空洞もない。

他に四国では高知県須崎市多ノ郷《おおのごう》大谷の須賀神社境内の大谷のクスや、愛媛県新居浜市一宮神社のクスノキ群が国の天然記念物に指定されている。これは自生ではなく植えたもので約九〇本もある。神社で植えてこれだけ大きく育ち林になっているのはとても珍しい。

愛媛県西条市中野の伊曾乃神社の大クスは元気がよくて大きいが、同じく西条市丹原町今井の四国別格二十霊場の十一番札所、生木《いきき》地蔵に安置する枯れて倒れたクスも大きかった。これは弘法大師空海がここで一夜を過ごした時、クスの大木に童子が現われて、大師はこれを霊告として大木に地蔵菩薩像を彫刻し開眼した由来がある。それから千年経ち、この木は昭和二九年の台風で倒れてしまった。いま地蔵像は本堂に移し、倒れたクスは「お楠大明神」として境内に置かれ尊崇されている。

神功皇后伝説のクスの旅

福岡県や山口県には神功皇后ゆかりの伝承がたくさんある。それは『古事記』や『日本書紀』にも記されているが、必ずしも史実ではないとする学説もあるものの、地元においては千何百年も伝承され、人々の心に浸透し信仰されてきたのである。

神功皇后は応神天皇を懐妊中に仲哀天皇亡きあと、神のお告げで新羅を討ち従えようと決意された。それには軍船の建造を急がねばならない。その時、皇后は行宮《かりみや》の近くにクスの巨木があると聞き、これを用材にして軍船を作ろうと武内宿禰《たけうちすくね》に命じた。それは今の山口県厚狭《あさ》郡楠《くすのき》町であった。
四、五世紀の当時、山口県長門の国は穴門《あなと》国と呼ばれ、瀬戸内海に面するところは一面の大樹林で

山口県には保護されているクスが多い

あり、実に巨大なクスノキがあったという。どれほど大きいか、枝は四方に伸び四里も離れた所でも夏の木陰は涼しくて、今も「涼木峠《すずみぎ》」の地名となり、北側二里は日が遮られ、昼なお暗く「真暗《まっくら》村」といわれ、元明天皇の和銅年間にそれが「万倉」と改められたのが現在の楠町万倉であり、西の方は朝日が射さなかったので「朝蔭」となり、それが新幹線も止まる「厚狭」という地名になったとされる（『厚狭郡史』）。

そしてその木で朝鮮出兵の軍船を造ったという。何と一本の木で四八艘もの軍船ができたというからすごい。そこでこの巨木があったところを「船木」と名づけ、楠の跡に神殿を建て大木森《おおぎもり》住吉神社ができたという。しかし一本の巨木から四八艘というのでは、そう大きな船ではなく、ボートのようなものであろう。韓国まで行くには小さすぎる。一本だけじゃなく数本を使ったものと思いたい。とにかく大きい木ということを誇張したかったのだと私は思う。また一説では軍船は各地でも作られ、集められて三〇〇〇艘にもなったという。

この土地は船木炭田といい、神功皇后の軍船建造の際に出たクスの木屑が地中に埋まり、石炭になったとされる。昭和三〇年には船木を中心に周辺二村が合併し新町名を古伝説にちなみ楠町とした。
近くの宇部市船木の産土神社の岡崎八幡宮にも樹齢七〇〇〇年から八〇〇〇年という巨木があり、宇部市の保護クスノキ第一号に指定されている。そして昔はこのクスに寄生するシーボルト・コギセルという小さなキセル貝を海上安全のお守りにしたという。

縄文時代のクスノキ
（小野田市歴史民俗資料館）

この辺りを車で案内してくださった熊野神社の松田輝雄権宮司と松田正寛執務長が、最近大昔のクスノキが地下から出て資料館に収められたそうだと、小野田市歴史民俗資料館に連れて行ってくださった。ありました。一部は館内で展示してあったが、あまりに大きくて屋外に置いてあった。解説書によれば、このクスノキは平成四年二月、小野田市有帆中村の、田尻井堰付近の有帆川の川底から工事中に発掘された。木の埋没していた土層は縄文中期、今から六三〇〇年前の火山灰を含んでおり、山口県では他にこのような古代のクスノキの出土例はない。

館内に展示するのは枝の一部で、親木は目通り直径一・四メートル。さすが神功皇后の船をこの地で造船したというのも肯ける。その一片を手に取ると実に軽く、まだ化石になるには程遠い。六〇〇〇年も前という実感はわかないが、軽いけれども歴史の重みが感じられる。

山口市には縄文時代から古代にかけての楠木町遺跡があり、錦帯橋の近く岩国市楠木町《くすのきまち》は昔、クスノキの巨樹群があったので地名になり、今も県の天然記念物のクスの巨樹群が知られている。

九州の楠紀行①

宇美八幡宮の三五本の大クス

福岡県糟屋郡宇美町の宇美《うみ》八幡宮は福岡市より一二キロ。私は新幹線博多駅から直方・折尾行き快速ワンマン列車に揺られ、長者原で乗り換えて終点、宇美駅に向かった。途中の須恵中央駅前に木の化石のようなものが置かれているのが目に留まった。クスの化石でないかと思った。軽自動車の半分ほどもあろうかと見えた。これからとてつもなく大きなクスを見に行くとあって、何でもクスに思えてしまう。下車して徒歩五分。博多駅や西鉄二日市駅からバスの便もあるという。

あらかじめ『宇美八幡宮誌』（渡辺一生宮司編）で調べておいた。このお宮は神功皇后が三韓から還られ、この地で応神天皇を生んだのでウミという由緒があり、安産信仰で名高い神社である。

蚊田の森

この社地の地名を古くは蚊田《かた》の里といった。それでこの境内のクスの老木二五本が「蚊田《かた》の森」として昭和三四年三月に福岡県文化財保護条例により天然記念物と指定された。さらにこの他に二本のクスの老大樹があり、大正一一年三月に国指定の天然記念物となっている。それが「湯蓋《ゆぶた》の森」と「衣掛《きぬかけ》の森」である。これもまたあまりの大きさに、一本であるにもかかわらず、それぞれが森という名前で呼ばれているのである。

『日本書紀』には、気長足姫尊《おきながたらしひめのみこと》（神功皇后）が新羅から帰り、誉田天皇《ほむたのすめらみこと》（応神天皇）を筑紫の蚊田でお生みになられたとある。湯蓋の森というのは社殿の右側にあり、神功皇后がお産をされたとき、このクスノキが産湯の蓋のように覆ったので名づけたという。

貝原益軒の甥の貝原好古の『八幡本記』（元禄二年）には、「神功皇后が新羅より帰らせ給いて香椎に寄り、これより巽の方、蚊田の邑《むら》に産舎を営まれ、籠らせ給うそばに生い茂れる楠あり。その下で産湯をめされた。その木が繁茂し枝葉ことにうるわし。後の人これを名づけて湯蓋の森という。この楠は今にありその周囲七囲余」と出ている。

もしこれが現代もある木だとしたら三二〇年前の元禄時代には四〇尺（一三・二メートル）だったのが現在では約四八尺（一四メートル余）になり、仮に衣掛の森だとしたら七七尺（二〇メートル余）と七メートル近い成長をしたことになる。

昭和五三年の記録では、県指定の天然記念物「蚊田の森」のクス二五本と、国指定の二本の太さは次頁の表のとおりである。この他にも員数外の小樟――といっても他所にあれば大木であるが――一一本、合計三八本が境内にある。案内してくださった伊藤佳和禰宜によれば、現在は三本枯れて三五本だという。

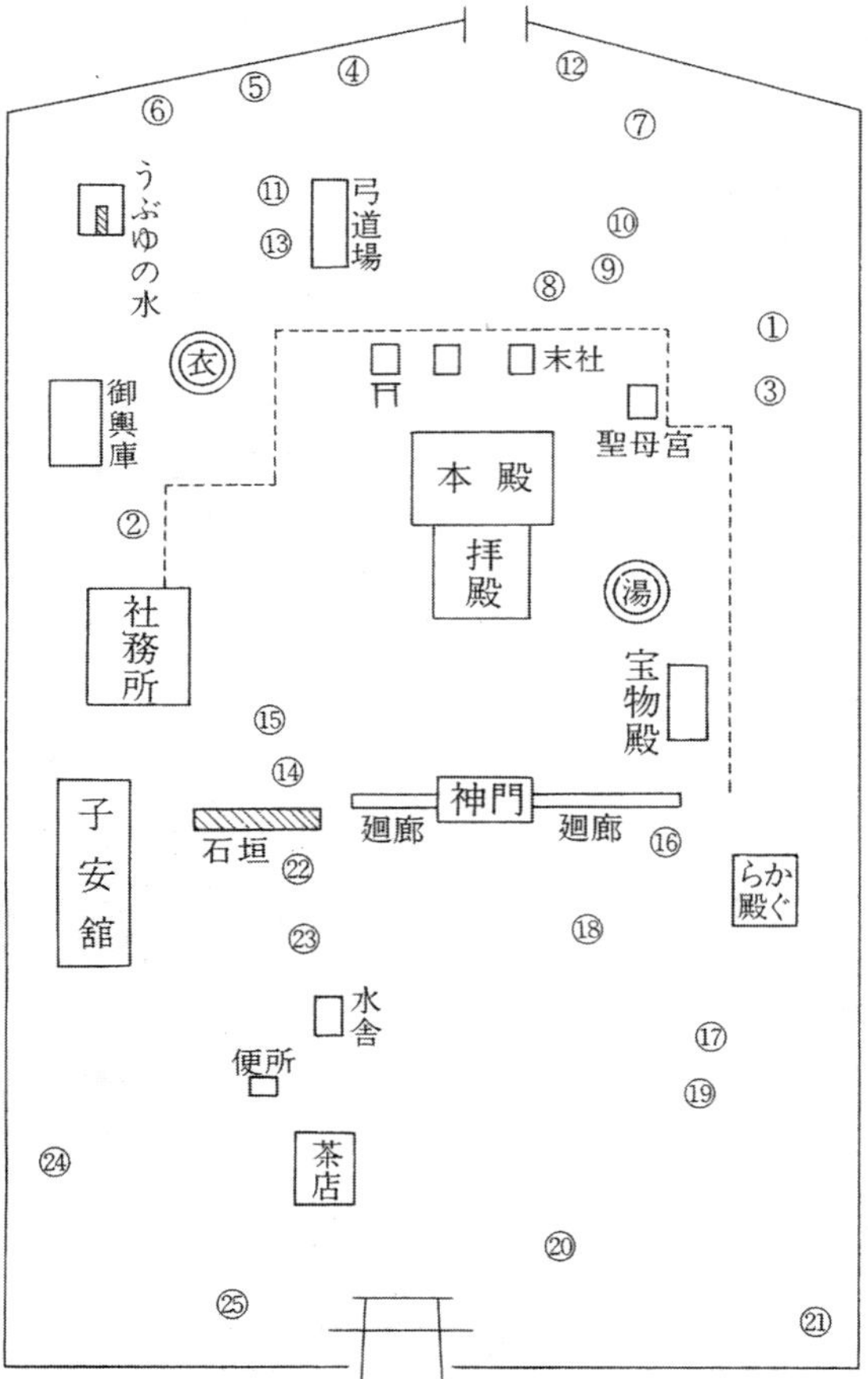

宇美八幡宮蚊田の森樟所在見取図
湯は湯蓋の森，衣は衣掛けの森，
番号は樟の所在，----は玉垣

宇美八幡宮の樟リスト（1979年）　（単位：m）

樟樹番号	目通周囲	樹高	根回り	枝下	枝張				付記
					東	西	南	北	
蚊田森									
1	10.00	28.00	19.00	15.00	18.30	15.00	20.50	12.50	大幹枝 4
2	10.00	20.00	24.50	9.00	8.00	9.50	11.30	10.00	〃 3
3	7.50	23.00	32.00	5.00	20.50	17.00	22.00	15.50	〃 2
4	4.00	13.00	4.00	1.40	10.00	7.00	8.30	6.50	
5	3.00	12.00	4.00	1.65	14.00	6.50	6.00	6.00	
6	3.00	12.00	4.00	2.00	12.00	4.00	10.00	14.00	
7	2.50	12.00	3.00	4.00	4.00	6.00	5.00	5.00	
8	6.40	15.00	12.70	4.00	12.00	15.00	7.00	11.00	
9	4.80	20.00	10.00	4.50	12.00	11.50	1.00	8.00	
10	2.50	12.00	2.50	4.00	9.00	30.00	0.00	5.60	
11	7.50	18.00	12.00	2.50	18.00	12.00	18.00	10.00	5 mより二又
12	7.10	12.00	13.00	4.00	14.00	8.00	8.00	10.00	
13	3.00	12.00	4.00	4.50	4.00	8.00	8.00	6.00	
14	6.00	20.00	18.20	4.00	14.00	16.00	15.00	8.00	3本
15	5.00	20.00	10.00	4.50	12.00	11.00	1.00	5.00	2本
16	6.00	20.00	25.00	6.00	13.00	14.00	10.00	10.00	
17	4.00	20.00	14.00	5.50	11.00	7.00	12.00	8.00	
18	4.00	20.00	27.00	3.00	11.00	15.00	15.00	17.00	
19	7.00	20.00	18.40	3.50	7.00	5.00	11.00	7.50	
20	6.00	23.00	31.00	3.20	16.00	17.00	14.00	13.00	
21	6.00	20.00	24.00	3.50	21.00	9.00	8.00	8.00	
22	7.50	25.00	22.00	4.00	2.00	10.00	20.00	8.00	二又
23	6.00	20.00	27.00	8.00	1.00	16.00	16.00	14.00	
24	2.80	10.00	3.50	4.00	6.00	9.00	2.00	10.00	
25	3.50	15.00	6.00	4.50	8.00	12.00	12.00	6.00	2 mより二又
湯蓋森	15.60	18.00	28.75	3.50	16.00	19.40	19.00	17.50	
衣掛森	18.20	18.34	24.65	1.20	18.00	12.00	17.50	10.30	

外員数外小樟社殿表6本，社殿裏3本，南庭2本，計11本．総計樟樹38本で一叢の生々とした森をなしている。
出典：『宇美八幡宮誌』

湯蓋の森

湯蓋の森の根元は空洞ができている。補修されているので定かでないが、吸い込まれそうな穴があり、向こう側の明かりが見える。伊藤禰宜は中に入ると八畳敷きほどもあるという。周りには柵の代わりに大きな木の化石が庭石のごとく並べられている。先ほど列車の中から見た駅前に据えられたのと同じ化石だ。これは楠ですかと聞けば、楠はこんな化石にはならない、これは松の木だろうとおっしゃる。この辺りは炭鉱の土地だから、石炭になる前の古代の木の化石がたくさん埋まっているそうだ。楠は木の繊維が柔らかく、堅い化石にはならないそうである。

　湯蓋の森には民間信仰がある。この木の苔むした皮の間に蜷《にな》という陸貝の一種がいる。参拝者が楠の皮の下にいるこの蜷を見つけて持ち帰り、桐の箱に入れ、苔を敷いて蓋にいくつか穴をあけ産室でまつり、毎日水を注ぎ大事にして、安産の後に元の楠にまた返しにくるという。今では天然記念物が傷むから厳禁してお

⇒宇美八幡宮の湯蓋の森
⇐宇美八幡宮の衣掛の森

り、代わりに安産のお守りをたくさん出しているが、昔はこの信仰が盛んだったらしい。

木の側に天然記念物の石碑と制札がある。

本樹は樟の代表的な巨樹の一にして樹齢の古きものなれば之を保護するを要す。注意一、根土をふみ固めぬこと。一、根幹など傷つけぬこと。一、樹の付近にて火気を用いぬこと。右注意せられたし若し之を犯したる時は国法により罰せらるべし。大正十三年七月 文部省

衣掛の森

衣掛の森は社殿の左側、安産信仰の産湯の水取りに行くところにある。空洞が大きく樹齢二〇〇〇年ほど、男性的な古武士のような姿をしている。このクスの枝に神功皇后が産衣を掛けたという伝承からこの名がある。

老木ではあるが若葉の季節になればさぞかしと思われる力強さを秘めている。

末社には楠森社（楠森稲荷）というのがある。ここに祈れば失ったものが見つかるという信仰もある。確かにそのとおり、私は大木に心奪われ、カメラを向けていたらカメラのケースをどこかに置き忘れてしまった。思い出してもう一度この楠森さんにお参りしたら、霊験あらたか、禰宜さんが「これお忘れ物です。賽銭箱の上に置いてありました」と届けてくれた。

この宇美八幡宮のクスノキにもあまり知られていないエピソードがある。それは明治一四年から一八年にかけてのこと。外国から帰った人が樟脳作りを奨励して、明治政府にけしかけた。政府はそれに乗り福岡でもたくさんのクスノキが伐られることになる。その伐採リストに宇美の「湯蓋の森」も「衣掛の森」も入っていた。それを知ってこの土地の名家で県会議員である二六歳の小林作五郎が、このクスの命乞いをしたのである。もし気づくのが少し遅ければ、この森たちは伐られていたのである。そして大正になり天然記念物に指定され、やっとピンチをまぬがれたのであった。

老い樟は神の憑《よ》りしろ梢たかく芽吹く力をみなぎらせ立つ　藤吉宏子

柞原八幡宮の大クスと隠家森

大分市と別府市の境に近い谷間から山の方に上がった幽邃の地、大分市大字八幡に平安時代の天長四年（八二七）宇佐八幡の神を勧請したという柞原《ゆすはら》八幡宮は、ＪＲ日豊本線西大分駅から車で二〇分ほど。境内参道西側の南大門の横、石段の傾斜地にそびえ立つ根回り三四メートル、幹周り一八・五メートル、樹高三〇メートルの大クスは、大正一一年三月、国の天然記念物に指定されている。幹の下部には空洞ができ、大人が十数人入れるほど凸凹がはなはだしく、すごい貫禄で朱塗りの古社に溶け込んでいる。

隠家森《かくれがのもり》という変わった名前のクスノキは福岡県朝倉市山田字恵蘇宿の牛神社の境内にあり、国の天然記念物に昭和九年に指定されている。根回り三五・四メートル、目通り一八メートル、樹高二一メートルで、地上約三メートルで五本の大きい幹に分かれ、内部が空洞になっている。これも一本だが森である。田神社という祠がまつられている。

名の由来は斉明天皇が朝倉の行宮に居られた時（六六〇年頃）、北に刈萱の関、南の恵蘇宿に朝倉の関があり、ここで名乗りをしないと通してもらえず、名乗りの関ともいわれていたが、それをはばかる者がこの大きいクスに身を隠して夜の闇を待ち、関を越えたので、隠れが森という伝説がある。

福岡県築上郡築上町本庄の大楠神社の本庄のクスは、大正一一年に国の天然記念物に指定され、わが国で三番目に大きなクスとして有名である。明治三四年に火災で上部まで延焼し、大半を焼失して大空洞になっている。それでも奇跡的に蘇り、災難を逃れ寿命長久の霊験あらたかと、葉をお守りにする人が多い。

クスの原始林と保安林

異色なのは福岡県糟屋郡新宮町と久山町にまたがる立花山クスノキ原始林。海抜三六七メートルの山頂に立花氏居城跡があり、中腹から山頂にかけてクスの原始林が広がる。自生のクスの分布の北限とされ、特別天然記念物になっている。かつてはもっと北まで、おそらく本州の大和地方あたりまで自然分布があっただろうと推定したいのだが、仏教伝来以来、クスは多方面に利用されたので、それまで自生していたのは消滅してしまい、植栽されたものが加わって、自然分布が次第に攪乱されたのであろう、と菅沼孝之は『日本の天然記念物』で述べている。

もう一つ福岡県山門郡瀬高町長田の新舟小屋のクスノキ林も昭和四九年六月に指定された国の天然記念物である。

これは矢部川がしばしば氾濫し水害が多いので、元禄八年（一六九五）に柳川藩が千間土居を築いて流路の安定を計り、堤防を守る目的でクスやマダケを植栽したその一部である。河川の堤防の上でクスノキが水防保安林として機能を果たしたのは他に例がない。今は本流の後ろに放水路ができて川中島となっているが、九〇〇本を越えるクスが植えられ公園になっている。これはクスノキに直接関係するものではないが、わが国の水防上の歴史的意義を考慮して文化財に指定されている貴重な例である。

太宰府天満宮の楠

東風《こち》吹かば匂ひおこせよ梅の花　あるじなしとて春な忘れそ

福岡県の太宰府天満宮といえば菅公が愛でられた梅を思い浮かべる。約一〇万坪という域内には六〇〇〇本を数える梅の木があり、天神様には梅とイメージされているが、お参りすればクスノキの大木に圧倒される。なんと五二本ものクスの大木があるのだ。

最大の二本は大正一一年（一九二二）三月に国指定の天然記念物になり、残りは昭和三六年一月に「天神の森のクス」として福岡県の天然記念物に指定された。

延喜三年（九〇三）というから今から一一〇〇年以上昔、この地で生涯を閉じ、天満天神として菅原道真公がまつられた頃、おそらくこの大宰府はクスノキが原始林のように生えていたであろう。室町時代の応永年間に描かれた境内図には、神仏習合時代の殿堂伽藍の間にクスの大樹が茂っているのが見られる。

クスノキは朱塗りの社殿や太鼓橋によくマッチし、この宮の歴史に溶け込んでいる。

天満宮ではこのクスノキを守る委員会を昭和五四年に作り大事に守ってきたが、平成に入り衰弱がめだってきた。境内の広場の中心、楼門前にある県指定の一六号と称するのが急に葉数が少なくなり、樹幹から不自然な芽吹きがあったり、これまでとは様子が違うのに気づいた。

この場所は全国からの年間七〇〇万人もの参拝者が集まり、近くを往来するので、それも原因だろうと根元付近に立ち寄れないよう、土盛りして低い柵を設置するなどした。だが衰弱は進む。そこで全国各地の名木を養生して有名な樹医に手当てを依頼し、大阪の造園業者により大規模な養生工事をした。

だが手遅れだった。もう少し早く手当てをしていればと惜しまれつつ、平成五年一一月には葉がすべて枯れ、翌春五月、枯れ死と判定され、県指定天然記念物から解除された。これには西高辻宮司はじめ関係者はショックだった。

この一六号は胸高直径が二・五五メートル、樹高二八メートルで、天満宮の老齢木としては一〇番目で、付近の木と比べ樹齢は二七五年と推定されていた。枯死したので伐採して年輪を調べることができ、心材が腐朽していて正確には数えられなかったが、約三三〇年だった。この木は国の天然記念物になっている一号が推定一〇〇〇年としているから、まだ若いのだが、景観上重要な位置にあったので関係者は残念がった。

ところが一六号だけでなく、心字池の周辺の五、六本のクスノキも勢いがなく、このままではやがて枯れ死すると懸念された。そこで平成六年から樹勢回復工事として域内を三つに区切り、各グループの根の周りに異なる有機質肥料やカルシウム剤の一種を土壌へ混入し、それぞれの効果を観察した。だが駄目だった。回復の兆しは見えない。一年後に心字池の橋のたもとの一一号が衰弱してきて、一六号と同じ状況になってきた。これは大変と衰弱原因の本格的調査を九州大学に依頼した。

そして平成九年から大規模な土地改良工事を展開した結果、瀕死状態だったのが新たな根を発生させて回復し始めた。その報告書が平成一三年に財団法人大宰府顕彰会により出版されている。『文化財保護法五十年記念　巨大クスノキの研究　太宰府天満宮クスノキ樹勢回復への挑戦』（樹木養生会議編集）という立派な大冊である。専門的で概要を記すのも困難であるが、貴重な記録であり、簡単にこれを紹介させていただこう。

弱りはじめた一一号の土壌には強い酸性を示す層があった。誰か硫酸など酸性液を捨てた可能性さえ疑われるほどだった。表土でなく下層の一部に限られていたから、それは否定された。当初は原因がわからず、土壌に硫化鉄鉱の一種のパイライトが混じっているのではと推論された。そこで根を調べたところ根腐りを起こしていた。その原因はどうやら池の排水溝を設置する工事をした際に根を切断したことにあるらしいとされた。一六号は多くの人が通る広場にあるので、踏圧され表面が一〇センチもの深さまでコンクリートのように硬くなっており、雨水が浸透せず、生育が阻害されていたことがはっきりした。

衰弱した木の周辺の土壌のPHの測定、土壌の硬度、過酸化水素に含まれる硫黄量の算定とか、ICP発光分析装置での土壌硫黄の定量や、樹木中の硫黄の定量をプラズマ発光分析法で分析するなど精密な測定を行なった。

太宰府天満宮誠心館前の1号木

クスの葉も重金属の濃度を試料やX線で調査した。ここでは大気汚染はあまり影響なく、むしろ硬くなった土壌から水分吸収が悪くなった結果、葉の水欠乏を生じ、葉が乾燥する水ストレスが生じているとわかった。水ストレスが起きると、葉の裏面の気孔が閉鎖して、蒸散による水分を調製する機構が働き始めるのだが、同時に光合成を低下させる。光合成は日光のエネルギーを利用して、大気中の二酸化炭素と

荻原井泉水の句碑と拓本（太宰府天満宮）

水を原料に炭水化物という栄養源に変える生理現象である。これが低下すると養分を失い衰弱の原因になるのは明らかである。

この葉の水欠乏の状態を計測する水ポテンシャルの値によって、葉のストレスの状況が把握できる。また葉の光合成速度を測る携帯用の装置も用いられた。だが計測は季節により結果が異なり、下枝と上枝で数値も違い、もちろん時間によっても異なるから難しい。樹勢が回復してくると、これらは活発になってくる。

ある程度の原因はわかったが、さてその対策はどうするか。オリジン・カルキト処理という土壌改良をし、さらに衰弱木周辺の土壌を全面的に入れ替える工事をし、周囲にできるだけ立ち入れないよう柵を設け、さらに通気管を埋設するなどして手当てをした。その結果、一一号は見違えるほど生気を取り戻した。特に誠心館という斎館と結婚式場は、そばにあるクスの根の保護を考慮した特殊工法で建築された。西高辻信良宮司は「人間の努力にクスノキが応えてくれたと心からうれしく思った」とおっしゃっている。

こんな大規模の調査研究は誰もができるわけではないが、水ストレスの影響は注意して観察すれば目で見てわかるから、全国の神社や寺ではこうした報告書を参考に保護管理に利用されたい。

私も何度かお参りさせていただいているが、クスに関心を持ってからは二度目。前回は太宰府天満宮本殿の裏、誠の滝のそばに楠の木千年の句碑があると聞いていたが、境内にはたくさん歌碑や記念碑があってあちこち捜したが見つからず、団体旅行だったので時間がなくてあきらめたのが心残りであった。今回は坂上清人権禰宜さんにまずこれを案内していただいた。小さな句碑を想像していたら、思っていたよりずっとずっと大きく立派だった。

くすの木千年さらに今年の若葉なり　　井泉水

「時年八十二」とあり、背面には「明治九十九年五月　有志建之」とある。「あれ、明治九十九？」と、私は目をこすった。明治百年の前年だから昭和四二年五月五日、荻原井泉水の句を門弟たちが建立したのである。あいにくの雨、しかも千年の大木の木陰、判読しがたかった

以前お参りした時よりずっとどのクスも元気が出ているのがうれしかった。今回は七月であったが、五月初旬の若葉の季節だったらどんなに生気あふれていることだろう。クスノキを訪ねる旅も季節により印象がすっかり変わるのは申すまでもない。

九州の楠紀行②

川辺の大楠と郷土のお菓子

鹿児島に楠を訪ねた日は、南九州市知覧町で知覧特攻平和会館をまず見学した。国を思い、父母を思い世界平和を願って沖縄決戦に向かった若い隊員の遺品や遺書に目頭を熱くしてから、特攻おばさん、鳥濱トメさんゆかりの富屋旅館に泊まった。映画『ホタル』で「おばさん、明日は帰ってくるよ。ホタルになって」と言い残して出撃した、あの宿だという。

トメさんのひ孫がお茶をいれてくれた。出されたお菓子に驚いた。なんとクスの葉に包まれているではないか。見たところ柏餅だが、クスノキ科の特徴である三行脈がくっきりしていて若葉であるがダニ部屋もついている。葉の匂いを嗅ぐとほんのりクス独特の香りがする。

「これなんていうお菓子？」「『ケセンだんご』といいます。昔からこの地方にあったようですが、近年は家で作ってお客にお出ししております。ケセンの葉はおじさんに頼んであるので採ってきてくれます」。よく見ればクスの葉ではない。楕円形でまったく同じようだがやや細長い。これはニッケイ（肉桂）の葉である。

私はクスが食品と少しでも関係することがあるかと長年探し求めていた。だが樟脳の香りは食欲を誘うものではないからあきらめていた。もちろんクスノキ科にはアボカドがある。熱帯アメリカ原産の果肉がバターのようで、サラダやサンドイッチなどメキシコ料理に用いる熱帯果物で、アボカドオイルも採れ、和名はワニナシという。それは例外として、ニッケイもクスノキ科の常緑高木である。ニッケイは文献では漢方薬として古くから出てくるが、中国雲南省やベトナムに自生し、日本には享保年間（一七二〇年頃）に渡来して暖地で栽植されるようになった。それまでは輸入されていて、根皮を乾燥した肉桂皮は健胃薬や香料、葉からは香水が作られていた。馴染みが深いのは江戸時代からの子供の駄菓子のニッキである。

ニッケイの細根を一〇センチほどに切り、何枚か束ねて赤い紙の帯をしたのを、和風チュウインガムとしてニチャニチャ嚙んだ。またニッキスイといって赤や黄色に着色した飲物や、有平糖の棒にニッキの粉をまぶしたのも駄菓子屋や露店で売られていたものだ。大人には焼酎にニッケイの皮と砂糖を加えた肉桂酒があった。鹿児島県の方言ではこのニッケイを「けせん」とか「きしん」という。

鹿児島県のケセン団子

『聞き書　鹿児島の食事』（日本の食生活全集46）によれば、鹿児島県鹿屋市下高隈町では六月五日の月遅れの五月の節句には「けせん巻き」を作るという。米粉と糯米、黒砂糖の団子を「かからん葉（サルトリイバラ）」またはニッケイの葉を二枚あわせて包むのである。富屋旅館の「けせんだんご」にはヨモギが入っていたが、これは柏餅や茨饅頭と同じ類である。アジアの稲作地帯では、竹や草や木の葉で食物を包んだり器にする。これは揮発性

鹿児島県志布志の大クス（1994 年）

で抗菌や殺菌作用のある物質、フィトンチッドなど豊富に含むから、それをうまく利用して腐敗を防いでいるのであろう。昔の人の体験から生み出した生活の知恵には驚かされる。クスの葉もニッケイよりやや小さいが、採集も容易で同様に使えると思う。

知覧に行ったのは、その隣の川辺町に「川辺の大楠」が存在するからである。これは昭和三一年に鹿児島県の天然記念物に指定されて、地元では「宮のクス」といわれている。飯倉神社の境内入口にあるからである。大きなクスであったが、残念なことに落雷で三つに裂けて真中が枯れてなくなり、裏側に回ればまだ一本の大木に見えるが、正面には六畳敷きの空洞。中に入って見上げると明るい空が見え、ずっと上にはシルエットになった葉がそよいでいた。周りはマンモスの皮のような皮だけ、三〇センチ以上はある厚さであるが、これだけでこの大木が支えられているのだ。太い金属の棒の支えが痛々しい。大きな台風があれば倒れそうである。

鹿児島県には国の天然記念物の志布志《しぶし》の大クスが有名である。志布志市志布志町安楽の山宮神社の境内にある。昭和一六年一一月に指定を受け、生育がよく、写真写りも良いのでよく紹介される。

鹿児島県肝属《きもつき》郡肝付町野崎字塚崎の塚崎のクス。鹿児島市から南海郵船フェリーで垂水へ、そこからバスに乗る不便な所。一帯は弥生時代の多くの遺跡があり、前方後円墳が四基と円墳が三九基もあるそうだ。このクスも一号墳の円墳上にどっしりと生えている。これも国指定の天然記念物である。

ここは島津家の守護神をまつる大塚神社の境内でクスは御神木。目通り一四メートル、樹高二五メートル。地上五メートル付近から大きく三幹に分かれ、幹の下方は洞穴になり、古墳の地下に続いていて、なかに大蛇が棲むと伝えられる。蔦や蔓の類がびっしりつき、緑の衣をまとう自然林の化身のようだ。古老の話によると、天変地変や戦争の前兆があると、この楠の大枝がバサリと折れるという。日清日露戦争のときもそうだった、と私より若い男は語った。大爺さんにでも聞いたのだろうが、そのうち敗戦のときもとか、バブルがはじけた時も、などと語られるのではなかろうかと楽しくなった。

西南戦争を見た熊本の楠

熊本城の観光情報センターでマップをもらって、日本三名城の一つを右に見ながら、何はさておき反対側の藤崎台のクスノキ群のある県営藤崎台球場へ向かう。

二の丸公園のこのあたりもクスノキの立派なのが多い。もうすぐ夏の高校野球の県大会が始まるとあって球場は垂れ幕の準備などしていたが、あたりに人影はない。めざす国指定の文化財のクスたちはグランドの裏側にあるので一回りしていると、掃除のおじさんが「そちらへ行ってもクスノキだけしかないですよ」。

球場の真裏、スコアボードの横、大ホームランを放ったならばクスノキに吸い込まれそうな場所に

熊本城内藤崎台のクスノキ群の一本

クスノキ群はあり、そのうちの七本が大正一三年一二月に指定された国の文化財、天然記念物である。スタンドまで涼しい影を投げかけるであろうか。それはちょっと無理であろうが、涼しい木陰とそよ風を球児や観覧者に与え、オアシスになっているのであろう。この球場からアナウンサーが実況放送をするとき、話のネタが切れたらクスノキの話をすればいいという裏話も聞いた。おそらく野球場を創設する時、七本の文化財指定のクスノキをいかにして残すか、さぞかし苦心されたに違いない。

実はこの場所、元は藤崎八幡宮の社地であった。明治一〇年西南戦争で焼失し、藤崎八幡宮は現在の熊本市井川淵町に明治一七年に移転したのである。球場は昭和三五年、熊本国体で完成した。近くに熊本県神社庁と護国神社があるのでお参りしたら、来年度に国の予算がつき大修理と環境整備がなされて、きれいになるからまた来てくださいとのこと。

熊本城界隈にはたくさんのクスが、いずれも広い場所に明るく伸び伸びと植えられている。クスはお城の石垣によく似合う。チンチン電車の駅、熊本城前、おてもやんの像が片足あげている花畑公園にも樹齢七〇〇年というのがある。町の中心にまさに市のシンボルとしてこのクスノキは立つ。根元に「代継神社遺跡」の石標がある。やはりこれも神木として護り抜かれた歴史を持つのだ。近くにはクスの並木道、オークス通りというすてきな通りもある。

西南の役見し大樹楠若葉　北澤瑞史
武者返し仰げば匂ふ楠若葉　宮川杵名男

寂心さんの楠

日本のクスノキで一番絵になるものの一つはこれだろう。容姿、根の張り具合、樹勢、まあ美人コンテストの基準で審査すればミス日本、いやクスの代表だからクス日本か。とはいっても人それぞれ好みがあり、贔屓もあろうから一概には言えないが、私はこの木を推薦する。総合バランスが最高である。ただし風格とカリスマ性、霊気を感じさせるというのとはまた次元が違う。テレビや写真写りのよいモデルさんのような樹という意味である。

熊本市のはずれ北迫町、JR鹿児島本線の植木駅で下車して歩くと三〇分ほど。私は伊東修氏の運転する車で連れていただいたが、熊本城から車で三〇分ほど、交通の便は悪い。

私は以前、この寂心《じゃくしん》さんというやさしい名前から、なぜか瀬戸内寂聴さんのような尼僧を連想して、勝手に尼寺にあった見目麗しい大クスだと思い込んでいた。まったくの間違いだった。寂心さんは一

寂心さんのクス（熊本市）

六世紀前半、中世の武士だった。

解説によれば、鹿子木親員《かのこぎちかかず》という文武両道にすぐれた、熊本城の原型となる隈本城を築いた人物がいた。出家して寂心という。このクスの下に葬られ、その墓石はこの木の根に巻き込まれてしまった。

樹高二九メートル、幹周り一三・五メートル。四方への枝張りは五〇メートルほど。なかでも南西に伸びる大枝は三〇メートル近い。樹齢は八〇〇年と推定されている。この木は国の指定する天然記念物には入っていないが、熊本県の文化財として指定されている。でも人気は抜群で、日本の名木百選では上位に選ばれている。

寂心さんのクスはなんと恵まれた環境に育ったのだろうか、周りに競争する相手がいなかったので、実に伸び伸びと四方に枝を伸ばした。戦国時代から伐られず、よく生き延びてきたものだと感心させられる。もしもっと背が高く幹の部分が長かったら伐られたかも知れない。下の方から枝を伸ばし幹が短く材木として利用価値が低いから助かったとも考えられる。さらに生き延びることができたのは、墓を抱いたからだろう。

クスノキの大木の八〇パーセント以上は神社か寺の域内にある。信仰により守られてきたのである。だがここは境内ではない。寺社とは関係ないのだが、自ら墓石を抱きこんで信仰を作ったのである。寂心さんと慕われるネーミングもよかった。一月一一日には入道寂心の命日として、この地区の人々が集い神事を行なっている。

佐賀県武雄の三楠参り

温泉と陶芸の町、佐賀県武雄市を訪ねるのは一五年ぶりだった。新しくできた伊勢神宮の式年遷宮記念神宮美術館の仕事で、人間国宝の酒井田柿右衛門さんや今泉今右衛門さん、井上萬二さんに御挨拶するため有田に行った帰り、武雄温泉に泊まって竜宮城の楼門のような浴場に浸かり、大きなクスノキを見に行った。その時は大先輩の清水實氏のお供だったから、そばにもう二本あるクスノキを見たくてもままにならず、あきらめて帰った。その時すでにクスノキには関心を持っていたから写真はたくさん撮ってきたが、本にできるとはまだ思いもよらなかった。

武雄市若木町大字川古の「川古の大楠」。久しぶりの対面だった。

クスノキ御大は少しも変わらず、むしろ若返ってすら見えたが、変わったのはその周辺である。何もなかったはずだが、整備されて大楠公園になっている。大きな水車が廻っている。小さな売店が大きな土産屋になり、からくり人形の芝居があり、観光バスの駐車場もでき、団体用の写真場もあり、観光の目玉になっている。映画『がばいばあちゃん』のロケ地にもなったそうだ。だからもう以前のように大木の肌に触れて抱きつくことはできなかった。

川古の大クス（佐賀県武雄市）

幹周り二一メートル、根周り三三メートル、枝張り東西南北に二七メートル。全国巨木五位、樹齢推定三〇〇〇年。大正一三年（一九二四）に国の天然記念物に指定されている。

伝承によると、この木の幹に奈良時代の名僧、行基が観音立像を刻んだという．それが明治の廃仏毀釈で顔面を削られて哀れな姿になり、昭和六〇年には幹から剝落して今は若木公民館にその写真をとどめるだけと聞いた。それは二メートルもの立像で、明和三年（一七六六）の「川古庄屋日記」に出ているというが、行基作はともかくとして、磨崖仏のように生木に彫刻されてはクスも気の毒である。幹は空洞になり稲荷さんがまつられている。

この木も、熊本の寂心さんのクスと同じように孤立しており、遠くから見通せて写真に写しやすく、風格も十分だ。句碑ができていた。

福明かり三千年の楠大樹　　　　青木月斗

句会がなされ入選句が掲げられていた。

苗代に大楠の影届きけり　　　　南野良生
大楠の根にキラキラと蜥蜴の尾　　　　武富芳子
真夏日に村に影貸す川古楠　　　　高田敏洋

佐賀という名は『肥前風土記』によると「栄の木」に由来するという。なかでも大きなクスノキが多い。その代表が武雄市にある三本の大クスである。

その一つはJR武雄温泉駅から車で五分ほど。頂いた名刺には「武雄市武雄町大字武雄　武雄神社宮司　武雄哲司」とある。その宮司さんに案内をいただいた。武内宿禰を主神とし住吉三神をおまつりする氏神の境内の裏、御船山に向かい一〇〇メートルほどにご神木として立つ武雄の大楠は、幹周り二〇メートル、根回り二六メートル、根張り東西一八メートル、南北一五メートル、高さ三〇メートル、全国七位という。本幹は空洞化して中は一二畳敷きの広さ。中に入れていただいた。鍾乳洞に入ったようで、天神様がおまつりされていた。大きくてみごとである。夕闇迫る頃に訪れるなら背筋が寒くなる霊気を感じるだろう。

昭和四五年七月に指定された市の天然記念物である。他の地方なら当然、国指定となろうが、上に

武雄神社の大クス

は上がある。近くにはもう一本の塚崎の大楠があり、こちらもここでは市の天然記念物だ。

武雄市文化会館の前方の丘の上、旧鍋島家の屋敷内であったという所に立つ塚崎の大クスは、根回り三五メートル、幹周り一三・六メートル、残念ながら本幹の九メートル以上が落雷ですっぽりと欠けている。落雷は昭和三八年という。それまでは他の二本に負けぬほどの大きさだったという。文化財に指定されたのはその後で、昭和六〇年四月。根や屏風のような空洞の空間は写真に写せない大きさ。みんなで記念写真を撮ったが、木の衝立の前で写したようになった。こんな市街地にこんな巨木が存在するのは驚きである。

武雄三楠《さんくす》まいりと称して「太かクス」に長寿と健康を祈る旅が勧められていて、観光バスも来るそうだ。同じ名のつく塚崎のクスが鹿児島県にあり、これは先に書いたが、よく混同されるそうだ。

宮崎県の楠たち

宮崎県にも大きなクスノキがたくさんある。国指定の天然記念物に限っても六件もある。

まずは宮崎市瓜生野平松にある瓜生野八幡宮のクスノキ群。宮崎駅から車で二五分ほど、景行天皇が日向行幸のとき、良い瓜の生える所と名づけられたという伝承のある古い八幡宮に、一六本のクスの大木がある。最大は本殿右後方の目通り九・六メートル、樹高二五メートル。七・五メートル以上が三本、三〜五・五メートルが一〇本、三メートル未満が二本の計一六本である。クスノキは単独のものがほとんどで、こんなにまとまって生育しているのは珍しく昭和二六年に国で指定された。

宮崎県西都市南方の上穂北のクスは西都原古墳群の北端、南方神社の境内にあり、根周り二二メートル、幹回り一二メートル、樹高四〇メートル。枝を一六本も伸ばし、スマートで空洞がなく元気である。

西都市妻の都萬《つま》神社の境内にある妻のクスは、昭和二六年六月に指定されたが、子供の焚き火で二度も火災にあい、一昼夜燃え続き、さらに平成五年の台風で三つに裂け六畳敷きの空洞ができ、内部は炭のようになっていて痛々しい姿。それでもよく頑張って樹勢は回復しつつある。近年作られたものだが「千年楠の洞洞木《どうどうぼく》」と称して、境内に生えていた大クスの一部で作った丸木を刳り抜いた洞を潜らせている。慎んで一礼した後に心の中で願いごとをしつつ潜り抜けて一礼すると、夢が叶い、幸せになると案内板にあった。

高鍋のクスは、宮崎県児湯郡高鍋町の舞鶴神社境内の東はずれの車道に面した崖の上に、少し傾いて立つ。根回り一三メートル、幹回り一〇・三メートル、樹高は三五メートルあったが、台風で折れて今は一六メートルほどと半分になってしまった。指定を受けたのは昭和二六年だが、その後の台風で傷み、老衰が進みつつある。平成五年の台風でも大きい枝が折れた。

東郷のクスは、日南市東郷、大宮神社境内に立つ。根回り二四メートル、幹周り一〇メートル、樹高四〇メートル。地上五メートルで三つに別れ、それがまた上で二つに別れ六本の支幹となり、神秘さが漂う。昔はこんなのが何本もあったそうだ。

清武の大クスは宮崎郡清武町船引の船引神社の社殿の裏にあり、通称「八幡クス」といわれる。根回り一八メートル、幹回り一三・二メートル、樹高三五メートル、地上二メートルから東側に大枝を出し、さらにその上三メートルから南北に二幹を出す。中には八畳敷の空洞があり、戦時中は防空壕にしたという。

いずれもその地で動かず千年近くも生き続ける皺深い媼か翁か、樹霊が宿る老樹の風格がある。

むささびが枝から枝へ渡るとう千年の楠を畏れ見上ぐる　小坂伊津子

日本一の巨樹　蒲生の大楠

いよいよ横綱の登場である。鹿児島県始良《あいら》郡蒲生《かもう》町上久徳、蒲生八幡神社の「蒲生《かもう》の大楠」である。鹿児島空港からバスで三〇分、宮崎市から高速道路で二時間もかかる。

大正二年（一九一三）、林学博士本多静六が東京農科大学造林学教室（現東大農学部）で編纂した『大日本老樹番付』で、横綱は東西を通してただ一本「蒲生の大楠」とした。そして昭和六三年度に環境庁が実施した「巨樹・巨木林調査」で改めてこれが日本一と認定された。推定樹齢約一五〇〇年、樹高三〇メートル、根回り三三・五七メートル、目通り幹囲二四・二二メートル、幹空洞内部直径約四

・五メートル、たたみ八畳分。

こう記すと同じ鹿児島県屋久島の縄文杉の方が大きいのでは？　という方もあろう。いいえ、こちらの方が大きいのである。縄文杉は樹高二五・三メートル、胸高周囲一六・四メートル。環境庁の調査は地上から一・三メートルの幹周り（胸高は一・二メートル）で測定したものである。その巨木上位一〇本のうち九本がクスで、縄文杉は一二位である。何をもって日本一とするかの判断はむずかしい。高さは云々しないが、瘤があったり根が張り出していたりで、幹周りの測定方法も微妙であろう。だから一位はこれに決まりだが、二位は熱海か佐賀か福岡か、と疑問ももたれる。だが何はともあれ環境庁の測定を基準とするしかない。

蒲生のクスは大正一一年三月に国の天然記念物に指定され、さらに昭和二七年三月には国の特別天然記念物指定を受けている。

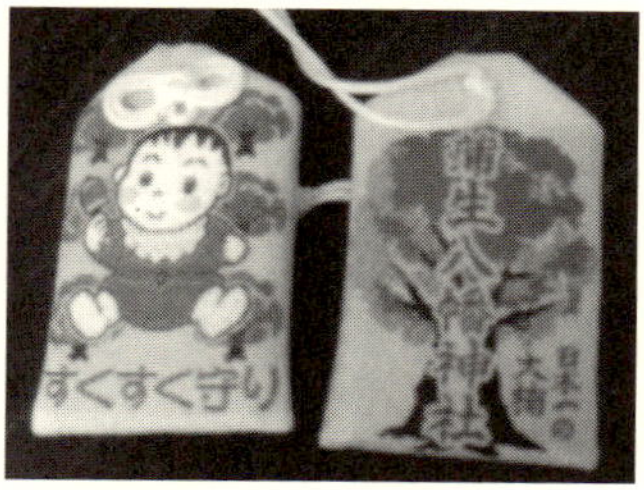

蒲生八幡神社のお守り

天然記念物は「動物、植物、地質鉱物のうち、学術上貴重で、わが国の自然を記念するもの」とされ、大正九年から指定が始まり、その二年後にこれが選ばれた。国の天然記念物に巨樹や名木として単木で指定を受けているのは二七二件で、スギ、サクラが多く、つぎがクスノキで二七件である（二〇〇九年現在）。そのなかでも特別天然記念物というのは、世界的または国家的に価値が特に高いものである。なお地方公共団体の条例で指定されたものは〇〇県指定とか〇〇市天然記念物と表記される。

何においても、あまりに期待が大きいと、「なあんだ」ということになる。日本一、ニッポン一と胸を弾ませ、はるばる来たぜ鹿児島。確かに大きかった。でももっと大きいと期待していた気持ちがある。息子もバイクで来て同じ感想を抱いたそうだ。環境のせいだろうか？　たぶん期待が大きすぎた自分自身の気持ちにあるのであろう。

しかし大きい、写真に入らない、広角レンズを持たない辛さ、人物を配しないと大きさは表わせない。軽トラックが置いてある、まあこれと比較させよう。社務所を訪ねると宮司は留守という。巫女さんがてきぱきと応対してくれた、宮司は司法書士もされていて事務所の方に行っているが、連絡すればすぐ帰るという。途中で教育委員会に寄り、原田正己社会教育主事さんに資料提供など大変ご協力いただいた。

保安四年（一一二三）というから平安時代、蒲生氏の始祖が創建したという由緒ある広い境内の正面左側にどっしりと立つ。伝承によると、昔は本殿をはさみ右側にも同じクスがあったという。一対にして植えられていたのであろう。神社に植えられる場合は一対にするのが普通であるが、二本ともみごとに育ち残ることはめったにない。もう一方は永禄二年（一五五九）二月一六日朝、落雷で出火、神官、僧侶、村人総出で消火作業にあたったが、一日半燃え続けてやっと消えたものの、枯れてしまったという。

さらにその前、永正三年（一五〇六）正月七日に山火事があり、ご神体を緊急避難し、神殿も焼け、大クスの右枝まで焼け落ちるという記録が残る。今この木の地上一二メートル付近に直径一・二メートルを越す空洞があるが、おそらく五〇〇年以上前に太い枝が燃えて枯れ、脱落した傷跡が今に残る

日本一のクスノキ・
蒲生の大クスの下で
右：1994年撮影
左：2009年撮影

のであろうと推測されている。それより驚くのは、見たところ気がつきにくいのだが、主幹の内部はすごく大きな空洞になっているのだ。

大正一一年に指定され、昭和二七年に特別天然記念物になり、みんなから大事にされてきたが、昭和五〇年代後半になると小枝が枯れ、葉の量が減少、葉に生気がなくなるなど、樹勢の衰退が現われ始めた。そこで昭和五九年一月、文化財保護法にもとづく国庫補助を受け、環境整備と土壌整備事業を行なった。根元を踏まれないように外柵を取り付け、樹木周囲の盛土や石積み、施肥作業などをした。

だが、そのあと昭和六〇年八月三一日に来襲した台風一三号で大被害。

洞は八畳敷（蒲生の大クス）

最大瞬間風速五五・六メートルであった。直径二〇〜六〇センチの枝二十数本が折れ、枝葉は吹きちぎられ、ほとんど裸同然の状態になったという。鹿児島は台風の多い所である。この樹もこれまでどれほど被害にあったことだろう。クスノキの枝は折れやすい。伊勢湾台風のときもクスが一番早く枝を落としたと当時の神宮営林部長、岩田利治氏の手記もある。自ら枝を落として抵抗を少なくして主幹が生き残る自衛手段であろう。

　蒲生町の関係者はショックだった、傷んだ樹皮に直射日光を当てないために寒冷紗で遮断したり、薦や筵を巻いて散水する応急処置の保護対策をして、文化庁や県の指導を受け「蒲生の楠樹勢回復事業」に取り組んだのである。八五〇〇万円もかかる大事業だった。そのくわしい報告書が蒲生町の教育委員会から出ている（平成一二年刊）。

　戻られた山之内義久宮司が空洞の入口の扉の鍵を開けて内部に入れてくれた。鍵は宮司と教育委員会が持っている。この頃は誰もめったに入れないのである。真っ暗な洞穴内は、角材を井桁状に積み上げて補強をしてある。広くて地下室の工事現場に入った感じ。十数人は入れるだろう。奥さんが懐中電灯を持ってきてくれたが、上までとても届かない。煙突状態になっている。梯子がかけられ、少し登って見ると、ずっと上にぽっかり小さく明かりが見える。小窓のような開口部があるのだ。

　黒い壁のような空洞内は、生理活動を行なっている硬い木質部と柔らかい腐朽部がある。この粘土の乾いたように崩れやすい腐朽材を除去し、殺菌・防腐剤を塗り、噴霧して進行を止めているのだ。ウレタン樹脂を充填して補修してある箇所もある。上手に埋められているのでめだたない。雨水の浸入を防ぐのに苦労されているのであろう。以前はモルタルやコンクリートで詰めたものだが、擬木処理をしたウレタンは進歩したものだ。周辺はチップ炭を混ぜた柔らかな土壌に入れ替えられ、根元が踏まれないように歩行デッキも設置されている。

四カ年計画で取り組んだ成果は一応成功した。外観はほとんど正常でみごとな樹形、今のところ健全である。だが巨樹といえども生き物である。この八幡神社には国の重要文化財の鎌倉時代の「秋草双雀文様銅鏡」の他一一六面の貴重な鏡も保存する。日々の維持管理も大変と思うが、日本の宝として末永く雄姿が見られることを祈って帰路についた。

第八章　樹木の信仰と自然保護

伊勢神宮の宮域林と自然保護

　伊勢神宮の宮域林は約二〇〇〇年前、第一一代垂仁天皇の御代に天照大神が鎮座された時から、大神さまの山として崇められてきた。そして第四〇代の天武天皇の御代に二〇年毎に社殿を造り替える式年遷宮の制度ができ、約一三〇〇年前の持統天皇の御代に第一回の式年遷宮がなされた時から、宮域林は御造営の用材を伐り出す御杣山《みそまやま》と定められた。鎌倉時代以後になると、材が欠乏してきて御杣山は他所に移ったが、今も最も神聖な心《しん》の御柱《みはしら》はこの山で伐り出されている。約五五〇〇ヘクタールの宮域は大別して神域と宮域林とに分けられ、宮域林は第一宮域林と第二宮域林とに分ける。

　神域は御正殿を中心とする区域で、この森林は、もっぱら神宮の森厳を保つことを目的にして、自然保護に努め、樹木は生育上必要な場合の外は絶対に生木の伐採はしない。

　第一宮域林は、神域の周囲と宇治橋の付近、さらに宮川以東の鉄道沿線より望見できる個所で、五十鈴川の水源の涵養、宮域の風致の増進を目的とし、風致の改良と、樹木の生育に必要な場合の外は生木の伐採はしない。

内宮山林

第二宮域林は、神域および第一宮域林以外の区域で、ここでも五十鈴川の水源を涵養し、風致増進を図りつつ、二〇〇年計画で式年遷宮の御用材育成のために、ヒノキを主林木とした針葉樹と、カシ、シイ、クスの照葉樹の針広混交林を仕立てている。クスノキは特にこの地域の神路川、島路川沿いの天然林にある。

この宮域林の半ばは天然林で、植物の種類も多く、木本類約一二〇種、草本類約六〇〇種、シダ類約一三〇種に及び、トキワマンサクの自生地やクスノキやヤブツバキの純林が見られ、学術的にも貴重な森林である。詳しくは先輩である元神宮司庁営林部長、木村政生林学博士の『神宮御杣山の変遷に関する研究』をご覧いただきたい。

この管理経営の基本方針は大正一二年（一九二三）の神宮神地保護調査委員会で決定された。後にその委員会のメンバーの一人となる東京帝国大学農学部教授、本多静六林学博士（一八六六〜一九五二）が神宮司庁において講演をしている。明治四五年四月五日だから、もう約一〇〇年前になる。その口述記録の小冊子『神宮域内山林及ヒ神苑ニ関スル意見』（神宮司庁庶務課）というのがあるので、クスノキとは直接関係はしないが、参考になればと転載してみよう。

本多博士は二日間のみ実地視察をしただけだから詳しくは語れないとしながら、神宮林の大切さと、今後どうあるべきかをやさしく語っている。たった二四頁の小冊子であるが、昔の仮名使いで記録されているので、要約して現代の表記にしてみよう。

神宮宮域付近一帯の山林原野は森林帯上の温帯林、一名カシ・シイ帯に属し、太古においてはカシ・シイ・サカキその他、後で別に記載するごとき常緑闊葉樹のみだったが、今からおよそ八〇〇年以上前、おそらく火災だろうが、一帯の山林が一度すべて立木のない状態になり、その跡地にスギを一斉に植栽をして、いったん鬱蒼たるスギのみの森林となっていたが、その後一〇〇年、または二〇〇年余を経過し、スギの林相がようやく疎となると、老木の間に他の雑木が繁茂し、次第にスギの木は風雪のために年々減少し、自然生えの雑木はよく繁茂して、今のような森林となったようである。

そして現今、林間にクスノキの巨大なものがあるのも、たいていはみな火災の後において野生し、または栽植したものと想像される。なぜならクスは発育の極めて速い（原文のまま）ものなれば、現時の巨木も老杉の栽植以前より存在するものにあらずと推測せられるからである。

宮域に属する山林の今日の状況は、老杉の疎立する間に雑木が繁茂するので、スギの生長を阻害するものが多く加わり、老樹の病害にかかるもの極めて多く、いずれも樹身に瘤癌またはサルノコシカケなどを生ずる。これみな一種の病菌にして、盛んにその病原たる芽胞を散布しており、しかもこれらの病原は若い樹木にあっては除去されるが、老樹にあっては除害の方法を施すとかえって枯死してしまう恐れがある。このままに放置すれば、今後二、三〇〇年を経過すれば老杉や他の老木の絶えることがある。そこで病菌の繁殖を制限する方法を講じ、さらに今日より人工をもってこれを補植し、やがて倒れる老木の後継者をつくり置く必要がある。まず老樹病害の予防法と、これら補植の方法について述べよう。

第一　幹枝を伐採した切り口、もしくは暴風のために損傷した個所にはコールタールを塗り、バイ菌の侵入を防ぐ。樹木の傷害された個所にはバイ菌の伝染や発生は容易なものだから、樹身を傷つけないように注意せよ。

第二　霊木や名木として尊重する樹木が傷害を受けたときは、なるべくすみやかに外科的療法を施行すべし。その樹身の腐朽したところにセメントまたは漆喰をつめこめて雨露の侵入を防ぎ、その填充すべき空洞は樹の梢に近い高い所よりはじめてはいけない。なぜなら樹の中央、または間部の穴は、往々にして上部の空洞より浸入する水量を漏泄するが、この空洞をふさぐとかえって樹木の腐朽を早めることになるから注意のこと。そしてセメントあるいは漆喰の類は白色で、人目に触れ風致を損ねるから、塗る材料には樹色に類似した絵具を混ぜて一見識別しがたいようにするとよい。〔現代ではセメントやコールタールに代わるものができているのでこれは昔の話〕

第三　地上に蟠屈する根は蹂躙（ふみにじる）されるか、あるいは根元を踏み堅められるおそれのあるものは、その周囲に柵欄を施す必要がある。なぜなら根元の地を堅固にしてしまえば地下の空気の疎通を害し、根元の腐朽をきたすものである。一般農夫の麦畑を耕し、田草を鋤のに泥土を攪拌するのは自然に地下における空気の流通を能くし、苗の発育を助け、除草以外に多くの益があるのである。もし重要な樹木が道路に当たるものがあれば、むしろ道路を迂回させて樹木の保護に重きを置く処置をすべし。

第四　暴風雨などの際に、大樹の幹部へ他の樹枝が接触して傷害を与えるおそれあるものは、平常から注意してその枝を伐採しておくこと。それをしないと傷害を受けた部分より腐朽しはじめ、ついには枯死する。なお接触のおそれある部分には杉皮を巻き、割り竹でこれを覆い、その害を避けるようにする。

第五　宮域内の重要な樹木には肥料（油粕・豆粕）を施すべし。その方法は各樹木の枝先より雨滴の落下する箇所（ただし毛根の先二、三寸のところ）に深さ五、六寸の溝を掘り、肥料を施し、その上に朽土を培う。三年もしくは五年毎にかくすれば樹木の回復を図れるが、はなはだしく枯れたものには功はない。

第六　鳥類（カラス・サギなど）の糞は枝葉にすこぶる有害である。このため汚穢がはなはだしい場合は枯死する。だから重要なヒノキ・スギなどに鳥類の集合しないように適宜の方法をせよ。

このようにして樹木の枯死や枯損を減らすべきだが、どうしても樹木の減少は免れないから、その補充を常に対策しておく必要がある。老木枯死の跡に栽培する苗木は高さ三尺ないし一丈二尺（特に培養したもの）のものを土付苗に掘り、植えるべき個所に肥土を施し、各株の間、七、八尺ないし一〇尺を離して植栽すべし。背が高いものは支柱で支えておくべし。

第七　宮域内で枯損もしくは　倒木があった場合は、その跡地に前記のごとく苗木を栽培し、またよい木が成長する基礎を作り置くべし。

第八　枯損木や　倒木が多くて森林が疎となった場合は、おのずから神殿など人目に触れて自然その荘厳さを欠くことになろうから、平素から補植をして、常に森林を鬱蒼とした状態に計画しておくべきである。日陰地の栽培に適した樹木はクスノキ、カシその他の常緑闊葉樹とする。針葉樹ではヒノキ、ヒバ、マキなどが適当で、スギは上から光線の射し入るように多少の空地がなければ成長が困難である。

第九　第七、八項の用のためあらかじめ片日蔭の地に苗木の仕立場を設け、三〜一二尺ぐらいまでのヒノキ、スギ、クスなどの苗木を多数養成して置き、空き地の生ずるつど、ただちに植栽すべし。ただしこれらの苗木は二、三年毎に床替をして根を丈夫にしておくこと。

第十　視察したところ宮域の深山中には雑木が多く、スギは少なく、またスギの枯れているのも多いようだから、クスやカシで補植すること。排水が良い砂地はスギ、クスが適当で、湿地にはサワラ、クロマツ。やや乾燥の地にはカシ、モミ。極めて乾燥の地にはアカマツがよろしい。特に注意すべきは、粘土の地で樹木を栽培する場合は、浅い穴を穿ち朽土と塵芥とを培し土地改良をせよ。

第十一　宮域内に現存するカエデ、サクラなどは春秋の風致を添えるから別に伐採する必要はないが、今後多くの花の木を列植するのは私の希望するところでない。もし今ある桜樹が枯れた場合は、その補植にはヤマザクラが適当である。

風日祈宮《かざひのみのみや》付近の樹木は鬱蒼としていて、山水おのずから千古の色を含んでいる。ゆえにここに華美なる桜花を列植すれば天然の幽邃《ゆうすい》なる風景を俗化する嫌いあり。ただしあまりに単調では人を飽かせるから、風日祈宮橋の上より眺望する風景は緑樹の下、水辺に一、二株の山桜および紅葉、躑躅《つつじ》など植え、色彩の配合を考え、万緑の中、紅一点を呈す風致にすべし。

私も風日祈宮橋の上から眺める景色が大好きだ。そこは四季折々の豊かな表情があり、紅葉する頃

神宮林のクスノキ（神路山）

もよいが、遠く神路山にクスの若葉が盛り上がり、カジカが鳴く頃もすばらしい。そして一〇年ほど前までは長谷川等伯の水墨画のような見事に枝が垂れ下がる老杉が風景の中心になっていた。それが台風で倒壊したのが実に残念だった。だがあの日本画のような風景も実は人工的に作られたものであったのだと、この小冊子を見て実感させられた。

私どもは神宮の神苑には花木は植えないと聞かされてきた。それは本多博士の教えを受け継いでいたのであったのだ。確かに伊勢神宮は自然を守っている。だが大自然そのままではない。人の手を加えて、なお自然のままのさまに、神殿も山林も原始の昔からあたかも変わらぬごとく、ごく自然にさりげなく、歴史や自然を巧みに飼いならして、古くてしかも新しく常にあるように努力をしてきたのである。

もう一度、本多静六博士の意見書に戻ろう。

内宮神苑

予は吉野山公園の経営に意見を陳べたことがある。それは花の名所の吉野山に至る道路の両側に、途切れなくサクラを列植してあってはだめだといった。途中でこんなに多くの桜花に接しては、吉野に着く前にサクラに飽き、主眼である吉野山の価値を減じてしまう。だから吉野の入口までの路傍には、マツやスギを植え、にわかに一目千本に出会わせてこそ「これはこれはとばかり花の吉野山」と相成るのだと語ったことがあるが、神宮の風致林は吉野山と反対に、幽邃壮厳を主とするのである。

参拝に至る道は吉野と反対に、先に華美な地域を経て、幽邃荘厳の域に入らせると、一層敬虔な念を深くさせられると思う。

この点より見て、今の内宮の設備は比較的穏当である。特に宇治橋の上や神苑内の参道から四周の山と、大森林とを眺望できるように、芝生と低い花苑にしたことは、明治初年の設計者の最も意をもちいたところである。

だから今、神苑地にマツ、スギといった喬木を植栽し、やがては鬱蒼たる森林にしようとするのは、先に述べた色彩調和を失うのみならず、山河天然の風致を損なうものと信ずる。

今日の神苑はもともと火除地の目的のために広い庭園にしたのである。宮域と同じく杉林となしてはいけない。また神苑の各所にベンチを設け、休憩の便を公衆に与えようとした最初の設計案に私は賛成する。

神苑は神聖な地だから、休息娯楽の所となすべからずという意見もあるだろうが、神聖荘厳は宮域内にて十分なり。あまりに神聖荘厳の区域が大きいと、かえって真の神域に入り倦怠の念を起こし、敬虔の念を減ずると思う。むしろ私は神苑内の本道以外、ことに河畔の桜花の下などには多くの腰掛けを備え、ゆったりとさせ、宮域内に入り初めて神聖荘厳の気に打たせることを主張する。

今日（明治四五年）の神苑で改良を要するのは、消防ポンプ置場と神馬休憩所の前方に樹木を栽培し、建物が人目に触れぬようにすること。また人が通らぬ小径があるが、これを廃して大きい区画とするとよろしい、などと指摘している。

そして、もしこの神苑の創設当時に、その設計を自分に一任されたと仮定したならば、予は苑内の大部分を芝生とし、東京の宮城二重橋付近のごとくしたいと思う。もっともここは、天然の大山水風景の十分なものがあるから、強いて小山水を造る必要はない。その点で今の設計は当を得ているが、小区画、小山水に対しては、設計者が自己の技量を現わさんとした痕跡があると批難せざるをえない。ゆえに今後、改良手入れする場合はこの点に留意し、規模を拡張することを希望すると、明治の学者は気迫がある。

クスノキから話がそれてしまったが、宇治橋から火除橋までの神苑を企画したのは神苑会であった。ここでその経緯に少し触れてみよう。

明治維新の大改革で、禰宜など神職の世襲がなくなり、御師の制度が廃止され、今も宇治館町という地名になっているように、このあたりに存在した館《たち》といわれた神主たちの大邸宅は廃墟と化し、火災の心配があり、この粛清をするために地方の志士、太田小三郎らが神苑会の事業を興し、やがて国家的事業に発展するのだが、この会が明治二一年七月に東京の人、小沢圭次郎に造園設計を依頼している。

成島柳北（一八三七〜一八八四）という『朝野新聞』社長で随筆家、将軍家茂の先生や、外国奉行もし、明治初年に東本願寺の法主とヨーロッパに旅しているが、明治新政府には頼まれても仕えず、自ら「無用の人」と称し『柳北全集』を残した粋人がいたが、小沢圭次郎はこの人の門に遊び、漢詩や書道を能くし、苑芸には自から一家の見ありとされた人。だから小沢も西洋的なセンスは持ち合わせていて、この造園設計も和洋折衷を心がけたのだが、それでも伝統的な日本式庭園を主としたプランであった。

だが小沢圭次郎が提案したものはいつの間にか変更されて、フランス風の庭園をモデルにしたものになっている。今、宇治橋を渡ると玉砂利の参道はまっすぐだが、低い生垣で囲まれて芝生を張り、松の木が点在するのはシンメトリックな洋風である。

現代ではよく手入れされた松の木があるので日本庭園のように思えるが、さぞかし当時はモダンに見えたであろう。時代の流れは洋風を好んだのである。

この神苑の粛清事業に次いで、神苑会が創設した神宮の博物館、農業館も片山東熊《とうくま》の設計による平等院の鳳凰堂をイメージした和洋折衷の木造であるし、同じく倉田山に明治四二年（一九〇九）新築した徴古館も当時としては超モダンな白亜のルネッサンス風で、その前庭もベルサイユ宮殿を模したものであった。その事情は千田稔『伊勢神宮　東アジアのアマテラス』で少し触れられている。横道にそれたが、もう少し本多博士の口述意見書を記しておこう。

外宮の山林と神苑

外宮の宮域に属する山林の状況は内宮と大差はない。林間に傾斜した樹木があるから支柱をするか、樹身に杉皮を巻き、その上に編竹を蔽い、次にその上を縄または針金の端緒にて縛り、適宜に他の樹もしくは杭に繋ぎ、直立するように注意を必要とする。

国道と神苑との境界としては、現時は木柵を設けてあるが、予の希望は、マツ・スギなどを植え、その下にツバキ、サザンカ、ヤツデ、アオキ、マキその他の常緑闊葉樹を植え付けて、自然の塀垣となして外部より苑内を窺いえないように工夫されたい。苑内の小径はなるべく廃止し、必要の分は幅二間以上となすこと。そして沿路の両側に設ける生垣は、通行人の手に触れないように二尺前後の高さに短く刈り込んでおくこと。

樹木の根元に土を堆積して置くのは体裁がよくないから、肥料を用いた後には土地を平坦に均して風致を損ねないように注意すること。

排水の溝構は、人工を加えた痕跡を露さないように注意し、なるべく天然に存するもののごとく設計するとよい。すべて門柱などは相対的として、調和を失わないようにする。たとえば、道路が屈折する場合は一方の路頭に当たり花木を両角に栽えると仮定し、その一方の花木の高さを三尺とするならば、他の方面のも同じ高さの樹木を栽培するとよいという具合である。

神苑内よりは遠景を眺望できるように注意しておくこと。ポンプ置場や建物は樹木で人目につかぬようにしておくこと。第一鳥居付近より神苑内の通行人の見えないように計画せよ。御池の畔より土宮の宮殿の見えないように樹木を栽培すること。月夜見宮の南の池畔にクロマツを栽植し、その下に闊葉樹を植え自然の繁殖を期するを要す。


これらはほとんど実行され、今はこの通りになっているのに感心させられる。

小沢圭次郎が求め、神苑会が準備した植木のリストもあるが、クスノキは一本も入っていない。したがって神苑には現在植樹された明治以後のクスノキはない。

参道には内宮神楽殿の前方に江戸時代の参宮案内記に「さがり楠」と記された、枝が手の届くところまで下がるのがあると書かれている。今も切り口が残るのがそれだと思う。さらにその先すぐ荒祭《あらまつり》宮《ぐう》に向かう曲がり角に太いのが存在する。これは樹齢六、七〇〇年のものである。外宮にも清盛楠はもちろん参道から少し入れば大きいのがあることは先に書いた。

最後に本多博士は別表として、神宮域内と山林にふさわしい木のリストを挙げている。クスノキも入っている。

スギ・ヒノキ・モミ・カヤ・サカキ・ヒサカキ・ケヤキ・シロダモ・ムク・クス・ユズリハ・ヒメユズリハ・イチイカシ・アラカシ・シラカシ・ツクバネカシ・ツバキ・マキ・ヤマビワ・シデ・カンサブロウノキ・ヤマザクラ・モチ・ヤブニッケイ・クロモジ・イヌモチ・タイミンタチバナ・ソヨゴ・シキミ・ミヤマシキミ・ヒイラギ・サルタ・センリョウ・マンリョウ・アリトウシ・イヅセンリョウ・アセビ・シャシャンボ・コゴメウツギ・アオキ・タラヨウ・ムラサキシキブ・イヌビハ・ケムボナシ・アカメカシハ・カナメモチ・エゴ・クロカネモチ・トベラ・ハヒ・ネジキ・シロハヒ・ヤマモモ・タモ・ヤブムラサキ・カクレミノ・ゴマキ・ヨウゾメ・カラスノサンショウ・バリバリノキ。

何か参考になればと思って記載した。

樹木と神道

近年、環境保護が世界中で叫ばれるなか、特に樹木に対する関心が高まっている。一九九三年、ブラジルで開催された地球サミットにおいて、世界各国がすべての森林の保護に向けた政策をとるための「森林原則宣言」が採択され、世界遺産条約では、文化遺産として世界最古の木造建築である法隆寺が、自然遺産としてブナ林で有名な白神山地と屋久杉で有名な屋久島、最近では文化遺産として修験者たちが歩いた熊野古道の原生林が登録された。

日本国内においても「全国巨樹・巨木林の会」の設立や伊勢の神宮の式年遷宮・緑の国勢調査における全国巨樹・巨木林調査、また平成六年の千年の森シンポジウムの開催、その会議における伊勢宣言の提言など、樹木に対する関心の高まりが明確となった。

なぜ、今、樹木なのか。

樹木は人間とさまざまな点において関係を持っている。古代から用材として利用されてきただけでなく、その人間とは異なる存在は信仰の対象となってきた。今までの人間と樹木の関わり、また樹木信仰を考察することにより、今後の人間と樹木の関係の在り方はどうあるべきなのか、また神道的立場から何ができるのか、ここで少し考えてみたい。

世界の樹木信仰・宇宙軸の思想

世界各地に分布している樹木信仰として「宇宙軸」の思想がある。この思想は一本の天にまで届くような巨木を天界と地上界を結ぶ一種の架け橋として、その巨木を崇拝するもので、巨木だけでなく、その対象は山稜であったり尖塔であったりする。世界各地に点在するシンボルタワーなどもこの信仰の一端であるとイワーノフとトポローフもその著書『宇宙軸・神話・歴史記述』に記している。

古代より人間は、天上に神が存在すると信じてきた。また、宇宙という神秘に神の姿を見たともいえよう。その宇宙であり神の住む世界である天界と、人間の住む世界である地上界とを繋ぐものが巨木であり山稜であり、尖塔であった。これらを神と人間とを繋ぐ媒体として信仰が生じたと考えられる。そしてその媒体が宇宙の中心であり、媒体を中心とした世界が小宇宙を形成していると考えられてきた。

イスラム教では、宇宙の中心に存在する山稜カーフの頂上に宇宙軸としての樹木トゥーバーが立っているという、二重構造とでもいうべき独特の宇宙観を持っている。そして宇宙軸カーフが宇宙の中心でありながら神と人間を隔てる障壁となっている。そして宇宙軸トゥーバーは神自身が植樹した天国の樹で、神の霊が吹き込まれた叡知の樹とされている。

バリ島の有名な伝統芸能でワヤンクリと呼ばれる影絵芝居があるが、その装置の一つにグヌンガンという世界樹もみられる。グヌンガンは英語でもTree of Lifeと訳される。基本的にグヌンガンは三角形をしており、人間の誕生・生活・死を象徴している。大地には山があり、そこには鹿や蛇、獅子や牛、また鬼のようなものも見られる。その上空に巨大な鳥が翼を広げ狼のような哺乳動物を乗せている。そのさらに上空には太陽と森の王が存在する。そしてその宇宙を串刺しにして太陽の遥か上空に至る一本の樹木が聳え立っている。その他にもさまざまな模様のグヌンガンが存在する。このグヌンガンはワヤンクリでは必ず登場し、劇の始まり、劇中の場面転換、時の流れを知らせるなどの役割を果たしている。

また「宇宙軸」と類似した思想に「世界樹」の思想がある。世界樹は樹木であるから天に向かって延びるだけでなく地下にもその根を伸ばしている。つまり天界と地上を結ぶだけではなく、下界とも結びつきを持っている。下界とは地下世界の冥界であったり、地獄界であったり、昆虫界であったりさまざまである。世界樹の思想は基本的に宇宙を三層構造として捉えているわけである。

この世界樹の思想の代表といえるのが北欧神話「エッダ」であろう。その神話の中にイグドラシルという世界樹が登場する。これは天・地・地下の三つの宇宙領域の中心をなす巨木である。その宇宙領域を詳しく示すと、天界つまり神の国であるアースガルド。地上界、人間の住むミッドガルド。水と死者の世界である地下世界ニヴルヘイムに大別される。そのなかでもミッドガルドには人間の他に小人の国スヴァルトアルヴァヘイムや巨人の国ヨトゥンヘイム、化外の国ウトガルドがあり、ニヴルヘイムには炎の国ムスペッルヘイムなどが存在している。そしてミッドガルドの周辺にはヨルムンガルドという世界蛇がわだかまっており、イグドラシルの木を絶え間なくかじっている。この蛇は破滅と死の原理を象徴している。しかし、それぞれの三大世界の女神がイグドラシルの木に運命泉ウルドの聖水を与えることにより世界は再生をしている。これは永遠である宇宙の時間を象徴しているといえよう。

もう一つ「宇宙軸」「世界樹」に類似したもので「生命の樹」を挙げておきたい。この生命の樹の歴史は大変古く、古代西アジアのメソポタミア文明においてすでにその図柄が見られる。樹木によって生命の源泉や人類の誕生を象徴的な形として表現したものである。対の動物の中央に生命の樹がある樹下動物紋の系統は東京、京都両博物館の所蔵する正倉院裂の錦にもみられる図柄である。古代西アジアにおける生命の樹はナツメヤシが多かった。それは砂漠地帯の中でも水を涸らすことがないという力強さと生命力が崇拝の対象になったと考えられる。

生命の樹はキリスト教美術にも多くみられる。ただ、生命の樹は単独の図像としてよりも十字架やクリスモン文様との組み合わせとして残っている。生命の樹がキリスト教において単独の図像として描かれたのは一二七四年に神学者ボナヴェントゥラが考案したことによる。この生命の樹はキリス

生命の樹（青銅彫刻，インド，15 世紀頃）

トが磔刑にされている木の幹から一二本の枝が分かれ、その枝には四八のメダイヨン（大型のメダル）が付いており、そこにキリストの生涯が表わされているものである。この樹は「エッサイの樹」と呼ばれている。この例はキリストの生涯を表わした形の生命の樹であるが、一人の生涯だけでなくミクロコスモスとしての生命を表現した生命の樹もある。前述した北欧神話の中の世界樹イグドラシルもやはり生命の源泉であり、世界の運命を司る「生命の樹」といえる。イグドラシルの梢には一羽の鷲が座を構え、ニーズホッグという龍がその根を噛み、四頭の鹿がその枝の若芽を喰い、一匹のリスが鷲の語ることを根元の龍に伝えるために樹を上ったり下ったりしている。このように生命の樹には特定の動物が描かれていることが多い。その動物がそれぞれの存在世界を持ち、生きているさまを一本の大樹を中心に描いたものである。

インドにも生命の樹がみられる。山の上に虎と鹿が描かれ、中空には孔雀と壺が彷徨う。その山の頂からまっすぐ天に突き刺さるように生命の樹がそそり立つ。この樹は生命樹とも宇宙樹とも呼ばれる。土地柄、虎が重要な生き物として大きく取り上げられ、その存在感を発揮している。また同じくインドの生命の樹の立体彫刻などを見ても、ヒンドゥー教の神聖な動物である牛が生命の樹の幹を支え、その幹には猿が登り、蛇が巻き付く。枝には鳥が羽を休め、その枝葉は天を覆うように扇状に広がっている。　われわれ人間も含め、動物と樹木、そして大地と空、これは生命の連鎖を示唆する古代からの表現手段として世界各地でみられるようである。

このように樹木は宇宙を表わし、世界を表わし、生命を表わすものとして古代より考えられていたのである。他にも樹木は生命の進化を示す際にも用いられている。また家系図も樹木と似ている。本人を幹とすると祖先が根であり、子孫が枝であり葉であると考えることができる。家系図はスギやヒノキのように幹がまっすぐに伸びる樹木ではなく、むしろクスのように曲がったりコブがあったりといった複雑な様相が当てはまる気がする。神道の祝詞をみてみると「五十橿《いかし》八桑枝《やくわえ》乃如久《のごとく》立栄衣志米《たちさかえしめ》給比《たまひ》……」という一節をみることができる。その人の家系が樹の枝のように栄えていくことを祈願する樹木信仰であり、生命の樹の思想の一つであるといえよう。

宇宙軸や生命の樹とは異なるが、室町時代中期の吉田神道の大成者、吉田兼倶は、『唯一神道名法要集』の中で日本の宗教を一本の樹木に例えている。

吾が日本は種子を生じ、震旦は枝葉を現し、天竺は花実を開く、故に仏法は万法の花実たり、儒教は万法の枝葉たり、神道は万法の根本たり日本においては神道が最も古くから根を下ろしており、その後に大陸文化として儒教が、そして仏教が入ってきた。神道という種子が大地に根を生やし、その根幹の上に儒教という枝葉が茂り、さらにその先に仏教という花実があるというわけである。当時の一般的な宗教観では神道、儒教、仏教の三教は一致するという考え方が大勢をしめていたが、神主である吉田兼倶は、基本的にその考え方を認めながらも、その根本には神道があるということを唯一神道・宗源神道の名で説いている。

また、仏教が繁栄していた時代であるので、仏教に心を奪われやすいが、その元をたどれば儒教があり、神道があるということから、当時の神主に対しても根や幹がしっかりしていなければいけないと鼓舞している文章とも読み取れる。対して儒教者、仏教者にも神道が根底にあることにより現状があるということも考えてもらいたかったのではないだろうか。

このように樹木によりさまざまな世界観を表現することができるのである。その世界観が信仰となり、表現方法の一つである樹木自体が信仰の対象となっていく。

世界に目を向けるとさまざまな樹木信仰があることは解るが、その信仰が現在まで生きている地域はほとんどなさそうである。特に近代化の進んだ国では樹木は燃料や資源としてその存在の意味を考えられることもなく伐採されてきた。現在叫ばれているCO_2削減などの環境問題に大きく影響を及ぼしたことは間違いのない事実である。日本においても近代化が進むなか、森林が伐採され宅地化が進み、町から緑が消えていっている。

しかし、日本の大都会の巨木がすべて無くなったかというと、そうではない。都会にも緑溢れる場所がある。公園や街路樹、個人宅の庭木などもあるが、それらよりも古くから守られてきた緑がある。

それが鎮守の森である。

日本の巨木伝説

日本神話のなかにも北欧神話にみられるような巨木伝説が多数ある。『古事記』仁徳天皇の条には「此の御代に兎寸河の西に一つの高樹有りき。其の樹の影、旦日《あさひ》に当れば、淡道嶋に逮《およ》び、夕日に当れば、高安山を越えき。故、是の樹を切りて船を作りしに、甚捷《いとはや》く行く船なりき。時に其の船を枯野と謂ひき」という一文がみられる。この巨木は、朝日に当たると淡路島を影で覆い、夕陽に当たると高安山を越えるものであったという。

同様の巨木伝説は『日本書紀』にも記されている。『風土記』では『肥前国風土記』の佐嘉郡や『筑紫国風土記』逸文の三毛郡の項にも古事記と類似した表現で大樹があったことが記されている。はたして本当にこんな大木が太古にはあったのだろうか。たしかに現在よりずっと大木は存在したであろうが、島を覆い隠し、山を呑み込むような巨樹が実際に存在したとはとうてい考えられない。この表現は古代の日本人が巨樹を見上げた時に感じ取ったイメージと解釈した方が妥当であろう。

古代日本人が自然の霊威を感じ、その巨樹が天にまで続くと考え、巨樹自体に人間とは異なる「神」を感じたのであろう。特にまっすぐに伸びた巨樹の根本から天を見上げるとその樹は果てしもなく伸びているような錯覚に陥るものである。そのようなイメージがあったのは確かであろうが、すでに中国からの思想の影響がそのような表現方法に繋がったのかもしれない。古代中国の神話を記した『山海記』や、怪奇小説集である『捜神記』にみられる「建木」という巨樹は、天地の中心であり、太陽

木の力（アンコール・ワット遺跡）

はその頂上を照らし、その細長い幹の先端はまっすぐに天に突き刺さり、枝はなく柱のような樹木であるとされている。まさに「宇宙軸」そのものの思想である。この思想が記紀成立以前の仏教伝来などの渡来文化とともに日本に伝来していた可能性がないとは言えない。

しかし、その影響を受けているにしても、受けていないにしても、古代日本人が天を覆うような巨樹を目の前にした時、畏怖の念、また神秘性といった特別の感情を持ったことは間違いないことである。時代は変わっても昔と変わらず自然界の一員である現代人が巨樹に出会い、その根元に歩み寄ったならば、その巨樹の偉大さと、自分のちっぽけさを感じずにはいられないのだから。

聖樹と神木

樹木が古くから信仰の対象となってきたことは前述したが、ここでは「聖樹」というものについて考えてみたい。聖樹といわれる樹木は巨樹や美樹、老樹が多いのは確かであるが、宗教や民族、地域などの違いにより特定種の樹木が崇拝対象となる傾向が強い。宗教的に見てみるとイスラム教ではオリーブの木、仏教では菩提樹といったものがある。民族的にはヨーロッパ西部のゴール人のオーク、インド人のバニヤンと呼ばれるイチジク、シベリア原住民族のカラマツなどが挙げられる。地域的には北欧のトネリコの木などが挙げられる。この宗教、民族、地域という要素を基本として、それぞれが混ざり合い特定種の樹木が聖樹として特別に扱われている。

その特定種の樹木が聖樹となった要因はさまざまであろうが、それぞれの文化を調べてみると、やはりその地方に古くから根づき、人々の生活に密接な関係を持つものが多い。また、北欧神話や仏教の聖樹にみられるように神話や伝説の時代から聖樹とされてきた樹木もある。

しかし日本の場合は、他の国の場合と少し異なる点がある。多くの日本人に「日本の聖樹は何ですか？」と尋ねたらどんな答えが返ってくるだろう。きっと榊や杉、檜、楠、梅、松……あらゆる樹木の名前が挙がるのではないだろうか。それは日本で聖樹と呼ばれる樹木が特定種の樹木に限定されていない点にある。そして、聖樹と思われる樹木の多くが御神木として神社仏閣、また地元の伝承により各地に点在している理由による。つまり、日本で聖樹、または神木と呼ばれる樹木は巨樹であったり、異形の樹木であったり、特別な伝承があったりするわけだが、その樹木は日本が雑木林を中心とした照葉樹林帯、北部には針葉樹林帯、南方の亜熱帯樹林帯と国土面積のわりにその樹層が多様であるがゆえに、特定種の樹木に絞られることがなかったのではないだろうか。

日本神話を見てみると、樹木についてはその使用用途の記述なども見受けられるが、樹木自体が信仰対象となっているわけではない。あえて挙げるとすれば榊であろうか。アニミズムの要素が強い神道では、草木自体に神を感じてきた。樹木は神の依代として信仰されてきた。その神ですら強大であっても弱小であっても、それらの神々を同様の立場で祀ってきたのが日本人であり、特定の神がその優劣で特別な扱いをしてきてはいない。その信仰形態が、そのまま聖樹、神木の信仰に当てはまる。特定の樹木が神木として崇拝されるのではなく、すべての樹木を同等に崇拝するという形は神道的信仰が色濃く表われている点といえよう。

ここで日本における聖樹である神木について少し触れておきたい。古来、神社における樹木は神籬《ひもろぎ》の役割を持っており、高天原より神々が降りる依代であった。現在の神社祭祀では榊の枝が神籬として用いられることが多いが、古くは境内などにある樹木そのものが神籬として用いられていた。国学者、橘守部は国語辞書『鐘《かね》の響《ひびき》』の中で「此語の本義は生諸樹（オヒモロギ）のオの省かれたるにて、もとは神霊の憑鎮りませる森の樹立を指して申侍き。其は上代は出雲、伊勢などを除いては、をさを さ宮殿はなくして、三輪山などの如く、生茂れる樹ぞ即神の御柱なりつればなり」と神籬の意義を説いている。

この神籬としての神木が最も基本的といえる樹木信仰であるが、現在の神社の神木と呼ばれる樹木を調べてみると、そのような要素を持ち、実際神木に神降ろしして祭祀を行なっているものは非常に少ない。古来からの神籬としての神木は、いつのまにか伝説や民話と結びつき、その伝承が神木の由緒とされている例が現在では多い。

アニミズム

古代より日本人は自然界に存在するものすべてに霊を感じとり崇拝してきた。つまり「有霊感」「アニミズム」である。このアニミズムは、日本人の神観念に大きく影響を与えている。石や樹木、山や海、動植物、風や水や火、雲や雷などあらゆる物体、現象に精霊や神を感じるということは、日本人が自然を尊敬し畏怖してきた表われである。このアニミズムの思想は、日本をはじめ世界各地で原始的な宗教としてみられるものであるが、その分布は主に温暖地域にみられる点に注目したい。多神教であるアニミズムの思想は、自然と人間が共存する地域に生まれる思想であろう。自然が人間に与える恩恵が多ければ多いほどアニミズム的な思想は発生しやすいと言える。自然に対し感謝する心が、自然というものに神秘性を感じ崇拝するに至り、さまざまな祭祀が行なわれてきたわけである。その逆に、自然災害は神の怒りであり、人間への戒めととらえ、その荒ぶる神を鎮めるためにも祭祀が行なわれてきた。

対して砂漠地帯や寒冷地などを源とする宗教地域では、人間に対して厳しい自然をいかに克服し支配するかという点が重要視され、その考えが宗教にも表われている。自然に感謝するという気持ちが芽生えないため、アニミズムのような思想は生まれることはない。あくまでも人間が中心であり、ある特別の人間が神と称賛されていく。その神は自然をも支配し自由に操ることができる。つまり絶対的な支配力を持つ神が世界を治めるという一神教の宗教が誕生するわけである。

温暖地域では生物が死ぬと土に還り植物に吸収され、その植物を生物が食べる。生物が生きている間に出す排泄物も土に吸収され、植物の養分となる。植物は養分を蓄え、生物がだした二酸化炭素を吸収し酸素を排出する。山に降った雨は、樹木を育て川に流れていく。山で有機物を含んだ水は、川に出ると沿岸の里を潤し肥沃な土壌を作り上げる。川の水は生命の源である海へと注ぎ、海の水は海流により流れ蒸発して雲を作る。雲は流れ山に雨を降らせる。壮大な循環機能、自然界の営みである。日本はまさにその恩恵を受けている。

砂漠地域では生物が死ぬと乾燥し骨となり砂となる。骨は砂には吸収されることもなく風化していくだけである。僅かな雨が降っても乾いた大地に吸い込まれる。乾季と雨季がある地域でも、ほとんどの多年生植物は生存できない。砂漠地帯で生じた宗教には、「生まれ変わり」はあっても、「輪廻」の思想はみられない。

木の力（皇大神宮の板垣，奥山理撮影）

しかし、砂漠地域の宗教にアミニズム的な信仰がないかというと、そうではない。砂漠という厳しい環境にあっても自然の恩恵がある場所にはアミニズム的な信仰が芽生えている。それはオアシスであり、数少ない樹木である。

樹木信仰が世界各地でみられるのは、樹木が人間にとって恩恵を与えてくれる存在であり、生活していく上で必要不可欠なものであることによると考えられる。

そうした世界各地にみられる樹木信仰とは、樹木の力強さへの信仰であり、長寿へのあこがれであり、樹木が与えてくれる恩恵への感謝から生じたものとも考えられる。原始宗教といわれるアニミズムの樹木信仰は、現在の樹木信仰とは多少異なったものではあるが、その信仰が現在の樹木信仰の根底にあるということは考えに入れておくべきであろう。

樹木の民俗学的信仰

日本の国土は人間が住みつく以前の太古から緑豊かな国であった。長年にわたる大陸移動により大陸と切り離れ、現在のような島国となっても、水と緑に溢れる国土は保たれていた。よって、文化的に見た日本人と樹木の関わりというものは、日本人が生活を営んで以来続いているといえよう。もちろん、日本人に限らず、人間が生活を営むようになってから、人間と樹木の関係は切り離せないものであった。狩猟の道具として、また火を起こす道具として、あるいは生活する場として樹木は常に存在してきた。

『古事記』では伊邪那岐《いざなぎ》・伊邪那美《いざなみ》の命は風の神（志那都比古《しなつひこ》神）を、次いで木の神（久久能智《くくのち》神）を生み、次に山（大山津見《おおやまつみ》神）と野の神（鹿屋野比売《かやのひめ》神）を生む。『日本書紀』では海・川・山に次ぎ木の祖《おや》、句句迺馳《くくのち》を生む。日や月の神より先なのである。そして『延喜式』の祝詞では屋船神とか、屋船久久遅命として木と家屋を合わせた神とされ、木の霊から木を用いる建物を守る神へと神格が高められているのである。

日本では、その豊かな森林資源である樹木を住居の材料として用い、交通手段として船を造り、橋を架けた。そのような樹木の利用法は現在でこそ少なくなってきているが、明治時代以前はごく当然のことであった。日本人が樹木に対して特別な愛着を持っている点はそこにある。木造の家は落ち着くとか、木の家具は温かみがあるなどとはよく言われるが、それは古来より日本人が樹木と親密な関係を持っていたからであろう。その親近感から樹木を擬人化したりしてさまざまな民俗伝承や信仰が生じたと考えられる。

日本人の樹木に対する愛着は、日本庭園の植木をみればよく理解できるだろう。現在の日本の状況、特に都会で生活すればするほど庭付きの家を持つことはむずかしくなっているが、それでも人々は庭にあこがれを持ち、家と庭があって「家庭」とした。それゆえ庭は持てなくても室内やベランダなどに植物を置いたり箱庭を作ったりする。昔は老後の楽しみといったイメージが強かった盆栽も、最近は若い世代にも人気があるようだ。自然の樹木や草花の在る美しい景観を、そのまま自分の家に取り込みたいという願望は今に始まったことではなく、古くからあったようである。例えば『万葉集』に次のような歌が詠まれている。

ほととぎす来鳴きとよもす橘の　花散る庭を見む人やたれ

庭というものは元来、箱庭としての宇宙を表現するものであった。日本の庭は当初、道教思想に基づいて造園されていたようである。『日本書紀』推古天皇の条にある蘇我馬子が造った庭は有名であるが、その庭は大陸の神仙思想の世界をミニチュア化したものであった。庭の中に須弥山や蓬萊山を造ったのである。このような造園方法は後に浄土思想や禅思想などとも結びつくようになる。そしてその庭には樹木が植えられ、その樹木にも意味が持たされていたのである。

わが国最古の造園書である平安時代中頃の『作庭記』にその意味を知ることができる。その内容を要約してみると、住居の四方に木を植えることは四神の戒めの地とすることであり、家の東に青龍を表わす流水を、西に白虎を表わす大道を、南前に朱雀を表わす池を、北後に玄武を表わす丘を造ることが望ましい。しかし、それらがない場合には、それぞれ柳九本、楸（キササゲ）七本、桂九本、檜三本を植えその代用とする。そのように庭を造れば四神相応の地として福があり、無病長寿である、といったことが記されている。また「青龍白虎玄武朱雀のほかは、いづれの木をいづれの方にうへむとも、こころにまかすべし。但古人云、東には花の木をうへ、西にはもみじの木をうふべし」など、造園における樹木を規定している。『作庭記』の造園方法は中国の道教の教えに基づくものである。

このように初期の庭園にはさまざまな思想が影響を与えていたが、次第に見た目の美しさを求めるような風潮へと変化していくのである。

建築にみる樹木

庭園から日本人の樹木に対する愛着をみてきたが、次に建築についての日本人と樹木の関わりについて触れておきたい。

日本人は、日本の国土に住むことになった時点から建材として木を使用してきた。他の古代文明が石の文明と呼ばれ、日本の文明が木の文明と呼ばれるのも、元を正せばこの建材の違いからであろう。なぜ日本人は腐食の少ない石を建材として選択せず、石より腐食の激しい木材を選んだのだろうか。それは決して石材の加工技術がなかったからではない。他の文明と同様に石器を多様した時代もあるし、大規模な古墳を造る技術もあった。飛鳥の石舞台古墳などの技術は、高度な石材加工技術がなければ造ることは不可能であったろう。

日本以外の国々がすべて石材を建材として利用しているわけではない。世界の約六割の民家は木造であるといわれているように、木は建材として世界中で利用されているのだが、日本の場合は民家だけでなくモニュメンタルな建築物も木材を使用し構築されている点である。世界的にみればモニュメンタルな木造の建築物を建てる文化はあったかもしれないが、現存しないのが現状ではないだろうか。永遠性を求める宗教建築にしても、防衛を主とする城郭にしても、日本の場合は木材以外の素材を使用することはほとんどなかった。これは単に木材が得やすく、加工しやすいという理由だけでは説明がつかない。日本人の精神世界を考えてみなければ理解できないものであろう。

この日本人の精神世界とは、つまり信仰である。また日本人の考え方と言ってもよいだろう。日本人は自然を愛し、自然との共存共栄を願ってきた。そして自然の力を畏れることにより自然に逆らうことを慎んできた。人間も樹木も、そしてその樹木を使った建造物も自然の一部である。そういった考え方が日本人の心の根底にあった。日本の住居を考えてみても、建材はもちろん、その建築構造においても屋外の自然を取り入れ、隔絶することはなかった。そのような精神世界が日本家屋には表われている。

宗教建築においては、同様の精神世界の上にもう一つ仏教的思想が働いていると考えられる。仏教の輪廻の考え方や無常観がそれである。特に永遠を求める宗教建築に対し、腐食し、やがて朽ちていく木材を使用した理由の一つとして無常観があげられる。形のあるものは壊れるという自然の摂理、無常というものを素直に受け入れ、自然界に逆らうことなく建築というものを考えてきたといえよう。伊勢の神宮の式年遷宮は二〇年というサイクルで常若の建築として永遠性を持たせている。式年遷宮は世界に類をみない独自のシステムで、日本人の思想を顕著にあらわしている良い例といえる。風化して朽ちていく建築物に、日本人は自然の力を感じ、それだけでなく美しさをも感じてきた。伊勢の神宮が式年遷宮により新しく建てられ、その神殿の白木の美しさはもちろんであるが、二〇年の歳月を経た古い神殿にもまた美しさを感じるのは日本人なら皆同じではないだろうか。その感覚も日本人の精神世界であるといえよう。

木材は永遠性が無いとは言ったが、伊勢の神宮のように建て替えることを前提にしていない宗教建築が大部分であるのも事実である。世界最古の木造建築である奈良の法隆寺は、風化は進んでいるが現在でも立派に残っている。法隆寺の造営当時の建築技術と木に関する知識の高さが想像される。法隆寺の宮大工である西岡常一氏は、そもそも樹木というものは建材として利用した場合、その樹木の樹齢、もしくはそれ以上の年月にも耐えることができると言っている。実は、木という素材はかなりの耐性を持つ素材なのである。そのことを古代日本人は知っていた。そしてその知識に加えて木材を長持ちさせるような建築技術を持っていたのである。その技術例をあげると、法隆寺の太い柱に用いられている木材が樹齢二〇〇〇年以上、直径二・五メートル以上の巨木を用い、その木材を木の芯中より四つに縦割りしたものを使っている。もし四つ割りにした木材を使わず、そのまま芯を中心とした丸太を柱に使うと、その柱はひび割れたり曲がったりして、その建物自体をゆがめたり、腐食を激しくしたりするのである。また丸太を柱として使う場合はその木材が育成した立地条件をも考慮しながら使用するという。例えば山の南側斜面で近くに川が流れていた場合、柱として使うときには可能な限り同様の条件の位置に柱を建てる、さらに山にそびえていた時の東西南北を年輪から見極めて方角を合わせて柱を建てると長持ちするそうである。

このように日本人は木を愛していただけでなく、木の性質を熟知しており、その木造建築に関する技術は他の国と比べても驚くべき高い水準のものであった。

式年遷宮の御用材

伊勢の神宮では、一年間に一三〇〇以上の恒例の祭典が行なわれている。恒例祭の他に遷宮祭、臨時祭があり、そのたびに国家の安泰、皇室の弥栄、また五穀の豊穣が祈念されている。その祭典の中で式年遷宮に関する遷宮祭は、皇室を戴く国家の重事として一三〇〇年の間、続けられている。第二次大戦後は神宮も国の手を離れ、一三〇〇年の歴史の中で初めて一宗教法人として式年遷宮を執り行なうこととなった。

神宮式年遷宮は二〇年に一度、御社殿をはじめ御装束神宝もすべて新しくする、日本で最大の祭典である。第四〇代天武天皇の発意により定められ、続く第四一代持統天皇四年に二〇年に一度を式年（定められた年）とする遷宮が初めて行なわれた。その式年遷宮における祭典は、特に御社殿の建て替えに関わる部分で木とのかかわりが非常に深く、遷宮自体が木の文化の集大成といっても過言ではなかろう。第六二回神宮式年遷宮は平成二五年に予定されているが、その準備はすでに平成一六年より正式に進められている。正式にというのは天皇陛下の御聴許が平成一六年四月五日にあったということである。しかし、その前の第六一回の式年遷宮が行なわれた平成五年には、すでに第六二回に向けた準備の大綱や、御用材確保の調整が進められていた。

式年遷宮の準備で何よりも時間が必要なのは檜などの御用材の確保である。遷宮の制度が定められた一三〇〇年前は神宮の山である神路山、島路山が御杣山《みそまやま》であった。御杣山とは御用材を伐り出す山のことである。三、四〇〇年間は伊勢の御杣山から良材を求めることができたが、次第に大樹がなくなり、志摩地方や大杉谷、飯高などの山々を変遷したのち、江戸時代には長野県と岐阜県にまたがる木曾地方が御杣山と定められた。第六二回式年遷宮においても、平成一七年二月三日、天皇陛下のお定めにより木曾谷・裏木曾国有林が御杣山となった。

木曾での御杣始祭では御用材が三ツ尾伐りという古い作法により斧で三方から伐られ、巨木は轟音をたてて倒れた。そのあと杣人たちが「トブサタテ」をしたが、それは御杣始祭祭式の次第にはないので一般には気づかれなかったと思われる。

トブサとは「鳥総」と書き、葉の茂る木の枝のことである。木を伐り倒したあと、その木の天辺の枝を切り、切株の上か地上に挿し立てて山の神や樹霊に奉る風習である。『万葉集』に、

鳥総《とぶさ》立て足柄山に船木伐り樹に伐り行きつあたら船材《ふなき》を　満誓沙弥

登夫佐多氏《とぶさたて》船木伐るといふ能登の嶋山　今日見れば木立ち繁しも幾代神びそ　大伴家持

トブサタテ（京都府与謝郡にて）

など見える。

木の中ほどはいただいたので利用させてもらうが、元と末はお返ししますから、必ず生まれ変わって生えてくださいという願いである。なんでもないことだが、これは万葉の時代から続く山に生きる人の思いであり、日本人の自然に感謝する原点があるような気がした。

御社殿の御用材は、樹齢二、三〇〇年の檜の大樹も用いられるので、二〇年に一度ではどんどん枯渇していくことは目に見えている。そこで明治時代から、原初に立ち返り伊勢の神路山、島路山をはじめとする神宮林では綿密な二〇〇年にわたる計画を立て、植樹と営林作業が進められている。今回の第六二回の式年遷宮では八〇年の歳月を経た檜が神宮林から伐り出される。七〇〇年ぶりのことである。八〇年と言っても二〇〇年計画の中での八〇年であるので、さらに歳月を重ね大樹となるべく育てている優良な樹木の廻りの八〇年生の良木を間伐した御用材である。

それだけの歳月を重ねた御用材を使った御社殿を、二〇年という短い期間で造り替えるのはもったいないという声も聞かれる。もちろん、二〇年たてば表面は汚れたり腐食するが、まだまだ利用価値はある。樹木は材木となっても、その年輪以上の耐久力があるといわれ、法隆寺をはじめ古い木造建築がその実証でもある。では、二〇年の勤めを経た御用材はどうなるのか。実はその大部分はリユースされている。神宮の建物は二〇年に一度建て替えることを前提に造られているので、素木のままに、釘などもできるだけ使わない組み立て式の建物なのである。よって、分解して削り直しをすれば、木の香も芳しく再利用できるのである。一番わかりやすい例は、神宮の最も大事な建物である御正宮の棟持柱は二〇年間御社殿を支えた後、内宮の玄関口に当たる宇治橋の鳥居として二〇年間参拝者に潜っていただいている。ちなみに神域側が内宮の棟持柱、外側が外宮の棟持柱である。そしてさらに二〇年後、江戸日本橋を起点とする東海道の道中、三重県の桑名市七里の渡しと、鈴鹿市関の追分にある伊勢神宮を遠く拝む遥拝所に設けられる鳥居として使われる。さらに二〇年経つと遥拝所の地元である桑名と鈴鹿の神社へと払い下げされる。

他の御用材についても削り直しをしてさまざまなところで再使用される。神様がお住まいになる御社殿は新しい御用材が用いられるが、古い材木は直接神様の目につかない場所の柱や垣などに再利用されるし、記念品などにも使われる。また、全国の神社に譲渡もしている。柱材や板材が払い下げられる場合が多いが、御社殿そのままを譲渡した例もある。組み立て式なので、運搬した後にまた組み立てることができるのである。阪神大震災で被災した神社や、北海道の奥尻島で地震による津波で全損した神社にも神宮の古材が使われている。ただし神宮の社殿は神明造と呼ばれる掘立柱に萱の屋根が特徴の建物だが、萱の屋根は恒久的ではないので、その素材が変えられて銅版葺きや板葺きになっている。

式年遷宮の造宮技術

二〇年に一度の神宮式年遷宮は木の文化の集大成である。約一三〇〇年前より同じ形の建物を造り続け、日本で最高の神の住まいする神殿を建てるための最高の木造建築技術が用いられている。その技術が今に伝えられているのである。建造に関する道具は時代によって大きな変化が見られるが、木材の性質は変わることはない。式年遷宮で使われる木材は一三〇〇年前から檜であり、その産地が変わったにしろ国産の良材が用いられてきた。その檜の特色を生かし、美しくしかも頑丈に神殿を造る技術は時代が変わってもそれほど変わることはない。むしろ現代の方が木造建築に関する技術や木材に対する知識は低下しているかもしれない。職人の勘ともいわれる言葉や数字で表わせない技術は、職人の経験から生まれるものである。木造建築しか存在しなかった時代にはその技術に特化した職人が大勢いたはずであろう。

しかし現在も式年遷宮は連綿と続けられ、これからも続けられていく。少なくなったとはいえ、式年遷宮により宮大工が日本古来の技術を継承し次世代へと絶えることなく繋いでいく。伝統文化を守っていく上でも式年遷宮は世界に類を見ない素晴らしいシステムと言えよう。

式年遷宮がなぜ二〇年に一度なのかとの問いに対する理由はさまざまである。二〇歳前後の宮大工の見習いが二〇年後に実践で腕を振るい、さらに二〇年後には指導的立場として指揮するというふうに、伝統技術を次世代に受け継いでゆく世代技術伝承説、社殿の尊厳を保つための耐久限度から式年が定められたとする尊厳保持説、稲の貯蔵年限を定めた当時の法律から定められたとする貯蔵年限説などさまざまな説が飛び交っているが、実は定かではない。

文献にもその理由は示されていないのだが、とにもかくにも天武天皇の御発意を歴代天皇が守ってこられたからこそ現在も続いているわけである。二〇年を周期と定めることにより、技術は伝承され、社殿の尊厳は保持されてきた、これが事実であり、その理由を説明する諸説はその事実の上に考えられた説なのである。

技術伝承という視点から式年遷宮をみてみると、いくら腕のいい職人でも二〇年間腕を振るわなければ技術は落ちる。二〇年に一度だけで本当に最高の建物ができるのだろうか、と思われる方がいるかもしれない。ご安心いただきたい。式年遷宮は準備に九年の歳月を費やす。そして神宮は内宮、外宮を中心とした一二五の神社の集合体であるので、内宮、外宮の両正宮の遷宮が終わっても次々と他の社殿の遷宮や造替が行なわれ、最終的に約八年間もかかるのである。神宮の式年遷宮は建物の大小はあっても休まることなく続けられているのである。よって宮大工の技術も鈍ることなく守られていく。その流れの中で職人は技術を伝承し、若い職人は腕をあげ、次の遷宮へと留まることなく継承されているのである。

付録　日本のクスノキの巨樹

市町村	社寺名称等	独特の名称	幹周	樹高	天然記念物
埼玉県入間郡越生町		上谷の大クス	1500cm	30m	都道府県
千葉県富津市東大和田	興源寺	環の大クス	1290cm	23m	都道府県
千葉県香取郡神崎町神崎本宿	神崎神社	神崎の大クス	850cm	27m	国
神奈川県厚木市妻田西	遍照院	妻田のクスノキ	1050cm	26m	都道府県
神奈川県足柄下郡湯河原町宮下	五所神社	明神の楠	1560cm	15m	
静岡県静岡市駿河区小鹿	伊勢神明神社	伊勢神明社の大クス	1140cm	28m	都道府県
静岡県静岡市郷島	浅間神社	郷島浅間神社の大クス	1300cm	20m	市町村
静岡県浜松市八幡町	八幡宮	雲立の楠	1300cm	15m	都道府県
静岡県静岡市清水区但沼町	但沼神社	但沼神社のクス	1300cm	29m	都道府県
静岡県熱海市西山町	来宮神社	阿豆佐和気神社の大クス	2390cm	20m	国
静岡県伊東市馬場町	葛見神社	葛見神社の大樟	1500cm	25m	国
静岡県富士市浅間本町	富知六所浅間神社	富知六所浅間神社のクス	1300cm	15m	都道府県
静岡県藤枝市水守安楽町	須賀神社	須賀神社のクス	1160cm	23m	都道府県
静岡県賀茂郡河津町田中	杉桙別命神社	来宮神社の大クス	1500cm	24m	国
静岡県田方郡函南町平井	天地神社	天地神社の大クス	1350cm	30m	都道府県
愛知県豊田市畝部東町宮裏	八柱神社	八柱神社の大楠	1160cm	21m	都道府県
愛知県蒲郡市清田町下新屋		清田の大クス	1430cm	22m	国
三重県松阪市飯高町赤桶	水屋神社	水屋の大クス	1663cm	38m	都道府県
三重県南牟婁郡御浜町引作	引作神社	引作の大クス	1470cm	30m	都道府県
大阪府門真市三ツ島	三島神社	薫蓋樟	1340cm	25m	国

奈良県奈良市春日野町 飛火野	春日大社		1110cm	28m	
和歌山県那賀郡粉河町	大神宮		1142cm	20m	
和歌山県伊都郡かつらぎ町笠田東	妙楽寺	十五社（じごせ）の楠	1340cm	20m	都道府県
和歌山県西牟婁郡串本町有田上	有田神社	有田神社の楠	1220cm	20m	
島根県鹿足郡日原町堤田	大元神社跡	大元神社跡の大楠	1250cm	31m	都道府県
広島県三原市糸崎町	糸崎神社	糸崎神社のクス	1300cm	30m	市町村
山口県豊浦郡豊浦町川棚		川棚クスの森	1020cm	21m	国
徳島県海部郡日和佐町	日和佐八幡神社		1112cm	20m	
徳島県板野郡藍住町矢上	春日神社	矢上の大クス	1205cm	12m	都道府県
徳島県板野郡板野町大寺	岡上神社	岡の宮の大クス	1766cm	25m	都道府県
徳島県板野郡上板町瀬部	椿神社跡	鳥屋の大クス	1163cm	25m	都道府県
徳島県吉野川市鴨島町森藤		壇の大クス	1015cm	23m	都道府県
徳島県麻植郡山川町川田市		東川田の楠	1235cm	22m	
徳島県三好郡東みよし町加茂		加茂の大クス	1300cm	25m	国（特）
香川県善通寺市善通寺町		善通寺の楠	1100cm	29m	都道府県
香川県善通寺市善通寺町		五社明神の楠	1000cm	34m	都道府県
香川県三豊郡詫間町志々島楠ノ倉		志々島の大楠	1400cm	40m	都道府県
愛媛県松山市高岡町	弓敷天満宮		1140cm	20m	
愛媛県新居浜市一宮町	一宮神社	クスノキ群	950cm	29m	国
愛媛県周桑郡丹原町北田野		土居の大クス	1140cm	22m	市町村
愛媛県越智郡大三島町宮浦	大山祇神社	小千命御手植の楠	1100cm	15m	国

市町村	社寺名称等	独特の名称	幹周	樹高	天然記念物
愛媛県越智郡大三島町宮浦	大山祇神社	能因法師雨ごいの楠	1000cm	10m	国
愛媛県越智郡大三島町宮浦	大山祇神社奥の院	生樹の御門	1550cm	10m	国
高知県須崎市大谷	須賀神社	大谷のクスノキ	1710cm	25m	国
高知県安芸郡安田町神峯	神峯神社	神峯神社の大樟	1139cm	32m	都道府県
福岡県太宰府市大宰	大宰府天満宮境内	天神の森	1250cm	33m	国，都道府県
福岡県糟屋郡宇美町宇美	宇美八幡宮	衣掛の森, 湯蓋の森, 蚊田の森	2000cm	20m	国，都道府県
福岡県糟屋郡新宮町	立花山国有林	立花山大クス	785cm	30m	国（特）
福岡県鞍手郡鞍手町八尋	十六神社	十六神社の大クス	1441cm	20m	
福岡県朝倉市甘木	須賀神社	祇園の大クス	1080cm	20m	都道府県
福岡県朝倉市山田字恵蘇宿		隠家の森	1800cm	21m	国
福岡県朝倉市宮野		志賀様の大樟	1000cm	22m	都道府県
福岡県朝倉市下古毛		下古毛観音堂の樟	1150cm	30m	
福岡県八女市馬場字鈍土羅	熊野神社	鈍土羅の楠	1410cm	30m	都道府県
福岡県八女市南馬場	熊野速玉神社	南馬場の大楠	1040cm	35m	都道府県
福岡県八女市黒木町湯辺田			1050cm	21m	市町村
福岡県八女市黒木町	津江神社	津江神社の樟	1200cm	35m	都道府県
福岡県京都郡豊津町下原	天八幡神社		1071cm	20m	
福岡県築上郡築城町下本庄	大楠神社	本庄の大クス	2100cm	23m	国
佐賀県伊万里市東山代町里	青幡神社	青幡神社の大クス	1140cm	16m	都道府県
佐賀県武雄市若木町大字川古	川古の大楠公園	川古の大楠	2100cm	25m	国

佐賀県武雄市武雄町大字武雄	武雄神社	武雄の大楠	2000cm	30m	市町村
佐賀県武雄市武雄町大字武雄		塚崎の大楠	1390cm	18m	市町村
佐賀県杵島郡有明町大字深浦	海童神社	海童神社の楠	1150cm	19m	都道府県
佐賀県杵島郡白石町辺田字稲佐	稲佐神社	稲佐神社の楠	1050cm	27m	都道府県
長崎県長崎市西小島		大徳寺の大クス	1260cm	14m	都道府県
長崎県長崎市宮摺町	竈神社	竈神社の大クス	1280cm	25m	市町村
長崎県諫早市高城町	諫早公園	(暖地性樹叢)	1184cm	25m	国
長崎県南高来郡有明町		松崎の大楠	1300cm	27m	都道府県
熊本県熊本市北部町	寂心さん	寂心さんの大クス	1330cm	29m	都道府県
熊本県熊本市宮内	熊本城内	藤崎台のクスノキ群	2000cm	22m	国
熊本県八代市北の丸町		八王社のクス	1270cm	25m	市町村
熊本県宇土市網津町馬門	大歳神社	歳の神のクス	1350cm	17m	市町村
熊本県宇土市栗崎町天神平	菅原神社	栗崎の天神樟	1230cm	27m	都道府県
熊本県宇城市三角町上本庄		郡浦の天神樟	1550cm	23m	都道府県
熊本県葦北郡芦北町計石		計石の七ッ又大楠	1100cm	31m	市町村
大分県大分市八幡	柞原八幡宮	柞原八幡宮のクス	1850cm	30m	国
大分県大分市下戸次	楠木生神社	植木生のクスノキ	1110cm	20m	市町村
大分県別府市朝見	朝見神社		1040cm	27m	都道府県
大分県南海部郡蒲江町森崎浦	恵比須神社		1090cm	30m	
宮崎県宮崎市瓜生野平松	瓜生野八幡神社	瓜生野八幡のクスノキ群	1100cm	25m	国
宮崎県延岡市恒富町	春日神社	春日神社のクス	1000cm	30m	

市町村	社寺名称等	独特の名称	幹周	樹高	天然記念物
宮崎県日南市東郷松永	大宮神社	東郷のクス	1000cm	40m	国
宮崎県西都市南方島の内	南方神社	上穂北のクス	1200cm	40m	国
宮崎県西都市妻	都萬神社	妻のクスノキ	1080cm	30m	国
宮崎県宮崎郡清武町大字船引	船引神社	清武の大楠	1320cm	35m	国
宮崎県児湯郡高鍋町黒谷	舞鶴神社	高鍋のクス	1030cm	16m	国
鹿児島県鹿児島市城山町		城山のクス林	1300cm	23m	国
鹿児島県鹿屋市田崎町	七狩長田貫神社		1040cm	25m	市町村
鹿児島県出水市上鯖淵渡瀬口		出水の大クス	1215cm	12m	市町村
鹿児島県日置市吹上町中原東宮内	大汝牟遅神社	千本楠	1115cm	22m	市町村
鹿児島県揖宿郡開聞町	枚聞神社	枚聞神社のクス	1060cm	15m	
鹿児島県川辺郡川辺町	飯倉神社	川辺の大クス	1600cm	15m	都道府県
鹿児島県姶良郡蒲生町	八幡神社	蒲生の大楠	2422cm	30m	国（特）
鹿児島県志布志市志布志町安楽	山宮神社	志布志の大クス	1710cm	23m	国
鹿児島県肝属郡高山町塚崎		塚崎の大クス	1400cm	32m	国
鹿児島県肝属郡錦江町池田川南	旗山神社	旗山の樟	1600cm	25m	市町村
鹿児島県薩摩川内市宮内町	新田神社	新田神社の大樟	1300cm	25m	市町村

これは環境省，全国巨樹・巨木林の会，奥多摩町日原森林館が調査している全国巨樹・巨木林巨樹データベースなどを参考に著者が選択したものである．

参考文献

酒井茂雄・郷野不二男・樋口芳治ほか『樟脳専売史』日本専売公社、一九五六年
酒井茂雄・郷野不二男・樋口芳治ほか『しょう脳専売史（続）』日本専売公社、一九六三年、非売品
三溝謹平『くすのき』本多静六・河合鉎太郎校閲、一九〇五年
佐藤洋一郎『クスノキと日本人――知られざる古代巨樹信仰』八坂書房、二〇〇四年
沼田真『植物生態学』朝倉書店、一九六九年
『神道大辞典』平凡社、一八六七年
国学院大学日本文化研究所編『神道用語集　祭祀編Ⅰ』神道文化会、一九七四年
神宮司庁編『古事類苑　植物部』吉川弘文館、一九一一年
『古事記・日本書紀・風土記』（日本古典文学大系）岩波書店、一九六三年
坪井洋文『イモと日本人』未來社、一九七九年
矢野憲一『伊勢神宮の衣食住』東京書籍、一九九二年／角川ソフィア文庫、二〇〇八年
水上静夫『中国古代の植物学の研究』角川書店、一九七七年
沢井耐三『守武千句考証』（愛知大学文学会叢書三）汲古書院、一九九八年
大野俊一「古事記及び日本書紀に現はれたる樹木に就いて」、『林學會雑誌』六〇巻第四号、一九三四年
瀬田勝哉『木の語る中世』（朝日選書）二〇〇〇年
寺島良安『和漢三才図会』（東洋文庫）島田勇雄ほか訳注、平凡社、一九九〇年
上野益三『日本博物学史』平凡社、一九七三年

ケンペル『廻国奇観』一七一二年
シーボルト『江戸参府紀行』（東洋文庫）平凡社、一九七三年
稲田浩二・小沢俊夫ほか『日本昔話通観』同朋舎出版、一九八〇年
南方熊楠「巨樹の翁の話」、『南方閑話』（『南方熊楠全集2』）平凡社、一九二六年
岩田準一『志摩の海女』一九七一年
『日本大百科全書』の「樟脳」の項（佐藤菊正執筆）小学館、一九八四年
「樟脳製造法」、『日本農書全集53（農産加工4）』農山漁村文化協会、一九九八年
『大百科事典』平凡社、一九三二年
『世界大百科事典』平凡社、一九六六年
石井謙治『和船』Ⅰ・Ⅱ（ものと人間の文化史76－Ⅰ・Ⅱ）法政大学出版局、一九九五年
出口昌子『丸木舟』（ものと人間の文化史98）法政大学出版局、二〇〇一年
井上和雄『宝船考』昭森社、一九三六年
小原二郎「上代彫刻の材料史的考察」、『仏教芸術』一三号、一九五一年
小原二郎『木の文化』（SD選書）鹿島出版会、一九七二年
小原二郎『日本人と木の文化　インテリアの源流』（朝日選書）一九八四年
上原和『玉虫厨子の研究』巌南堂、一九六八年
上原昭一編『日本の美術二一　飛鳥・白鳳彫刻』至文堂、一九六八年
金子啓明・岩佐光晴・能城修一・藤井智之「日本古代における木彫像の樹種と用材観——七・八世紀を中心に」、『museum』五五五、東京国立博物館、一九九八年
野本寛一「海と山の信仰」、『静岡県史　資料編23　民俗一』一九八九年
入江相政編『宮中歳時記』TBSブリタニカ、一九七九年
『明治神宮造営誌』内務省神社局、一九三〇年

『明治神宮外苑志』明治神宮奉賛会、一九三七年
『明治神宮域内総合調査報告書』明治神宮、一九八〇年
『厳島神社国宝・重文建造物昭和修理総合報告書』国宝厳島神社建造物修理委員会、一九五八年
『厳島神社建造物災害復旧保存修理総合報告書』厳島神社、一九九五年
小泉来兵衛「厳島大鳥居に就て」、『芸備地方史研究』8、広島大学、一九五四年
岡田貞次郎『宮島の古建築』宮島町、一九七九年
薄葉重『虫こぶ入門』八坂書房、一九九五年
日高敏隆「猫の目草・楠若葉」、『セミたちと温暖化』新潮文庫、二〇一〇年
平泉澄『少年日本史』皇学館大学出版部、一九七〇年
南方熊楠『南方熊楠全集』全一二巻、平凡社、一九七五年
中山太郎編『日本民俗学辞典』昭和書房、一九三三年
鈴木棠三『日本俗信辞典　動・植物編』角川書店、一九八二年
桜井徳太郎『民間信仰辞典』東京堂出版、一九八一年
三浦伊八郎ほか『日本老樹名木天然記念樹』大日本山林会、一九六二年
『三重の巨樹・古木』三重県緑化推進協会、二〇〇七年
八木下弘『日本の巨樹』中央公論社、一九七九年
梅原猛ほか『巨樹を見に行く』（講談社カルチャーブックス）一九九四年
足田輝一ほか『樹の日本史』（自然と人間の日本史4）新人物往来社、一九九〇年
牧野和春監修『樹木詣で』（別冊太陽）平凡社、二〇〇二年
篠田康雄『熱田神宮』学生社、一九六八年
西高辻信貞『太宰府天満宮』学生社、一九七〇年
渡辺一生編『宇美八幡宮誌』宇美八幡宮、一九七九年

菅沼孝之ほか『日本の天然記念物』講談社、一九九五年
郷野不二男『くす風土記』日本樟脳協会、一九六一年
樹木養生会議編『文化財保護法五十年記念　巨大クスノキの研究　太宰府天満宮クスノキ樹勢回復への挑戦』大宰府顕彰会、二〇〇一年
岡正ほか『聞き書　鹿児島の食事』（日本の食生活全集46）、農文協、一九八九年
本多静六編纂『大日本老樹番付』一九一三年
国指定特別天然記念物「蒲生のクス」、保護増殖事業報告委員会編『蒲生のクス報告書』鹿児島県蒲生町教育委員会、二〇〇〇年
伊藤武夫『伊勢神宮植物記』神宮司庁、一九六一年
岩田利治『図説樹木学　常緑広葉樹編』朝倉書店、一九六五年
木村政生『神宮御杣山の変遷に関する研究』国書刊行会、二〇〇一年
本多静六『神宮域内山林及ヒ神苑ニ関スル意見』神宮司庁庶務課、一九一二年
千田稔『伊勢神宮　東アジアのアマテラス』（中公新書）中央公論社、二〇〇五年
イワーノフほか／北岡誠司編訳『宇宙軸・神話・歴史記述』（岩波現代選書）岩波書店、一九八三年
西岡常一・小原二郎『法隆寺を支えた木』（ＮＨＫブックス）日本放送出版協会、一九七八年
徳川宗敬監修『神と杜』神と杜刊行会、一九七六年
ジャック・ブロス／藤井史郎・藤田尊湖・善本孝訳『世界樹木神話』八坂書房、一九九五年
環境庁編『日本の巨樹・巨木林』大蔵省印刷局、一九九一年
林弥栄編『日本の樹木』山と渓谷社、一九八五年
フレイザー／永橋卓介訳『金枝篇』岩波書店、一九六六〜六七年
キャサリン・ブリッグズ／平野敬一・三宅忠明・井村君江・吉田新一訳『妖精事典』冨山房、一九九二年
後藤俊彦『神棲む森の思想』展転社、一九九三年

日本木材学会編『木と日本人のくらし』講談社、一九八五年
西岡常一『木に学べ――法隆寺・薬師寺の美』小学館、一九八八年
満久崇麿『木のはなし』思文閣出版、一九八三年
満久崇麿『続・木のはなし』思文閣出版、一九八五年
川添登『「木の文明」の成立』(上・下巻) 日本放送出版協会、一九九一年
牧野和春『巨樹の民俗学』恒文社、一九八八年
岡田米夫『神道百言』神道文化会、一九七〇年
『神社新報ブックス4　護れ鎮守のみどり』神社新報社編、一九八五年
遠山富太郎『杉の来た道』(中公新書) 中央公論社、一九七六年
荒垣秀雄『老樹の青春』朝日新聞社、一九八五年
山野忠彦『木の声が聞こえる――樹医の診察日記』講談社、一九八九年
佐々木高明『照葉樹林文化の道』日本放送出版協会、一九九二年
『神社名鑑』神社本庁、一九六二年
『神道大系・神社編四八 太宰府』神道大系編纂会、一九九二年
社団法人日本林業技術協会編『森林の環境　100不思議』東京書籍、一九九九年
平野秀樹『森林理想郷を求めて　美しく小さなまちへ』(中公新書) 中央公論社、一九九六年
『世界宗教大事典』平凡社、一九九一年
『古代中世藝術論』(日本思想大系23) 岩波書店、一九七三年
小林剛『日本彫刻史』地人書館、一九四二年
吉永義信『日本の庭園』至文堂、一九五八年
中野秀章・有光一登・森川靖『森と水のサイエンス』東京書籍、一九八九年
神山恵三『森の不思議』(岩波新書) 岩波書店、一九八三年

梅原猛・伊東俊太郎『森の文明・循環の思想――人類を救う道を探る』講談社、一九九三年
足田輝一『樹の文化誌』朝日新聞社、一九八五年
『遷宮ハンドブック』神宮神道青年会、二〇〇五年、非売品
『遷宮論集』神社本庁、一九九五年
『神宮便覧』神宮司庁、二〇〇六年
矢野憲一『伊勢神宮　知られざる杜のうち』角川選書、二〇〇六年

あとがき

昔の人は人生を樹木に仮託した人生観を持っていた。

幼年から青年期にあたる春夏の候は幹を太らせ、葉を茂らせ、花を咲かせ、壮年期の秋には結実して子孫を殖やし、老齢の冬になると落葉して成長は止まり、樹幹を引き締める。そして「年輪を重ねた苦労人」と讃えた。まさにその通りだと思う。

いま私は『楠』を書き上げて、こんなテーマに出合えた幸運に感謝している。これを書くのに一〇年以上も楽しませていただけた。別段やらねばならぬことでもなかったし、実に気楽なことであった。鮫や鮑や亀のように動き回ることもなく、杖を突き全国を探して旅しなくても、主に西日本に限られていたし、安らかに枕のできる日々であった。その上、息子も同じテーマをめざしていて、酒も言葉も交わさなかったが、時々メモを届けてくれるので頼もしく嬉しかった。いつの日か一冊にまとまると信じて資料集めに励んできた。

私はこれまで紙にインクで拙筆を走らせてきたが、近頃は一本指打法で文明の利器を操り始めた。便利である。思ったより早くまとめられた。最近の出版界は大変な時代にある。だがこのシリーズの『鮫』から早や三〇年、六冊目を秋田公士さんと佐藤憲司さんにまたお世話になった。これからもこの『ものと人間の文化史』が「五十《い》橿《かし》八《や》桑《くわ》枝《え》のごとく立ち栄える」ようにと祈らせていただく。
なお、第八章「樹木の信仰と自然保護」は、息子の國學院大學文学部神道学科の卒業論文の一部を加筆抜粋したものである。それは楠の信仰を中心に記したものであったが、この楠に関する資料は私の文章の中ですべて使った。さらにこれは平成八年一二月刊の『明治聖徳記念学会紀要⑲』に「神道と樹木」と題して収録していただいている。指導してくださった國學院大學中西正幸教授にお礼を申し上げる。

矢野憲一

父と共著が出せるとは思ってもいなかった。ちょっと手伝っただけであるが、楠の木は面白いテーマだった。卒業論文では神社における神木に焦点をあて、さまざまな樹木について調査を進めた。日本一の巨樹が鹿児島の蒲生の楠と知り、この目で見てみたくなり、バイクで東京から九州へと出向いたのはもう一五年も前のことである。九州では楠の巨木の多さに驚いた。お陰で九州をぐるりと一周することとなった。学生時代ならではの有意義な時間であった。神木ということで当然、神社を訪ねることも多かったが、突然バイクで乗り付けた一学生を、それぞれの神社の神主さんは温かく迎え、いろいろとお話を聞かせてくださった。今更ながら感謝しております。

これからも神主としての立場で樹木に関心を持ち続け、日本の美しい緑を保全していくなんらかの行動ができればと考えている。

植樹は一本では木だが、二本植えれば林となり、三本植えると森となり、五本ならば森林となる。人間と自然が共存して、伊勢をはじめとする全国各地の鎮守の森から緑のメッセージを世界に伝え響かせたいものである。

矢野高陽

平成二二年　新しい宇治橋ができた春

著者略歴

矢野憲一（やの　けんいち）

1938年，三重県伊勢市に生まれる．國學院大學文学部日本史学科卒業．1962年伊勢神宮に奉職．神宮禰宜，神宮司庁広報課長，文化部長，神宮徴古館農業館館長などを歴任．2002年退職．現在，NPO 法人五十鈴塾塾長．
著書：『鮫』『鮑』『枕』『杖』『亀』（以上，法政大学出版局・ものと人間の文化史），『伊勢神宮』，他多数．

矢野高陽（やの　こうよう）

1972年，三重県伊勢市に生まれる．國學院大學文学部神道学科卒業．1995年鎌倉鶴岡八幡宮奉職．愛知県一宮市真清田神社を経て2002年伊勢神宮に奉職．現在，神宮宮掌，神宮司庁広報室勤務．

ものと人間の文化史　151・**楠**

2010年 9 月 9 日　初版第 1 刷発行

著　者 ©　矢野憲一／矢野高陽

発行所 財団法人 法政大学出版局
〒102-0073 東京都千代田区九段北3-2-7
電話03(5214)5540 振替00160-6-95814
整版：緑営舎　印刷：平文社　製本：誠製本

ISBN 978-4-588-21511-7

Printed in Japan

ものと人間の文化史

★第9回梓会出版文化賞受賞

人間が〈もの〉とのかかわりを通じて営々と築いてきた暮らしの足跡を具体的に辿りつつ文化・文明の基礎を問いなおす。手づくりの〈もの〉の記憶が失われ、〈もの〉離れが進行する危機の時代におくる豊穣な百科叢書。

1 船　須藤利一編

海国日本では古来、漁業・水運・交易はもとより、大陸文化も船によって運ばれた。本書は造船技術、航海の模様の推移を中心に、漂流、船霊信仰、伝説の数々を語る。四六判368頁 '68

2 狩猟　直良信夫

人類の歴史は狩猟から始まった。本書は、わが国の遺跡に出土する獣骨、猟具の実証的考察をおこないながら、狩猟をつうじて発展した人間の知恵と生活の軌跡を辿る。四六判272頁 '68

3 からくり　立川昭二

〈からくり〉は自動機械であり、驚嘆すべき庶民の技術的創意がこめられている。本書は、日本と西洋のからくりを発掘・復元・遍歴し、埋もれた技術の水脈をさぐる。四六判410頁 '69

4 化粧　久下司

美を求める人間の心が生みだした化粧—その手法と道具に語らせた人間の欲望と本性、そして社会関係。歴史を遡り、全国を踏査して書かれた比類ない美と醜の文化史。四六判368頁 '70

5 番匠　大河直躬

番匠はわが国中世の建築工匠。地方・在地を舞台に開花した彼らの造型・装飾・工法等の諸技術、さらに信仰と生活等、職人以前の独自で多彩な工匠的世界を描き出す。四六判288頁 '71

6 結び　額田巌

〈結び〉の発達は人間の叡知の結晶である。本書はその諸形態および技法を作業・装飾・象徴の三つの系譜に辿り、〈結び〉のすべてを民俗学的・人類学的に考察する。四六判264頁 '72

7 塩　平島裕正

人類史に貴重な役割を果たしてきた塩をめぐって、発見から伝承・製造技術の発展過程にいたる総体を歴史的に描き出すとともに、その多彩な効用と味覚の秘密を解く。四六判272頁 '73

8 はきもの　潮田鉄雄

田下駄・かんじき・わらじなど、日本人の生活の礎となってきた伝統的はきものの成り立ちと変遷を、二〇年余の実地調査と細密な観察・描写によって辿る庶民生活史　四六判280頁 '73

9 城　井上宗和

古代城塞・城柵から近世代名の居城として集大成されるまでの日本の城の変遷を辿り、文化の各領野で果たしてきたその役割を再検討。あわせて世界城郭史に位置づける。四六判310頁 '73

10 竹　室井綽

食生活、建築、民芸、造園、信仰等々にわたって、竹と人間との交流史は驚くほど深く永い。その多岐にわたる発展の過程を個々に辿り、竹の特異な性格を浮彫にする。四六判324頁 '73

11 海藻　宮下章

古来日本人にとって生活必需品とされてきた海藻をめぐって、その採取・加工法の変遷、商品としての流通史および神事・祭事での役割に至るまでを歴史的に考証する。四六判330頁 '74

12 絵馬　岩井宏實

古くは祭礼における神への献馬にはじまり、民間信仰と絵画のみごとな結晶として民衆の手で描かれ祀り伝えられてきた各地の絵馬を豊富な写真と史料によってたどる。四六判３０２頁 '74

13 機械　吉田光邦

畜力・水力・風力などの自然のエネルギーを利用し、幾多の改良を経て形成された初期の機械の歩みを検証し、日本文化の形成における科学・技術の役割を再検討する。四六判２４２頁 '74

14 狩猟伝承　千葉徳爾

狩猟には古来、感謝と慰霊の祭祀がともない、人獣交渉の豊かで意味深い歴史があった。狩猟用具、巻物、儀式具、またけものたちの生態を通して語る狩猟文化の世界。四六判３４６頁 '75

15 石垣　田淵実夫

採石から運搬、加工、石積みに至るまで、石垣の造成をめぐって積み重ねられてきた石工たちの苦闘の足跡を掘り起こし、その独自な技術の形成過程と伝承を集成する。四六判２２４頁 '75

16 松　高嶋雄三郎

日本人の精神史に深く根をおろした松の伝承に光を当て、食用、薬用等の実用の松、祭祀・観賞用の松、さらに文学・芸能・美術に表現された松のシンボリズムを説く。四六判３４２頁 '75

17 釣針　直良信夫

人と魚との出会いから現在に至るまで、釣針がたどった一万有余年の変遷を、世界各地の遺跡出土物を通して実証しつつ、漁撈によって生きた人々の生活と文化を探る。四六判２７８頁 '76

18 鋸　吉川金次

鋸鍛冶の家に生まれ、鋸の研究を生涯の課題とする著者が、出土遺品や文献・絵画により各時代の鋸を復元・実験し、庶民の手仕事にみられる驚くべき合理性を実証する。四六判３６０頁 '76

19 農具　飯沼二郎／堀尾尚志

鍬と犂の交代・進化の歩みとして発達したわが国農耕文化の発展経過を世界史的視野において再検討しつつ、無名の農民たちによる驚くべき創意のかずかずを記録する。四六判２２０頁 '76

20 包み　額田巌

結びとともに文化の起源にかかわる〈包み〉の系譜を人類史的視野において捉え、衣・食・住をはじめ社会・経済史、信仰、祭事などにおけるその実際と役割とを描く。四六判３５４頁 '77

21 蓮　阪本祐二

仏教における蓮の象徴的位置の成立と深化、美術・文芸等に見る人間とのかかわりを歴史的に考察。また大賀蓮はじめ多様な品種とその来歴を紹介しつつその美を語る。四六判３０６頁 '77

22 ものさし　小泉袈裟勝

ものをつくる人間にとって最も基本的な道具であり、数千年にわたって社会生活を律してきたその変遷を実証的に追求し、歴史の中で果たしてきた役割を浮彫りにする。四六判３１４頁 '77

23-Ⅰ 将棋Ⅰ　増川宏一

その起源を古代インドに、我国への伝播の道すじを海のシルクロードに探り、また伝来後一千年におよぶ日本将棋の変化と発展を盤、駒、ルール等にわたって跡づける。四六判２８０頁 '77

23-Ⅱ 将棋Ⅱ　増川宏一

わが国伝来後の普及と変遷を貴族や武家・豪商の日記等に博捜し、遊戯者の歴史をあとづけると共に、中国伝来説の誤りを正し、将棋宗家の位置と役割を明らかにする。　四六判３４６頁　'85

24 湿原祭祀 第2版　金井典美

古代日本の自然環境に着目し、各地の湿原聖地を稲作社会との関連において捉え直して古代国家成立の背景を浮彫にしつつ、水と植物にまつわる日本人の宇宙観を探る。　四六判４１０頁　'77

25 臼　三輪茂雄

臼が人類の生活文化の中で果たしてきた役割を、各地に遺る貴重な民俗資料・伝承と実地調査にもとづいて解明。失われゆく道具のなかに、未来の生活文化の姿を探る。　四六判４１２頁　'78

26 河原巻物　盛田嘉徳

中世末期以来の被差別部落民が生きる権利を守るために偽作し護り伝えてきた河原巻物を全国にわたって踏査し、そこに秘められた最底辺の人びとの叫びに耳を傾ける。　四六判２２６頁　'78

27 香料　日本のにおい　山田憲太郎

焼香供養の香から趣味としての薫物へ、さらに沈香木を焚く香道へと変遷した日本の「匂い」の歴史を豊富な史料に基づいて辿り、我国風俗史の知られざる側面を描く。　四六判３７０頁　'78

28 神像　神々の心と形　景山春樹

神仏習合によって変貌しつつも、常にその原型＝自然を保持してきた日本の神々の造型を図像学的方法によって捉え直し、その多彩な形象に日本人の精神構造をさぐる。　四六判３４２頁　'78

29 盤上遊戯　増川宏一

祭具・占具としての発生を『死者の書』をはじめとする古代の文献にさぐり、形状・遊戯法を分類しつつその〈進化〉の過程を考察。〈遊戯者たちの歴史〉をも跡づける。　四六判３２６頁　'78

30 筆　田淵実夫

筆の里・熊野に筆づくりの現場を訪ねて、筆匠たちの境涯と製筆の由来を克明に記録しつつ、筆の発生と変遷、種類、製筆法、さらには筆塚、筆供養にまで説きおよぶ。　四六判２０４頁　'78

31 ろくろ　橋本鉄男

日本の山野を漂移しつづけ、高度の技術文化と幾多の伝説とをもたらした特異な旅職集団＝木地屋の生態を、その呼称、地名、伝承、文書等をもとに生き生きと描く。　四六判４６０頁　'79

32 蛇　吉野裕子

日本古代信仰の根幹をなす蛇巫をめぐって、祭事におけるさまざまな蛇の「もどき」や各種の蛇の造型・伝承に鋭い考証を加え、忘れられたその呪性を大胆に暴き出す。　四六判２５０頁　'79

33 鋏（はさみ）　岡本誠之

梃子の原理の発見から鋏の誕生に至る過程を推理し、日本鋏の特異な歴史的位置を明らかにするとともに、刀鍛冶等から転進した鋏職人たちの創意と苦闘の跡をたどる。　四六判３９６頁　'79

34 猿　廣瀬鎮

嫌悪と愛玩、軽蔑と畏敬の交錯する日本人とサルとの関わりあいの歴史を、狩猟伝承や祭祀・風習、美術・工芸や芸能のなかに探り、日本人の動物観を浮彫りにする。　四六判２９２頁　'79

35 **鮫** 矢野憲一

神話の時代から今日まで、津々浦々につたわるサメの伝承とサメをめぐる海の民俗を集成し、神饌、食用、薬用等に活用されてきたサメと人間のかかわりの変遷を描く。四六判２９２頁 '79

36 **枡** 小泉袈裟勝

米の経済の枢要をなす器として千年余にわたり日本人の生活の中に生きてきた枡の変遷をたどり、記録・伝承をもとにこの独特な計量器が果たした役割を再検討する。四六判３２２頁 '80

37 **経木** 田中信清

食品の包装材料として近年まで身近に存在した経木の起源を、こけら経や塔婆、木簡、屋根板等に遡って明らかにし、その製造・流通に携った人々の労苦の足跡を辿る。四六判２８８頁 '80

38 **色** 染と色彩 前田雨城

わが国古代の染色技術の復元と文献解読をもとに日本色彩史を体系づけ、赤・白・青・黒等におけるわが国独自の色彩感覚を探りつつ日本文化における色の構造を解明。四六判３２０頁 '80

39 **狐** 陰陽五行と稲荷信仰 吉野裕子

その伝承と文献を渉猟しつつ、中国古代哲学＝陰陽五行の原理の応用という独自の視点から、謎とされてきた稲荷信仰と狐との密接な結びつきを明快に解き明かす。四六判２３２頁 '80

40-Ⅰ **賭博Ⅰ** 増川宏一

時代、地域、階層を超えて連綿と行なわれてきた賭博。――その起源を古代の神判、スポーツ、遊戯等の中に探り、抑圧と許容の歴史を物語る。全Ⅲ分冊の〈総説篇〉。四六判２９８頁 '80

40-Ⅱ **賭博Ⅱ** 増川宏一

古代インド文学の世界からラスベガスまで、賭博の形態・用具・方法の時代的特質を明らかにし、夥しい禁令に賭博の不滅のエネルギーを見る。全Ⅲ分冊の〈外国篇〉。四六判４５６頁 '82

40-Ⅲ **賭博Ⅲ** 増川宏一

聞香、闘茶、笠附等、わが国独特の賭博を中心にその具体例を網羅し、方法の変遷に賭博の時代性を探りつつ禁令の改廃に時代の賭博観を追う。全Ⅲ分冊の〈日本篇〉。四六判３８８頁 '83

41-Ⅰ **地方仏Ⅰ** むしゃこうじ・みのる

古代から中世にかけて全国各地で作られた無銘の仏像を訪ね、素朴で多様なノミの跡に民衆の祈りと地域の願望を探る。宗教の伝播、文化の創造を考える異色の紀行。四六判２５６頁 '80

41-Ⅱ **地方仏Ⅱ** むしゃこうじ・みのる

紀州や飛騨を中心に草の根の仏たちを訪ねて、その相好と像容の魅力を探り、技法を比較考証して仏像彫刻史に位置づけつつ、中世地域社会の形成と信仰の実態に迫る。四六判２６０頁 '97

42 **南部絵暦** 岡田芳朗

田山・盛岡地方で「盲暦」として古くから親しまれてきた独得の絵解き暦を詳しく紹介しつつその全体像を復元する。その無類の生活暦は、南部農民の哀歓をつたえる。四六判２８８頁 '80

43 **野菜** 在来品種の系譜 青葉高

蕪、大根、茄子等の日本在来野菜をめぐって、その渡来・伝播経路、品種分布と栽培のいきさつを各地の伝承や古記録をもとに辿り、畑作文化の源流とその風土を描く。四六判３６８頁 '81

44 つぶて　中沢厚

弥生投弾、古代・中世の石戦と印地の様相、投石具の発達を展望しつつ、願かけの小石、正月つぶて、石こづみ等の習俗を辿り、石塊に託した民衆の願いや怒りを探る。四六判３３８頁　'81

45 壁　山田幸一

弥生時代から明治期に至るわが国の壁の変遷を壁塗＝左官工事の側面から辿り直し、その技術的復元・考証を通じて建築史・文化史における壁の役割を浮き彫りにする。四六判２９６頁　'81

46 箪笥（たんす）　小泉和子

近世における箪笥の出現＝箱から抽斗への転換に着目し、以降近現代に至るその変遷を社会・経済・技術の側面からあとづける。著者自身による箪笥製作の記録を付す。四六判３７８頁　'82

47 木の実　松山利夫

山村の重要な食糧資源であった木の実をめぐる各地の記録・伝承を集成し、その採集・加工における幾多の試みを実地に検証しつつ、稲作農耕以前の食生活文化を復元。四六判３８４頁　'82

48 秤（はかり）　小泉袈裟勝

秤の起源を東西に探るとともに、わが国律令制下における中国制度の導入、近世商品経済の発展に伴う秤座の出現、明治期近代化政策による洋式秤受容等の経緯を描く。四六判３２６頁　'82

49 鶏（にわとり）　山口健児

神話・伝説をはじめ遠い歴史の中の鶏を古今東西の伝承・文献に探り、特に我国の信仰・絵画・文学等に遺された鶏の足跡を追って、鶏をめぐる民俗の記憶を蘇らせる。四六判３４６頁　'83

50 燈用植物　深津正

人類が燈火を得るために用いてきた多種多様な植物との出会いと個々の植物の来歴、特性及びはたらきを詳しく検証しつつ「あかり」の原点を問いなおす異色の植物誌。四六判４４２頁　'83

51 斧・鑿・鉋（おの・のみ・かんな）　吉川金次

古墳出土品や文献・絵画をもとに、古代から現代までの斧・鑿・鉋を復元・実験し、労働体験によって生まれた民衆の知恵と道具の変遷を蘇らせる異色の日本木工具史。四六判３０４頁　'84

52 垣根　額田巌

大和・山辺の道に神々と垣との関わりを探り、各地に垣の伝承を訪ねて、寺院の垣、民家の垣、露地の垣など、風土と生活に培われた生垣の独特のはたらきと美を描く。四六判２３４頁　'84

53-Ⅰ 森林Ⅰ　四手井綱英

森林生態学の立場から、森林のなりたちとその生活史を辿りつつ、産業の発展と消費社会の拡大により刻々と変貌する森林の現状を語り、未来への再生のみちをさぐる。四六判３０６頁　'85

53-Ⅱ 森林Ⅱ　四手井綱英

森林と人間との多様なかかわりを包括的に語り、人と自然が共生するための森や里山をいかにして創出するか、森林再生への具体的な方策を提示する21世紀への提言。四六判３０８頁　'98

53-Ⅲ 森林Ⅲ　四手井綱英

地球規模で進行しつつある森林破壊の現状を実地に踏査し、森と人が共存する日本人の伝統的自然観を未来へ伝えるために、いま何が必要なのかを具体的に提言する。四六判３０４頁　'00

54 海老（えび）　酒向昇

人類との出会いからエビの科学、漁法、さらには調理法を語り、めでたい姿態と色彩にまつわる多彩なエビの民俗を、地名や人名、詩歌・文学、絵画や芸能の中に探る。四六判４２８頁 '85

55-Ⅰ 藁（わら）Ⅰ　宮崎清

稲作農耕とともに二千年余の歴史をもち、日本人の全生活領域に生きてきた藁の文化を日本文化の原型として捉え、風土に根ざしたそのゆたかな遺産を詳細に検討する。四六判４００頁 '85

55-Ⅱ 藁（わら）Ⅱ　宮崎清

床・畳から壁・屋根にいたる住居における藁の製作・使用のメカニズムを明らかにし、日本人の生活空間における藁の役割を見なおすとともに、藁の文化の復権を説く。四六判４００頁 '85

56 鮎　松井魁

清楚な姿態と独特な味覚によって、日本人の目と舌を魅了しつづけてきたアユ——その形態と分布、生態、漁法等を詳述し、古今のアユ料理や文芸にみるアユにおよぶ。四六判２９６頁 '86

57 ひも　額田巌

物と物、人と物とを結びつける不思議な力を秘めた「ひも」の謎を追って、民俗学的視点から多角的なアプローチを試みる。『結び』、『包み』につづく三部作の完結篇。四六判２５０頁 '86

58 石垣普請　北垣聰一郎

近世石垣の技術者集団「穴太」の足跡を辿り、各地城郭の石垣遺構の実地調査と資料・文献をもとに石垣普請の歴史的系譜を復元しつつ石工たちの技術伝承を集成する。四六判４３８頁 '87

59 碁　増川宏一

その起源を古代の盤上遊戯に探ると共に、定着以来二千年の歴史を時代の状況や遊び手の社会環境との関わりにおいて跡づける。逸話や伝説を排して綴る初の囲碁全史。四六判３６６頁 '87

60 日和山（ひよりやま）　南波松太郎

千石船の時代、航海の安全のために観天望気した日和山——多くは忘れられ、あるいは失われた船舶・航海史の貴重な遺跡を追って、全国津々浦々におよんだ調査紀行。四六判３８２頁 '88

61 篩（ふるい）　三輪茂雄

臼とともに人類の生産活動に不可欠な道具であった篩、箕（み）、笊（ざる）の多彩な変遷を豊富な図解入りでたどり、現代技術の先端に再生するまでの歩みをえがく。四六判３３４頁 '89

62 鮑（あわび）　矢野憲一

縄文時代以来、貝肉の美味と貝殻の美しさによって日本人を魅了し続けてきたアワビ——その生態と養殖、神饌としての歴史、漁法、螺鈿の技法からアワビ料理に及ぶ。四六判３４４頁 '89

63 絵師　むしゃこうじ・みのる

日本古代の渡来画工から江戸前期の菱川師宣まで、時代の代表的絵師の列伝で辿る絵画制作の文化史。前近代社会における絵画の意味や芸術創造の社会的条件を考える。四六判２３０頁 '90

64 蛙（かえる）　碓井益雄

動物学の立場からその特異な生態を描き出すとともに、和漢洋の文献資料を駆使して故事・習俗・神事・民話・文芸・美術工芸にわたる蛙の多彩な活躍ぶりを活写する。四六判３８２頁 '89

65-Ⅰ 藍（あい）Ⅰ　風土が生んだ色　竹内淳子

全国各地の〈藍の里〉を訪ねて、藍栽培から染色・加工のすべてにわたり、藍とともに生きた人々の伝承を克明に描き、風土と人間が生んだ〈日本の色〉の秘密を探る。四六判４１６頁　'91

65-Ⅱ 藍（あい）Ⅱ　暮らしが育てた色　竹内淳子

日本の風土に生まれ、伝統に育てられた藍が、今なお暮らしの中で生き生きと活躍しているさまを、手わざに生きる人々との出会いを通じて描く。藍の里紀行の続篇。四六判４０６頁　'99

66 橋　小山田了三

丸木橋・舟橋・吊橋から板橋・アーチ型石橋まで、人々に親しまれてきた各地の橋を訪ねて、その来歴と築橋の技術伝承を辿り、土木文化の伝播・交流の足跡をえがく。四六判３１２頁　'91

67 箱　宮内悊

日本の伝統的な箱（櫃）と西欧のチェストを比較文化史の視点から考察し、居住・収納・運搬・装飾の各分野における箱の重要な役割とその多彩な文化を浮彫りにする。四六判３９０頁　'91

68-Ⅰ 絹Ⅰ　伊藤智夫

養蚕の起源を神話や説話に探り、伝来の時期とルートを跡づけ、記紀・万葉の時代から近世に至るまで、それぞれの時代・社会・階層が生み出した絹の文化を描き出す。四六判３０４頁　'92

68-Ⅱ 絹Ⅱ　伊藤智夫

生糸と絹織物の生産と輸出が、わが国の近代化にはたした役割を描くと共に、養蚕の道具、信仰や庶民生活にわたる養蚕と絹の民俗、さらには蚕の種類と生態におよぶ。四六判２９４頁　'92

69 鯛（たい）　鈴木克美

古来「魚の王」とされてきた鯛をめぐって、その生態・味覚から漁法、祭り、工芸、文芸にわたる多彩な伝承文化を語りつつ、鯛と日本人とのかかわりの原点をさぐる。四六判４１８頁　'92

70 さいころ　増川宏一

古代神話の世界から近現代の博徒の動向まで、さいころの役割を各時代・社会に位置づけ、木の実や貝殻のさいころから投げ棒型や立方体のさいころへの変遷をたどる。四六判３７４頁　'92

71 木炭　樋口清之

炭の起源から炭焼、流通、経済、文化にわたる木炭の歩みを歴史・考古・民俗の知見を総合して描き出し、独自で多彩な文化を育んできた木炭の尽きせぬ魅力を語る。四六判２９６頁　'93

72 鍋・釜（なべ・かま）　朝岡康二

日本をはじめ韓国、中国、インドネシアなど東アジアの各地を歩きながら鍋・釜の製作と使用の現場に立ち会い、調理をめぐる庶民生活の変遷とその交流の足跡を探る。四六判３２６頁　'93

73 海女（あま）　田辺悟

その漁の実際と社会組織、風習、信仰、民具などを克明に描くとともに海女の起源・分布・交流を探り、わが国漁撈文化の古層としての海女の生活と文化をあとづける。四六判２９４頁　'93

74 蛸（たこ）　刀禰勇太郎

蛸をめぐる信仰や多彩な民間伝承を紹介するとともに、その生態・分布・捕獲法・繁殖と保護・調理法などを集成し、日本人と蛸との知られざるかかわりの歴史を探る。四六判３７０頁　'94

75 曲物（まげもの） 岩井宏實

桶・樽出現以前から伝承され、古来最も簡便・重宝な木製容器として愛用された曲物の加工技術と機能・利用形態の変遷をさぐり、手づくりの「木の文化」を見なおす。四六判３１８頁 '94

76-I 和船 I 石井謙治

江戸時代の海運を担った千石船（弁才船）について、その構造と技術、帆走性能を綿密に調査し、通説の誤りを正すとともに、海難と信仰、船絵馬等の考察にもおよぶ。四六判４３６頁 '95

76-II 和船 II 石井謙治

造船史から見た著名な船を紹介し、遣唐使船や遣欧使節船、幕末の洋式船における外国技術の導入について論じつつ、船の名称と船型を海船・川船にわたって解説する。四六判３１６頁 '95

77-I 反射炉 I 金子功

日本初の佐賀鍋島藩の反射炉と精練方＝理化学研究所、島津藩の反射炉と集成館＝近代工場群を軸に、日本の産業革命の時代における人と技術を現地に訪ねて発掘する。四六判２４４頁 '95

77-II 反射炉 II 金子功

伊豆韮山の反射炉をはじめ、全国各地の反射炉建設にかかわった有名無名の人々の足跡をたどり、開国か攘夷かに揺れる幕末の政治と社会の悲喜劇をも生き生きと描く。四六判２２６頁 '95

78-I 草木布（そうもくふ）I 竹内淳子

風土に育まれた布を求めて全国各地を歩き、木綿普及以前に山野の草木を利用して豊かな衣生活文化を築き上げてきた庶民の知られざる知恵のかずかずを実地にさぐる。四六判２８２頁 '95

78-II 草木布（そうもくふ）II 竹内淳子

アサ、クズ、シナ、コウゾ、カラムシ、フジなどの草木の繊維から、どのようにして糸を採り、布を織っていたのか――聞書きをもとに忘れられた技術と文化を発掘する。四六判２８２頁 '95

79-I すごろく I 増川宏一

古代エジプトのセネト、ヨーロッパのバクギャモン、中近東のナルド、中国の双陸などの系譜に日本の盤雙六を位置づけ、遊戯・賭博としてのその数奇なる運命を辿る。四六判３１２頁 '95

79-II すごろく II 増川宏一

ヨーロッパの鵞鳥のゲームから日本中世の浄土双六、近世の華麗な絵双六、さらには近現代の少年誌の附録まで、絵双六の変遷を追って時代の社会・文化を読みとる。四六判３９０頁 '95

80 パン 安達巖

古代オリエントに起ったパン食文化が中国・朝鮮を経て弥生時代の日本に伝えられたことを史料と伝承をもとに解明し、わが国パン食文化二〇〇〇年の足跡を描き出す。四六判２６０頁 '96

81 枕（まくら） 矢野憲一

神さまの枕・大嘗祭の枕から枕絵の世界まで、人生の三分の一を共に過す枕をめぐって、その材質の変遷を辿り、伝説と怪談、俗信と民俗、エピソードを興味深く語る。四六判２５２頁 '96

82-I 桶・樽（おけ・たる）I 石村真一

日本、中国、朝鮮、ヨーロッパにわたる厖大な資料を集成してその豊かな文化の系譜を探り、東西の木工技術史を比較しつつ世界史的視野から桶・樽の文化を描き出す。四六判３８８頁 '97

82—Ⅱ 桶・樽（おけ・たる）Ⅱ　石村真一

多数の調査資料と絵画・民俗資料をもとにその製作技術を復元し、東西の木工技術を比較考証しつつ、技術文化史の視点から桶・樽製作の実態とその変遷を跡づける。　四六判３７２頁　'97

82—Ⅲ 桶・樽（おけ・たる）Ⅲ　石村真一

樹木と人間とのかかわり、製作者と消費者とのかかわりを通じて桶樽と生活文化の変遷を考察し、木材資源の有効利用という視点から桶樽の文化史的役割を浮彫にする。　四六判３５２頁　'97

83—Ⅰ 貝Ⅰ　白井祥平

世界各地の現地調査と文献資料を駆使して、古来至高の財宝とされてきた宝貝のルーツとその変遷を探り、貝と人間とのかかわりの歴史を「貝貨」の文化史として描く。　四六判３８６頁　'97

83—Ⅱ 貝Ⅱ　白井祥平

サザエ、アワビ、イモガイなど古来人類とかかわりの深い貝をめぐって、その生態・分布・地方名、装身具や貝貨としての利用法などを豊富なエピソードを交えて語る。　四六判３２８頁　'97

83—Ⅲ 貝Ⅲ　白井祥平

シンジュガイ、ハマグリ、アカガイ、シャコガイなどをめぐって世界各地の民族誌を渉猟し、それらが人類文化に残した足跡を辿る。参考文献一覧／総索引を付す。　四六判３９２頁　'97

84 松茸（まつたけ）　有岡利幸

秋の味覚として古来珍重されてきた松茸の由来を求めて、稲作文化と里山（松林）の生態系から説きおこし、日本人の伝統的生活文化の中に松茸流行の秘密をさぐる。　四六判２９６頁　'97

85 野鍛冶（のかじ）　朝岡康二

鉄製農具の製作・修理・再生を担ってきた農鍛冶の歴史的役割を探り、近代化の大波の中で変貌する職人技術の実態をアジア各地のフィールドワークを通して描き出す。　四六判２８０頁　'98

86 稲　品種改良の系譜　菅　洋

作物としての稲の誕生、稲の渡来と伝播の経緯から説きおこし、明治以降主として庄内地方の民間育種家の手によって飛躍的発展をとげたわが国品種改良の歩みを描く。　四六判３３２頁　'98

87 橘（たちばな）　吉武利文

永遠のかぐわしい果実として日本の神話・伝説に特別の位置を占めて語り継がれてきた橘をめぐって、その育まれた風土とかずかずの伝承の中に日本文化の特質を探る。　四六判２８６頁　'98

88 杖（つえ）　矢野憲一

神の依代としての杖や仏教の錫杖に杖と信仰とのかかわりを探り、人類が突きつつ歩んだその歴史と民俗を興味ぶかく語る。多彩な材質と用途を網羅した杖の博物誌。　四六判３１４頁　'98

89 もち（糯・餅）　渡部忠世／深澤小百合

モチイネの栽培・育種から食品加工、民俗、儀礼にわたってそのルーツと伝承の足跡をたどり、アジア稲作文化という広範な視野からこの特異な食文化の謎を解明する。　四六判３３０頁　'98

90 さつまいも　坂井健吉

その栽培の起源と伝播経路を跡づけるとともに、わが国伝来後四百年の経緯を詳細にたどり、世界に冠たる育種と栽培・利用法を築いた人々の知られざる足跡をえがく。　四六判３２８頁　'99

91 **珊瑚**（さんご） 鈴木克美

海岸の自然保護に重要な役割を果たす岩石サンゴから宝飾品として知られる宝石サンゴまで、人間生活と深くかかわってきたサンゴの多彩な姿を人類文化史として描く。四六判370頁 '99

92-I **梅I** 有岡利幸

万葉集、源氏物語、五山文学などの古典や天神信仰に表れた梅の足跡を克明に辿りつつ日本人の精神史に刻印された梅を浮彫にし、梅と日本人の二〇〇〇年史を描く。四六判274頁 '99

92-II **梅II** 有岡利幸

その植生と栽培、伝承、梅の名所や鑑賞法の変遷から戦前の国定教科書に表れた梅まで、梅と日本人との多彩なかかわりを探り、桜との対比において梅の文化史を描く。四六判338頁 '99

93 **木綿口伝**（もめんくでん） 第2版 福井貞子

老女たちからの聞書を経糸とし、厖大な遺品・資料を緯糸として、母から娘へと幾代にも伝えられた手づくりの木綿文化を掘り起し、近代の木綿の盛衰を描く。増補版 四六判336頁 '00

94 **合せもの** 増川宏一

「合せる」には古来、一致させるの他に、競う、闘う、比べる等の意味があった。貝合せや絵合せ等の遊戯・賭博を中心に、広範な人間の営みを「合せる」行為に辿る。四六判300頁 '00

95 **野良着**（のらぎ） 福井貞子

明治初期から昭和四〇年までの野良着を収集・分類・整理し、それらの用途と年代、形態、材質、重量、呼称などを精査して、働く庶民の創意にみちた生活史を描く。四六判292頁 '00

96 **食具**（しょくぐ） 山内昶

東西の食文化に関する資料を渉猟し、食法の違いを人間の自然に対するかかわり方の違いとして捉えつつ、食具を人間と自然をつなぐ基本的な媒介物として位置づける。四六判292頁 '00

97 **鰹節**（かつおぶし） 宮下章

黒潮からの贈り物・カツオの漁法から鰹節の製法や食法、商品としての流通までを歴史的に展望するとともに、沖縄やモルジブ諸島の調査をもとにそのルーツを探る。四六判382頁 '00

98 **丸木舟**（まるきぶね） 出口晶子

先史時代から現代の高度文明社会まで、もっとも長期にわたり使われてきた刳り舟に焦点を当て、その技術伝承を辿りつつ、森や水辺の文化の広がりと動態をえがく。四六判324頁 '01

99 **梅干**（うめぼし） 有岡利幸

日本人の食生活に不可欠の自然食品・梅干をつくりだした先人たちの知恵に学ぶとともに、健康増進に驚くべき薬効を発揮する、その知られざるパワーの秘密を探る。四六判300頁 '01

100 **瓦**（かわら） 森郁夫

仏教文化と共に中国・朝鮮から伝来し、一四〇〇年にわたり日本の建築を飾ってきた瓦をめぐって、発掘資料をもとにその製造技術、形態、文様などの変遷をたどる。四六判320頁 '01

101 **植物民俗** 長澤武

衣食住から子供の遊びまで、幾世代にも伝承された植物をめぐる暮らしの知恵を克明に記録し、高度経済成長期以前の農山村の豊かな生活文化を愛惜をこめて描き出す。四六判348頁 '01

102 **箸**（はし） 向井由紀子／橋本慶子

そのルーツを中国、朝鮮半島に探るとともに、日本人の食生活に不可欠の食具となり、日本文化のシンボルとされるまでに洗練された箸の文化の変遷を総合的に描く。 四六判３３４頁 '01

103 **採集** ブナ林の恵み 赤羽正春

縄文時代から今日に至る採集・狩猟民の暮らしを復元し、動物の生態系と採集生活の関連を明らかにしつつ、民俗学と考古学の両面から山に生かされた人々の姿を描く。 四六判２９８頁 '01

104 **下駄** 神のはきもの 秋田裕毅

古墳や井戸等から出土する下駄に着目し、下駄が地上と地下の他界を結ぶ聖なるはきものであったという大胆な仮説を提出、日本の神々の忘れられた側面を浮彫にする。 四六判３０４頁 '02

105 **絣**（かすり） 福井貞子

膨大な絣遺品を収集・分類し、絣産地を実地に調査して絣の技法と文様の変遷を地域別・時代別に跡づけ、明治・大正・昭和の手づくりの染織文化の盛衰を描き出す。 四六判３１０頁 '02

106 **網**（あみ） 田辺悟

漁網を中心に、網に関する基本資料を網羅して網の変遷と網をめぐる民俗を体系的に描き出し、網の文化を集成する。「網に関する小事典」「網のある博物館」を付す。 四六判３１６頁 '02

107 **蜘蛛**（くも） 斎藤慎一郎

「土蜘蛛」の呼称で畏怖される一方「クモ合戦」など子供の遊びとしても親しまれてきたクモと人間との長い交渉の歴史をその深層に遡って追究した異色のクモ文化論。 四六判３２０頁 '02

108 **襖**（ふすま） むしゃこうじ・みのる

襖の起源と変遷を建築史・絵画史の中に探りつつその用と美を浮彫にし、衝立・障子・屛風等と共に日本建築の空間構成に不可欠の建具となるまでの経緯を描き出す。 四六判２７０頁 '02

109 **漁撈伝承**（ぎょろうでんしょう） 川島秀一

漁師たちからの聞き書きをもとに、寄り物、船霊、大漁旗など、漁撈にまつわる〈もの〉の伝承を集成し、海の道によって運ばれた習俗や信仰の民俗地図を描き出す。 四六判３３４頁 '03

110 **チェス** 増川宏一

世界中に数億人の愛好者を持つチェスの起源と文化を、欧米における膨大な研究の蓄積を渉猟しつつ探り、日本への伝来の経緯から美術工芸品としてのチェスにおよぶ。 四六判２９８頁 '03

111 **海苔**（のり） 宮下章

海苔の歴史は厳しい自然とのたたかいの歴史だった——採取から養殖、加工、流通、消費に至る先人たちの苦難の歩みを史料と実地調査によって浮彫にする食物文化史。 四六判１７２頁 '03

112 **屋根** 檜皮葺と柿葺 原田多加司

屋根葺師一〇代の著者が、自らの体験と職人の本懐を語り、連綿として受け継がれてきた伝統の手わざを体系的にたどりつつ伝統技術の保存と継承の必要性を訴える。 四六判３４０頁 '03

113 **水族館** 鈴木克美

初期水族館の歩みを創始者たちの足跡を通して辿りなおし、水族館をめぐる社会の発展と風俗の変遷を描き出すとともにその未来像をさぐる初の〈日本水族館史〉の試み。 四六判２９０頁 '03

114 **古着**（ふるぎ）　朝岡康二

仕立てと着方、管理と保存、再生と再利用等にわたり衣生活の変容を近代の日常生活の変化として捉え直し、衣服をめぐるリサイクル文化が形成される経緯を描き出す。　四六判２９２頁　'03

115 **柿渋**（かきしぶ）　今井敬潤

染料・塗料をはじめ生活百般の必需品であった柿渋の伝承を記録し、文献資料をもとにその製造技術と利用の実態を明らかにして、忘れられた豊かな生活技術を見直す。　四六判２９４頁　'03

116-I **道I**　武部健一

道の歴史を先史時代から説き起こし、古代律令制国家の要請によって駅路が設けられ、しだいに幹線道路として整えられてゆく経緯を技術史・社会史の両面からえがく。　四六判２４８頁　'03

116-II **道II**　武部健一

中世の鎌倉街道、近世の五街道、近代の開拓道路から現代の高速道路網までを通観し、道路を拓いた人々の手によって今日の交通ネットワークが形成された歴史を語る。　四六判２８０頁　'03

117 **かまど**　狩野敏次

日常の煮炊きの道具であるとともに祭りと信仰に重要な位置を占めてきたカマドをめぐる忘れられた伝承を掘り起こし、民俗空間の壮大なコスモロジーを浮彫りにする。　四六判２９２頁　'04

118-I **里山I**　有岡利幸

縄文時代から近世までの里山の変遷を人々の暮らしと植生の変化の両面から跡づけ、その源流を記紀万葉に描かれた里山の景観や大和・三輪山の古記録・伝承等に探る。　四六判２７６頁　'04

118-II **里山II**　有岡利幸

明治の地租改正による山林の混乱、相次ぐ戦争による山野の荒廃、エネルギー革命、高度成長による大規模開発など、近代化の荒波に翻弄される里山の見直しを説く。　四六判２７４頁　'04

119 **有用植物**　菅　洋

人間生活に不可欠のものとして利用されてきた身近な植物たちの来歴と栽培・育種・品種改良・伝播の経緯を平易に語り、植物と共に歩んだ文明の足跡を浮彫にする。　四六判３２４頁　'04

120-I **捕鯨I**　山下渉登

世界の海で展開された鯨と人間との格闘の歴史を振り返り、「大航海時代」の副産物として開始された捕鯨業の誕生以来四〇〇年にわたる盛衰の社会的背景をさぐる。　四六判３１４頁　'04

120-II **捕鯨II**　山下渉登

近代捕鯨の登場により鯨資源の激減を招き、捕鯨の規制・管理のための国際条約締結に至る経緯をたどり、グローバルな課題としての自然環境問題を浮き彫りにする。　四六判３１２頁　'04

121 **紅花**（べにばな）　竹内淳子

栽培、加工、流通、利用の実際を現地に探訪して紅花とかかわってきた人々からの聞き書きを集成し、忘れられた〈紅花文化〉を復元しつつその豊かな味わいを見直す。　四六判３４６頁　'04

122-I **もののけI**　山内昶

日本の妖怪変化、未開社会の〈マナ〉、西欧の悪魔やデーモンを比較考察し、名づけ得ぬ未知の対象を指す万能のゼロ記号〈もの〉をめぐる人類文化史を跡づける博物誌。　四六判３２０頁　'04

122-Ⅱ **もののけⅡ**　山内昶

日本の鬼、古代ギリシアのダイモン、中世の異端狩り・魔女狩り等々をめぐり、自然＝カオスと文化＝コスモスの対立の中で〈野生の思考〉が果たしてきた役割をさぐる。四六判２８０頁 '04

123 **染織**（そめおり）　福井貞子

自らの体験と厖大な残存資料をもとに、糸づくりから織り、染めにわたる手づくりの豊かな生活文化を見直す。創意にみちた手わざのかずかずを復元する庶民生活誌。四六判２９４頁 '05

124-Ⅰ **動物民俗Ⅰ**　長澤武

神として崇められたクマやシカをはじめ、人間にとって不可欠の鳥獣や魚、さらには人間を脅かす動物など、多種多様な動物たちと交流してきた人々の暮らしの民俗誌。四六判２６４頁 '05

124-Ⅱ **動物民俗Ⅱ**　長澤武

動物の捕獲法をめぐる各地の伝承を紹介するとともに、全国で語り継がれてきた多彩な動物民話・昔話を渉猟し、暮らしの中で培われた動物フォークロアの世界を描く。四六判２６６頁 '05

125 **粉**（こな）　三輪茂雄

粉体の研究をライフワークとする著者が、粉食の発見からナノテクノロジーまで、人類文明の歩みを〈粉〉の視点から捉え直した壮大なスケールの〈文明の粉体史観〉　四六判３０２頁 '05

126 **亀**（かめ）　矢野憲一

浦島伝説や「兎と亀」の昔話によって親しまれてきた亀のイメージの起源を探り、古代の亀卜の方法から、亀にまつわる信仰と迷信、鼈甲細工やスッポン料理におよぶ。四六判３３０頁 '05

127 **カツオ漁**　川島秀一

一本釣り、カツオ漁場、船上の生活、船霊信仰、祭りと禁忌など、カツオ漁にまつわる漁師たちの伝承を集成し、黒潮に沿って伝えられた漁民たちの文化を掘り起こす。四六判３７０頁 '05

128 **裂織**（さきおり）　佐藤利夫

木綿の風合いと強靭さを生かした裂織の技と美をすぐれたリサイクル文化として見なおす。東西文化の中継地・佐渡の古老たちからの聞書をもとに歴史と民俗をえがく。四六判３０８頁 '05

129 **イチョウ**　今野敏雄

「生きた化石」として珍重されてきたイチョウの生い立ちと人々の生活文化とのかかわりの歴史をたどり、この最古の樹木に秘められたパワーを最新の中国文献にさぐる。四六判３１２頁〔品切〕'05

130 **広告**　八巻俊雄

のれん、看板、引札からインターネット広告までを通観し、いつの時代にも広告が人々の暮らしと密接にかかわって独自の文化を形成してきた経緯を描く広告の文化史。四六判２７６頁 '06

131-Ⅰ **漆**（うるし）**Ⅰ**　四柳嘉章

全国各地で発掘された考古資料を対象に科学的解析を行ない、縄文時代から現代に至る漆の技術と文化を跡づける試み。漆が日本人の生活と精神に与えた影響を探る。四六判２７４頁 '06

131-Ⅱ **漆**（うるし）**Ⅱ**　四柳嘉章

遺跡や寺院等に遺る漆器を分析し体系づけるとともに、絵巻物や文学作品の考証を通じて、職人や産地の形成、漆工芸の地場産業としての発展の経緯などを考察する。四六判２１６頁 '06

132　まな板　石村眞一

日本、アジア、ヨーロッパ各地のフィールド調査と考古・文献・絵画・写真資料をもとにまな板の素材・構造・使用法を分類し、多様な食文化とのかかわりをさぐる。　四六判３７２頁　'06

133-Ⅰ　鮭・鱒（さけ・ます）Ⅰ　赤羽正春

鮭・鱒をめぐる民俗研究の前史から現在までを概観するとともに、原初的な漁法から商業的漁法にわたる多彩な漁法と用具、漁場と社会組織の関係などを明らかにする。　四六判２９２頁　'06

133-Ⅱ　鮭・鱒（さけ・ます）Ⅱ　赤羽正春

鮭漁をめぐる行事、鮭捕り衆の生活等を聞き取りによって再現し、人工孵化事業の発展とそれを担った先人たちの業績を明らかにするとともに、鮭・鱒の料理におよぶ。　四六判３５２頁　'06

134　遊戯　その歴史と研究の歩み　増川宏一

古代から現代まで、日本と世界の遊戯の歴史を概説し、内外の研究者との交流の中で得られた最新の知見をもとに、研究の出発点と目的を論じ、現状と未来を展望する。　四六判２９６頁　'06

135　石干見（いしひみ）　田和正孝編

沿岸部に石垣を築き、潮汐作用を利用して漁獲する原初的漁法を日・韓・台に残る遺構と伝承の調査・分析をもとに復元し、東アジアの伝統的漁撈文化を浮彫りにする。　四六判３３２頁　'07

136　看板　岩井宏實

江戸時代から明治・大正・昭和初期までの看板の歴史を生活文化史の視点から考察し、多種多様な生業の起源と変遷を多数の図版をもとに紹介する〈図説商売往来〉。　四六判２６６頁　'07

137-Ⅰ　桜Ⅰ　有岡利幸

そのルーツと生態から説きおこし、和歌や物語に描かれた古代社会の桜観から「花は桜木、人は武士」の江戸の花見の流行まで、日本人と桜のかかわりの歴史をさぐる。　四六判３８２頁　'07

137-Ⅱ　桜Ⅱ　有岡利幸

明治以後、軍国主義と愛国心のシンボルとして政治的に利用されてきた桜の近代史を辿るとともに、日本人の生活と共に歩んだ「咲く花、散る花」の栄枯盛衰を描く。　四六判４００頁　'07

138　麴（こうじ）　一島英治

日本の気候風土の中で稲作と共に育まれた麴菌のすぐれたはたらきの秘密を探り、醸造化学に携わった人々の足跡をたどりつつ醱酵食品と日本人の食生活文化を考える。　四六判２４４頁　'07

139　河岸（かし）　川名登

近世初頭、河川水運の隆盛と共に物流のターミナルとして賑わい、船旅や遊廓などをもたらした河岸（川の港）の盛衰を河岸に生きる人々の暮らしの変遷としてえがく。　四六判３００頁　'07

140　神饌（しんせん）　岩井宏實／日和祐樹

土地に古くから伝わる食物を神に捧げる神饌儀礼に祭りの本義を探り、近畿地方主要神社の伝統的儀礼をつぶさに調査して、豊富な写真と共にその実際を明らかにする。　四六判３７４頁　'07

141　駕籠（かご）　櫻井芳昭

その様式、利用の実態、地域ごとの特色、車の利用を抑制する交通政策との関連から駕籠かきたちの風俗までを明らかにし、日本交通史の知られざる側面に光を当てる。　四六判２９４頁　'07

142 **追込漁**（おいこみりょう） 川島秀一

沖縄の島々をはじめ、日本各地で今なお行なわれている沿岸漁撈を実地に精査し、魚の生態と自然条件を知り尽した漁師たちの知恵と技を見直しつつ漁業の原点を探る。 四六判368頁 '08

143 **人魚**（にんぎょ） 田辺悟

ロマンとファンタジーに彩られて世界各地に伝承される人魚の実像をもとめて東西の人魚誌を渉猟し、フィールド調査と膨大な資料をもとに集成したマーメイド百科。 四六判352頁 '08

144 **熊**（くま） 赤羽正春

狩人たちからの聞き書きをもとに、かつては神として崇められた熊と人間との精神史的な関係をさぐり、熊を通して人間の生存可能性にもおよぶユニークな動物文化史。 四六判384頁 '08

145 **秋の七草** 有岡利幸

『万葉集』で山上憶良がうたいあげて以来、千数百年にわたり秋を代表する植物として日本人にめでられてきた七種の草花の知られざる伝承を掘り起こす植物文化誌。 四六判306頁 '08

146 **春の七草** 有岡利幸

厳しい冬の季節に芽吹く若菜に大地の生命力を感じ、春の到来を祝い新年の息災を願う「七草粥」などとして食生活の中に巧みに取り入れてきた古人たちの知恵を探る。 四六判272頁 '08

147 **木綿再生** 福井貞子

自らの人生遍歴と木綿を愛する人々との出会いを織り重ねて綴り、優れた文化遺産としての木綿衣料を紹介しつつ、リサイクル文化としての木綿再生のみちを模索する。 四六判266頁 '09

148 **紫**（むらさき） 竹内淳子

今や絶滅危惧種となった紫草（ムラサキ）を育てる人びと、伝統の紫根染を今に伝える人びとを全国にたずね、貝紫染の始原を求めて吉野ヶ里におよぶ「むらさき紀行」。 四六判324頁 '09

149-I **杉I** 有岡利幸

その生態、天然分布の状況から各地における栽培・育種、利用にいたる歩みを弥生時代から今日までの人間の営みの中で捉えなおし、わが国林業史を展望しつつ描き出す。 四六判282頁 '10

149-II **杉II** 有岡利幸

古来神の降臨する木として崇められるとともに生活のさまざまな場面で活用され、絵画や詩歌に描かれてきた杉の文化をたどり、さらに「スギ花粉症」の原因を追究する。 四六判278頁 '10

150 **井戸** 秋田裕毅（大橋信弥編）

弥生中期になぜ井戸は突然出現するのか。飲料水など生活用水ではなく、祭祀用の聖なる水を得るためだったのではないか。目的や構造の変遷、宗教との関わりをたどる。 四六判260頁 '10

151 **楠**（くすのき） 矢野憲一／矢野高陽

語源と字源、分布と繁殖、文学や美術における楠から医薬品としての利用、キューピー人形や樟脳の船まで、楠と人間の関わりの歴史を辿りつつ自然保護の問題に及ぶ。 四六判334頁 '10